HIRTˢ STICHWORTBÜCHER

HIRTS STICHWÖRTERBÜCHER

GEOMORPHOLOGIE IN STICHWORTEN

III. EXOGENE MORPHODYNAMIK

Karstmorphologie – Glazialer Formenschatz – Küstenformen

von

Herbert Wilhelmy

5. neubearbeitete Auflage

von

Hans Fischer und
Christine Embleton-Hamann

Seit 1832
hirt
Cum Deo et Die

FERDINAND HIRT
in der Gebrüder Borntraeger Verlagsbuchhandlung
BERLIN · STUTTGART · 1992

Über die Verfasser

Professor Dr. HERBERT WILHELMY, geb. 1910; 1942–54 apl. Professor am Geographischen Institut der Universität Kiel, 1954–58 o. Professor und Direktor des Geographischen Instituts an der TH Stuttgart; ab 1958 Direktor des Geographischen Instituts der Universität Tübingen, 1976 emeritiert.

1953 Silberne Carl-Ritter-Medaille, 1965 Karl-Sapper-Medaille für Tropenforschung. Mitglied der Deutschen Akademie der Naturforscher Leopoldina, korresp. Mitglied der Österreichischen Akademie der Wissenschaften und der Kolumbianischen Akademie der Wissenschaften, Ehrenmitglied mehrerer Geographischer Gesellschaften Südamerikas.

Forschungs- und Studienreisen in allen Erdteilen, besonders Südamerika, Südostasien und Südsee.

Professor Dr. HANS FISCHER, geb. 1931. O. Professor am Geographischen Institut der Universität Wien (Physische Geographie), Präsident der Österreichischen Geographischen Gesellschaft, Mitherausgeber der „Geographischen Jahresberichte aus Österreich".

Dr. CHRISTINE EMBLETON-HAMANN, geb. 1952. Ass. Prof. am Geographischen Institut der Universität Wien. Studienaufenthalte und Gastvorträge an der Waseda University, Tokio; National University, Taiwan; University of Liverpool.

Arbeitsbereiche: Geomorphologie, insbesondere Angewandte Geomorphologie, Landschaftsbewertung.

Mitglied verschiedener wissenschaftlicher Gesellschaften und IGU-Kommissionen.

Die Deutsche Bibliothek – Cip-Einheitsaufnahme

Wilhelmy, Herbert:
Geomorphologie in Stichworten / von Herbert Wilhelmy. –

3. Exogene Morphodynamik : Kartsmorphologie – glazialer
Formenschatz – Küstenformen. – 5., neubearb. Aufl. / von
Hans Fischer und Christine Embleton-Hamann. – 1992
Berlin ; Stuttgart : Hirt in der Gebr. Bornträger-Verl. Buchh.
(Hirts Stichwortbücher)
ISBN 3-443-03101-3
Teilw. im Verl. Hirt, Kiel. – Teilw. im Verl. Hirt, Unterägeri
NE: Fischer, Hans [Bearb.]

5. neubearbeitete Auflage 1992
© 1992 by Gebrüder Borntraeger, D-1000 Berlin · D-7000 Stuttgart
Printed in Germany
ISBN 3-443-03101-3

Redaktion: S. Hirt-Reger/VERLAG FERDINAND HIRT
Kartographie: H. Neide; Slavik, Wien
Herstellung: TUTTE Druckerei GmbH, Salzweg

Vorwort zur 1. Auflage

Teil III der „Geomorphologie in Stichworten" setzt die in Teil II begonnene Behandlung der exogenen Kräfte, Vorgänge und Formen fort. Nach der dort erfolgten Darstellung der Verwitterungs- und Bodenbildungsprozesse, der mannigfaltigen Formen der linearen und flächenhaften Abtragung, der Tal- und Flächenbildungsprozesse und ihrer Bedeutung für die Oberflächengestaltung der Erde hat dieser Band in seinen drei Hauptabschnitten die Karsterscheinungen, den glazialen Formenschatz und die Küstenformen zum Thema. Klein- und Großformen des Karstes werden in ihren spezifischen Erscheinungen über alle Klimagebiete der Erde verfolgt, die glazialen Formen nach solchen der Abtragung und der Aufschüttung untersucht. Die Betrachtung der Küstenformen erfolgt in ständigem Bezug zu den Problemen der Tektonik und eustatischen Meeresspiegelschwankungen und bietet eine Systematik der Formen der zurückgewichenen und vorgerückten Küsten. Weitere Kapitel über den submarinen Formenschatz, rhythmische Phänomene, Reliefumkehr, anthropogene Formen und angewandte Geomorphologie schließen sich an. Besonders die beiden letzten Abschnitte sollen zeigen, in welchem Umfang der Mensch freiwillig oder unfreiwillig an der Veränderung der Erdoberfläche beteiligt ist und wie er andererseits geomorphologische Kenntnisse für eine sinnvolle Gestaltung seines Lebensraumes nutzen kann.

Verlag und Verfasser waren wie in den zwei vorausgehenden Bänden bemüht, den Text durch instruktive Karten zu ergänzen sowie durch reichhaltige Literaturangaben und ein detailliertes Register eine schnelle Orientierungshilfe zu bieten.

Mit Teil IV, der der klimatischen Geomorphologie gewidmet ist, wird das Gesamtwerk abgeschlossen.

Tübingen, im Mai 1972   HERBERT WILHELMY

Vorwort zur 3. und 4. Auflage

Die Ausführungen der früheren Auflagen wurden auf der Grundlage neuer Forschungsergebnisse überarbeitet, die Literaturangaben auf neuesten Stand gebracht. Da auch der III. Teil seinen bisherigen Umfang beibehalten sollte, mußte eine Anzahl älterer Schrifttumsnachweise gestrichen werden, so daß sich für weiterführende Studien die Heranziehung einer der früheren Auflagen empfiehlt.

Tübingen, im Frühjahr 1981   HERBERT WILHELMY

Vorwort zur 5. Auflage

Die GEOMORPHOLOGIE IN STICHWORTEN erscheint seit 20 Jahren. Sie ist mit ihren vier Teilen für Hochschule und Schule zu einem Standardwerk geworden. HERBERT WILHELMY hat das Werk 1970 bis 1974 erarbeitet und dabei das Grundwissen zur Geomorphologie in klarer, verständlicher und bei aller gebotenen Kürze umfassender und sehr systematischer Form dargestellt.

Der Verlag hat für 1990–1992 die Herausgabe der überarbeiteten und aktualisierten 5. Auflage der Teile I bis III vorgesehen.

Professor WILHELMY, der das Werk von der 1. bis zur 4. Auflage – also 20 Jahre – betreut hat, wird die Arbeit aus Altersgründen nicht mehr fortführen. So hat nun ab der 5. Auflage ein neues Team die Bearbeitung übernommen.

Der vorliegende Teil III – EXOGENE MORPHODYNAMIK – wurde von Frau Dr. CH. EMBLETON-HAMANN und Herrn H. FISCHER überarbeitet. Dabei mußten neben durchgehender Aktualisierung mehrere Kapitel aufgrund neuer Forschungsrichtungen und Schwerpunkte stark umgearbeitet, z. T. neugestaltet werden. Dies gilt besonders für die *Karstmorphologie* (H. FISCHER) und die Kapitel *Küstenformen* und *Angewandte Geomorphologie* (CH. EMBLETON-HAMANN).

Das bisher in Teil III behandelte Kapitel *Reliefumkehr* ist ab der 5. Auflage in Teil II dargestellt.

Um die jüngere Literatur aufnehmen zu können, mußten wieder – wie schon in früheren Auflagen – einige ältere Angaben gestrichen werden. Es ist daher empfehlenswert, das Schrifttum der 1. Auflage zur Gewinnung eines vollständigen Überblicks heranzuziehen.

Wien, im Herbst 1991   Autoren und Verlag

Inhalt

Quellenverzeichnis der Abbildungen

Abb. 1, 2, 7 und 14 nach Entwürfen von H. Fischer

Abb. 3 nach: H. Louis, Geomorphologie. Berlin 1968³, S. 241 und N. Güldali in: Tüb. Geogr. Studien, H. 40, 1970, S. 25

Abb. 4, 6 und 8 nach G. Wagner in: Aus der Heimat, 1954, S. 196, 197 und 206

Abb. 5 Hirt-Archiv

Abb. 9, 18, 20, 21, 25, 31, 35, 36, 38, 39, 41, 42, 43 und 45 nach Entwürfen von H. Wilhelmy

Abb. 10 nach H. Lehmann in: Umschau in Wiss. u. Technik, 1953, S. 561

Abb. 11 nach K. H. Pfeffer in: Geol. Rundsch., 1964, S. 422

Abb. 12 nach A. Grund in: Z. Ges. f. Erdkde. Berlin, 1914, S. 636

Abb. 13 nach R. P. Winter, 1980 und J. Büdel, 1979

Abb. 15 Hirt-Archiv

Abb. 16 nach: P. Woldstedt, Das Eiszeitalter, Bd. II. Stuttgart 1958², S. 5

Abb. 17 nach: H. Louis, Geolomorphologie. Berlin 1968³, S. 270, und H. Weber, Oberflächenformen des festen Landes. Leipzig 1958, S. 216

Abb. 10 nach: G. Wagner, Einführung in die Erd- und Landschaftsgeschichte. Öhringen 1952², S. 573

Abb. 22 nach: C. Rathjens, Geomorphologie für Kartographen. Lahr 1958, S. 259

Abb. 23 nach C. Troll, 1924

Abb. 24 und 37 aus: J. F. Gellert, Grundzüge der Physischen Geographie von Deutschland, Bd. I, Berlin 1958, S. 242 und 377

Abb. 26 Hirt-Archiv

Abb. 27, 28, 29, 32 und 33 nach Entwürfen von Chr. Embleton-Hamann

Abb. 30 nach: O. Maull, Handbuch der Geomorphologie. Wien 1958², S. 448

Abb. 34 und 44 aus: Schleswig-Holstein, Festschr. z. 37. dt. Geographentag, Kiel 1969, S. 158 und 179

Abb. 40 nach H. Mensching in: Erdkunde, 1961, S. 220

Abb. 46 aus: D. Kelletat, Physische Geographie der Meere und Küsten. TEUBNER Studienbücher der Geographie 1989, S. 33. Mit freundlicher Genehmigung des Verlages B. G. Teubner, Stuttgart

Abb. 47 aus: F. Machatschek, Relief der Erde, Bd. II. Berlin 1955², S. 133

EXOGENE MORPHODYNAMIK

1 Karstmorphologie

Wo wasserlösliche Gesteine im Untergrund liegen, bildet sich durch die lösende Wirkung von Grund- und Oberflächenwasser (= Karstkorrosion) ein eigener Typus des Reliefs und ein eigener (unterirdischer) Wasserkreislauf aus: **das Karstrelief.** Fluviatile Erosion und Denudation treten zugunsten von Lösungsformen (Korrosionsformen) stark zurück. Karren, Dolinen, Uvalas und Poljen treten als Leitformen auf. Bäche oder Flüsse fehlen oder enden nach kurzem oberirdischen Lauf in Schwinden, Schlucklöchern (Ponoren) oder Höhlen. Klüftigkeit und Löslichkeit vorwiegend $CaCO_3$-reicher Gesteine führen zu schnellem Abfluß des Niederschlagwassers in den Untergrund, durch die lösende Wirkung des Wassers zur Ausbildung verzweigter Höhlensysteme und zur Entwicklung eines besonderen unterirdischen Entwässerungsnetzes (Karsthydrographie, → III, 39 ff.).

Die **Verkarstung** ist Entwicklungsvorgang der Landformung in löslichen Gesteinen, der zu einem oberirdischen und unterirdischen Formenschatz führt, zu dessen Erklärung vor allem die Korrosion[1] herangezogen werden muß.

Man soll vom Einsetzen der Verkarstung erst dann sprechen, wenn die unterirdische Entwässerung bereits einen merkbaren Anteil an der Gesamtentwässerung aufweist. Das ist im allgemeinen lange vor der Zerstörung der geschlossenen Vegetationsdecke – die im Laufe der Verkarstung einsetzt – der Fall.

Pflanzensoziologen sprechen schon dann von Verkarstung, wenn eine Veränderung der Oberfläche eintritt und flächenhafte Anrisse des Bodens oder der Vegetationsdecke auftreten.

Name *Karst*[2] bezieht sich in ursprünglicher Bedeutung auf kahle, vegetationsarme, von weißen Kalksteinböden übersäte alpin-dinarische Übergangslandschaft nordöstlich Triest. Bezeichnung von dort als morphologischer Begriff auf alle Kalklandschaften übertragen, deren Formenbild auf gleichen oder ähnlichen Prozessen der „Verkarstung" beruht.

In populärer Literatur gebräuchliche Übertragung der Begriffe Karst und Verkarstung auf durch Entwaldung und *soil erosion* (→ III, 165) unfruchtbar gewordene Böden entspricht nicht wissenschaftlicher Erkenntnis.

---

[1] lat. corrodere = zernagen

[2] serbokroat. Krâs = dünner Boden, Kràsa = steiniger Boden

Die Terminologie der Karstphänomene knüpft fast ausschließlich an den Formenschatz des Dinarischen Karstes an; denn über diesen Raum entstanden die ersten, schon klassisch gewordenen Arbeiten. Dalmatien ist das Land des „klassischen" Karstes und der Karstforschung. Ein 500 km langer Küstenstreifen an der Adria – Fläche von 80000 km² – ist zu 80–90 % verkarstet. Dort wurden von österreichischen und deutschen Forschern (A. GRUND, F. KATZER, N. KREBS, O. LEHMANN, K. KAYSER u.a.) und jugoslawischen Geographen (J. CVIJIĆ, J. ROGLIĆ) wichtigste Erkenntnisse zur Karstmorphologie gewonnen.

1.1 Grundlagen der Verkarstung

Für den Verkarstungsprozeß sind folgende Voraussetzungen nötig:
1) Verkarstungsfähige Gesteine
2) Inhomogenitäten im Gestein (tektonischen und stratigraphischen Ursprungs)
3) Agens für die Korrosion ($H_2O + CO_2$)

1.1.1 Verkarstungsfähige Gesteine

Vollkommen unlöslich ist kein Gestein, jedes unterliegt der lösenden Wirkung des Wassers bzw. der darin enthaltenen verschiedenen organischen und anorganischen Säuren. Auf den leicht löslichen entwickelt sich das Karstphänomen.

a) Verkarstungsfähige Sedimentgesteine (chemisch-organische Sedimentite)

Kalke ($CaCO_3$): Der Großteil der Karsterscheinungen ist auf Kalken entwickelt. Auf der Erde sind ca. 30 Mio km² aus Kalken aufgebaut. In den Alpen werden sie > 1000 m mächtig.

Dolomite: Sind als Doppelsalze minderlöslich, aber ebenfalls weit vertreten.

Gips und **Anhydrit**: Da sie sehr leicht löslich sind, treten sie in humiden Gebieten selten an der Oberfläche auf.

Salzgesteine: Diese sind nur in extrem trockenen Räumen oberflächenbildend. In feuchten Gebieten haben sie nur Bestand unter einer Bedeckung durch andere Gesteinskörper (z.B. Haselgebirge in den Werfener Schichten der alpinen Trias). Nachsackungen können infolge von Auslaugungen im Untergrund vorkommen (Salzkarste in NW-Deutschland, z.B. Senke von Benthe b. Hannover).

b) Klastische Sedimente[3]
Kalksandsteine, Kalkkonglomerate, Kalkbreccien; Dolomitsandsteine, u.a.m.

---

[3] Trümmergestein (→ II, 12)

c) Verkarstungsfähige metamorphe Gesteine

Marmor, Kalkglimmerschiefer, u. a. m.

d) Bodeneis und Gletschereis

In der Zone des diskontinuierlichen Permafrostes (→II, 67) bildet sich im aufschmelzenden Bodeneis des Dauerfrostbodens ein karstähnlicher Formenschatz Thermokarst →III, 51), ebenso im Gletschereis in Gebieten starker Sonneneinstrahlung (Glaziokarst).

Reinheit des verkarstungsfähigen Gesteins ist für die Intensität der Verkarstung von großer Bedeutung. Reine, d. h. tonarme Kalke, Gipse, Salze, zeigen vollkommenste Verkarstung.

Nicht bzw. kaum verkarstungsfähig sind: **Silikatische Gesteine** (Granite, Syenite, Diorite, Gabbros,...). Nur in den Tropen, wo das Wasser reichlich biogenes CO_2 und Säuren enthält, kommt es auch zu oberflächlichen Lösungserscheinungen (Pseudokarren), nicht jedoch zur unterirdischen Entwässerung, welche ein Hauptmerkmal der Verkarstung ist.

1.1.2 Inhomogenitäten im Gestein

Kompakter Kalkstein, den es kaum gibt, wäre wasserundurchlässig. Schichtfugen, Schichtgrenzen stellen sedimentäre Inhomogenitäten dar, Klüfte und Verwerfungen bilden tektonische Inhomogenitäten. Sie sind Leitlinien für die Lösung, das Wasser dringt längs dieser Inhomogenitäten ein. Durch Karstkorrosion werden diese hydrographisch wegsam gemacht, so daß ein unterirdisches Entwässerungssystem entsteht. Mit Erweiterung der Kluftsysteme wächst Aufnahmefähigkeit des Untergrundes für größere Wassermenge, dadurch Entstehung ausgedehnter Systeme von Hohlräumen.

Fehlende Kapillarwirkung in sich erweiternden Klüften läßt Regen- und Schneeschmelzwasser rasch in die Tiefe absinken; bes. tiefe Lage des Grundwasserspiegels in verkarsteten Gebieten. Je größer Vertikalabstand zwischen Oberfläche und Grundwasserhorizont, umso vollkommenere Ausbildung des Karstphänomens. Intensität der Verkarstung somit vorrangig vom Ausmaß tektonischer Hebung abhängig.

1.1.3 Agens für die Korrosion (Wasser und aggressives CO_2)

Reines Wasser ist frei von H^+-Ionen; daher vermag es nur sehr wenig Kalk zu lösen (bei 16°C rd. 13,1 mg $CaCO_3$/l).

Löslichkeit des Kalkes erhöht sich sehr stark, wenn CO_2 im Wasser enthalten ist – was in der Natur immer der Fall ist, denn Wasser nimmt aus der Luft CO_2 auf.

CO_2-Anteil der Luft macht nur rd. 0,03 % (variabel) aus, erreicht aber in der Bodenluft bis zu 25 %. Auch die Luftschicht unmittelbar über Boden und Gestein hat einen hohen CO_2-Anteil. Dieser wird besonders durch die Atmungskohlensäure der Mikroorganismen produziert (= biogene Kohlensäure). Überschuß an CO_2, welches nicht gebunden ist, wird als aggressive Kohlensäure bezeichnet. CO_2-reiches Wasser hat eine hohe Korrosionsleistung. Die Korrosion endet, wenn das Lösungsgleichgewicht hergestellt ist (gesättigte Lösung). Das Lösungsgleichgewicht ist abhängig von der Temperatur (je höher die Temperatur, desto tiefer das Gleichgewicht, jedoch desto höher die Diffusionsgeschwindigkeit).

Sinkt der CO_2-Gehalt im Wasser, so kommt es zur Ausfällung von Kalk (Sinterbildungen).

Die *Lösungsreaktion* im Kalk bewirkt Umwandlung des festen $CaCO_3$ in gelöstes Ca-Bikarbonat:

$$CaCO_3 + H_2O + CO_2 \rightleftharpoons Ca\,(HCO_3)_2$$

Dieser Lösungsvorgang ist eine Ionenreaktion, läuft phasenhaft ab und ist auch reversibel[4].

Die *Dolomitlösung* vollzieht sich ähnlich, allerdings ist das Doppelsalz Dolomit schwerer löslich.

Der Korrosionseffekt vollzieht sich fortlaufend durch:

– Korrosion durch Diffusion von Luft-CO_2 bzw. von Bodenluft-CO_2 in das Wasser.

– Mischungskorrosion: Wenn sich zwei Wässer mit verschiedenem Kalkgehalt bzw. mit verschiedener Temperatur mischen, dann wird CO_2 frei, das wieder Kalk löst. Das Ausmaß der Mischungskorrosion ist umso größer, je größer der Unterschied in den Kalkgehalten (oder Temperaturen) zweier Wasser ist.

Zur Erklärung der Höhlengenese war die Entdeckung der Mischungskorrosion durch A. Bögli, 1963, ein großer Fortschritt. (Höhlen der vadosen[5] Zone, Korrosionskolke,...).

---

[4] umkehrbar, lat reversio = Umkehrung, Umdrehung

[5] vados – obere Zone in wasserführenden unterirdischen Hohlraumsystemen, die unteren = phreatisch (→ III, 40)

Literatur

BAUER, F: Kalkabtragungsmessungen in den österreichischen Kalkhochalpen. Erdkunde 18, 1964, S. 91–102

BLESSING, H. M.: Karstmorphologische Studien in den Berner Alpen. Tübinger Geogr. Stud. 65, 1976

BLUME, H.:Karstmorphologische Beobachtungen auf den Inseln über dem Winde. Tübinger Geogr. Stud. 34 (Wilhelmy-Festschr.) Tübingen 1970, S. 33–42

BÖGLI, A.: Der Chemismus des Lösungsprozesses und der Einfluß der Gesteinsbeschaffenheit auf die Entwicklung des Karstes. I. G. U.-Rep., Comm. Karst Phenomena, New York 1956, S. 7–17

–: Die Phasen der Kalklösung. Geogr. Helvet. 12, 1957, S. 244–245

–: Mischungeskorrosion, ein Beitrag zum Verkarstungsproblem. Erdkunde 18, 1964, S. 83–92

–: Kalkabtrag in den Nördlichen Kalkalpen. Actes du 4 Congrès national de spéléologie, Neuchâtel 1970, Stalac tite, Suppl. 6a, Neuchâtel 1971

BÜDEL, J.: Klima-Geomorphologie. Berlin, Stuttgart 1981[2]

CVIJIĆ, J.: Das Karstphänomen. Geogr. Abh. 5, H. 3, 1896, S. 215–329

COURBON, P. U. CHABERT, C.: Atlas des grandes cavites mondiales. UIS et FFS, 1986

DREW, D.: Karst Processes and Landforms. London 1985

FUCHS, F.: Studien zur Karst– und Glazialmorphologie in der Monte-Cavallo-Gruppe/ Venezianische Voralpen. Frankfurter Geogr. Hefte 47, 1970

GENSER, H. u. MEHL, J.: Einsturzlöcher in silikatischen Gesteinen Venezuelas und Brasiliens, Z. Geomorph. 21, 1977, S. 431–444

GERSTENHAUER, A.: Die Karstlandschaften Deutschlands, mit einer zweifarbigen Karte. Abh. Karst– und Höhlenkde, R. A, H. 5, München 1969, S. 1–8

–: Der Einfluß des CO_2-Gehaltes der Bodenluft auf die Kalklösung. Erdkunde 26, 1972, S. 116–120

–: u. PFEFFER, K.-H.: Beiträge zur Frage der Lösungsfreudigkeit von Kalkgesteinen. Abh. zur Karst- und Höhlenkunde, Reihe A – Speläologie – Heft 2, München 1966

GRUND, A.: Beiträge zur Morphologie des Dinarischen Gebirges. Geogr. Abh. 9, H. 3, Leipzig 1910

HERAK, M. and STRINGFIELD, V. T. (ed.): Karst. Important Karst Regions of the Northern Hemisphere. Amsterdam 1972

JAKUCS, L.: Morphogenetics of Karst Regions. Bristol 1977

JENNINGS, J. N.: Karst. Canberra 1971

–: Karst Geomorphology. Oxford 1985

KATZER, F.: Bemerkungen zum Karstphänomen. Z. Dt. Geol. Ges. 57, 1905, S. 233–242

KOSACK, H. P.: Die Verbreitung der Karst– und Pseudokarsterscheinungen über die Erde. Peterm. Geogr. Mitt. 96, 1952, S. 16–21

KREBS, N.: Offene Fragen der Karstkunde. Geogr. Z. 16, 1910, S. 134–142

LEHMANN, H.: Beiträge zur Karstmorphologie. In: Erdkundl. Wissen, H. 86, 1987 (18 Schriften aus der Zeit von 1936–1973 zusammengefaßt)

LIPPERT, H.: Die Oberflächenformung des Karstes der mittleren Frankenalb, unter besonderer Berücksichtigung der Kuppenalb. Erlangen–Nürnberg 1975

MENSCHING, H.: Karst und Terra rossa auf Mallorca. Erdkunde 9, 1955, S. 188–196

–: Beobachtungen zum Formenschatz des Küstenkarstes an der kantabrischen Küste bei Santander und Llanes (Nordspanien). Erdkunde 19, 1965, S. 24–31

–: Carbon Dioxide and the Soil Atmosphere. Abh. Karst- u. Höhlenkde, R. A. 9, 1974

–: Der CO_2-Gehalt der Bodenluft in seiner Bedeutung für die aktuelle Kalklösung in verschiedenen Klimaten. Abh. Akad. Wiss. Göttingen, Math.-Phys. Kl., III. Folge, 29, 1974, S. 51–67

NORDENSKJÖLD, O.: Einige Züge der physischen Geographie und der Entwicklungsgeschichte von Südgrönland. Geogr. Z. 1914, S. 425–441 u. 505–524

PANŎS, V.: Der Urkarst im Ostflügel der Böhmischen Masse. Z. Geomorph. N. F., Bd. 8, 1964, S. 105–162

PENCK, A.: Das Karstphänomen. Schr. d. Ver. z. Verbr. naturw. Kenntn. Wien 1904, 44,1

PFEFFER, K.-H.: Zur Genese von Oberflächenformen in Gebieten mit flachlagernden Carbonatgesteinen. Wiesbaden 1975

–: Karstmorphologie. Erträge der Forschung, Bd. 79, Darmstadt 1978

PRIESNITZ, K.: Zur Frage der Lösungsfreudigkeit von Kalkgesteinen in Abhängigkeit von der Lösungsfläche und ihrem Gehalt an Magnesiumkarbonat. Z. Geomorph. N. F. 11, 1967, S. 491–498

–: Lösungsraten und ihre geomorphologische Relevanz. Abh. Akad. Wiss. Göttingen Math. Phys. Kl., III. Folge, Nr. 29, 1974, S. 68–85

–: Über die Vergleichbarkeit von Lösungsformen auf Chlorid-, Sulfat- und Karbonatgestein. Geol. Rdsch. 58, 1969, S. 427–438

RATHJENS, C.: Geomorphologische Untersuchungen in der Reiteralm und im Lattengebirge im Berchtesgadener Land. Mitt. Geogr. Ges. München 32, 1939, S. 15–88

–: Der Hochkarst im System der klimatischen Morphologie. Erdkunde 5, 1951, S. 310–315

RATHJENS jun., CARL: Karsterscheinungen in der klimatisch-morphologischen Vertikalgliederung des Gebirges. Erdkunde 8, 1950, S. 120

SCHUNKE, E.: Zum Problem des Schichtflächenkarstes im Nord-Pindos, Griechenland. Z. Geomorph., Suppl.-B. 26, 1976, S. 65–78

SEMMEL, A. (Hrsg.): Neue Ergebnisse der Karstforschung in den Tropen und im Mittelmeerraum. Geogr. Z., Beih. 32, Wiesbaden 1973

SMYK, B. u. DRZAL, M.: Untersuchungen über den Einfluß von Mikroorganismen auf das Phänomen der Karstbildung. Erdkunde 18, 1964, S. 102–113

SOBOTHA, E.: Über Salzauslaugung, Tektonik und Oberflächenformen zwischen Westharz und Vogelsberg-Rhön. Z. d. Dt. Geol. Ges. 84, 9, 1932

SPÖCKER, R. G.: Zur Landschaftsentwicklung im Karst des oberen und mittleren Pegnitzgebiets. Forsch. dt. Landeskde 58, 1952

STEINMÜLLER, A.: Fossile Karst- und Verwitterungserscheinungen im Unterharz. Z. Geomorph. N. F. Bd. 6, 1962, S. 70–92

SWEETING, M. M.: Karst Landforms. Oxford 1972

–(Hrsg.): Problems in Karst Environments. Z. Geomorph. Suppl.-Bd. 32, 1979

–(Hrsg.): Karst Geomorphology. Benchmark Papers in Geol. 59, Stroudsburg 1981

–u. GERSTENHAUER, A.: Zur Frage der absoluten Geschwindigkeit der Kalkkorrosion in verschiedenen Klimaten. Z. Geomorph., Suppl.-Bd. 2, 1960, S. 66–73

–u. PFEFFER, K.-H. Karst processes. Z. Geomorph., Suppl.-Bd. 26, 1976

WAGNER, ELKE u. SCHWARTZ, W.: Untersuchungen über die mikrobielle Verwitterung von Kalkgestein im Karst. Z. für Allg. Mikrobiologie 5, Berlin 1965, S. 52–76

WILHELMY, H.: Klimageomorphologie in Stichworten. Kiel 1974

WREDE, V.: Der Karst im nördlichen Harzvorland. Abh. Karst- u. Höhlenkde, R. A. 13, 1976

ZWITTKOVITS, F.: Klimabedingte Karstformen in den Alpen, den Dinariden und im Taurus. Mitt. Geogr. Ges. Wien 108, 1966, S. 72–97

1.2 Das Karstrelief

Infolge der Löslichkeit der Gesteine und des vielfachen Verschwindens des Wassers in den Untergrund entsteht das *Karstrelief*, das vom fluviatil gestalteten Relief wesentlich abweicht. Bestehen im fluvialen Relief großräumige, ununterbrochene Abdachungen zur Erosionsbasis hin, so ist das Karstrelief durch viele in sich geschlossene Hohlformen (Dolinen, Poljen) sowie auch durch unterirdische Formen (Höhlen) geprägt; diese weisen wieder einen abwechslungsreichen Kleinformenschatz auf (Karren).

1.2.1 Der oberirdische Karstformenschatz

1.2.1.1 Karren

Formenschatz der Karren

Karren (Schratten, schw., Lapies, frz.) bilden die korrosiven Kleinformen des Karstphänomens. Sie sind Korrosionsformen (kleine rinnen-, rillen-, wannen-, loch- oder napfartige Hohlformen von einigen mm- bis m-Tiefe), die auf verkarstungsfähigen Gesteinen bei flächenhafter Benetzung und Abfluß durch Niederschlags- und Schmelzwässer unter gelegentlicher Mitwirkung von Organismen entstehen.

Karren werden benannt:

– *nach der Hohlform:* Rillen-, Rinnen-, Mäander-, Loch-, Napf-, Trittkarren u. a.

– *nach der Restform:* Spitz-, Stockkarren, Karrensteine, Karrengrate u. a.

– *nach Lage oder Wirkungsraum:* Freiliegend gebildete Karren (Schichtflächen-, Schichtkopf-, Wandkarren) und subkutane[6] Karren, Höhlenkarren, Brandungskarren,

– *nach dem Bildungsvorgang:* Abfluß-, Spritzwasser-, Subkutan-, Struktur- (Kluft-, Schichtfugen-), karren, u. a.

Karrenbildung

Karren entstehen vor allem auf freier Gesteinsoberfläche (freiliegend gebildete Karren) oder unter einer geringmächtigen Humusdecke (subkutane Karren, Rundkarren).

---

[6] unter der Oberfläche, lat. cutis = Haut, Oberfläche

Mehrere Faktoren beeinflussen die Karrengenese:

a) *Das Substrat:* Die Reinheit der löslichen Gesteine ist ein wesentlicher Faktor; auch die kristalline Struktur spielt eine Rolle. Verzahnt strukturierte Kalke neigen mehr zur Karrenbildung als zuckerkörnige.

Unter einer minder mächtigen Humus- und Verwitterungsdecke entstehen als Folge mehr flächiger Lösung die Rundkarren. Mächtige Boden- und Verwitterungsdecken verhindern weitgehend die Karrenbildung.

Inhomogenitäten im Gestein (Klüfte, Schichtfugen) bilden bevorzugte Lösungsbahnen (Strukturkarren).

b) *Das Wasserdargebot:* Intensität und Verteilung der Niederschläge, sowie die Anreicherung durch biogenes CO_2 (bes. unterhalb von Humuspolstern) sind bedeutend. Fördernd ist auch eine mächtige Schneedecke, welche eine längere Schneeschmelzperiode bewirkt.

c) *Abflußgeschwindigkeit:* Beim Abfluß bildet sich über dem Gestein ein dünner Wasserfilm (von $10^{-2} - 10^{-3}$ cm) mit höherer Sättigung und daher geringerer Lösungsaktivität. Je schneller der Abfluß, d. h. je steiler die Felsflächen sind, desto aktiver wird die Lösung.

Durch die Abflußgeschwindigkeit wird auch das Fließverhalten gesteuert. Von steil zu flach wandelt sich der Abfluß von einem mehr flächenmäßigen zu einem mehr linienförmigen, indem sich einige größere Abflußfäden bilden. So entstehen in Steillagen (z. B. an Schichtköpfen) bevorzugt flächenhaft vergesellschaftete Rillenkarren, in Flachlagen häufiger vereinzelte (z. T. mäandrierende) Rinnenkarren, z. T. Mäanderkarren. Unter einer Humusdecke greift das langsam

Genetische Klassifikation von Karren:

	Felsneigung Abflußge- schwindigkeit	neigungsbedingter Abfluß		gesteuerter (strukturgebun- dener) Abfluß
		flächig	linienhaft	
Freie Felsfläche (freier Abfluß)	steil ↓ flach	Rillenkarren (vergesellschaftet) mit Ausgleichsflächen Trittkarren und Karrendorne	Rinnenkarren Mäanderkarren Rinnsalkarren	Kluftkarren Schichtfugenkarren
Bodenbedeckte Felsfläche (subkutaner Abfluß)	steil ↓ flach	flächige Korrosion (± strukturgebundes Mikrorelief)	Rundkarren subkutane Mäanderkarren	strukturgeb. subkutane Kluftkarren Karrentöpfe Karrenkessel

III, 18

sickernde, mit biogenem CO_2 stark angereicherte Wasser intensiver und mehr flächig an, so daß die größeren, stark gerundeten subkutanen Karren (Rundkarren) entstehen.

d) *Abflußrichtung:* Neben Karren, die durch freien Abfluß in Gefällsrichtung entstanden sind, gibt es Karren, die durch gesteuerten Abfluß an Gesteinsinhomogenitäten (Klüfte, Haarrisse, Schichtfugen) gebildet wurden. Sie verlaufen oft schräg bis quer zum Gefälle (strukturgebundene Karren).

Karrentypen

Freie Karren (durch freien, mehr flächigen oder linienförmigen Abfluß entstanden).

Rillenkarren: an steile $40° - 80°$ geneigte Felsflächen gebunden; treten vergesellschaftet in etwa gleichen Abständen, ungefähr parallel verlaufend, der Felsneigung folgend, auf. Sind durch schmale, oft messerscharfe Grate von mehreren cm Höhe und Breite getrennt, werden bis über 1 m lang und enden in glatten Auslaufflächen.

Firstrillenkarren setzen an größeren Karrenfirsten an.

Trittkarren sind breite, sichelartige Absätze von einigen cm Höhe und ähneln der Form eines Elefantentrittes. Sie kommen wohl auf verschiedenen Neigungsflächen vor, häufen sich aber auf flachen Felsplatten.

Karrendorne sind dornenartige Restformen, welche durch Verschneidungen übrigbleiben.

Rinnenkarren bilden vereinzelte (nicht wie die Rillenkarren vergesellschaftete), jedoch längere (mehrere m) und tiefere Rinnen. Sie entstehen durch linienhaften Abfluß, überwiegend auf mäßig bis flach geneigten Felsflächen. Auf letzteren treten häufig Mäanderformen auf (= Mäanderkarren).

Rinnsalkarren führen auch in Trockenperioden noch abfließendes Wasser.

Subkutane Karren (= Rundkarren) bilden sich unter einer minder mächtigen Humusdecke aus und unterscheiden sich von den freien Karren durch die starke Zurundung der Karrenrücken und -rinnen, sowie durch größere Längen, Tiefen und Breiten. Subkutane Rinnenkarren können einige Meter Länge, die Rinnen einige dm Tiefe und Breite erreichen.

Strukturgebundene Karren (= Kluft- oder Schichtfugenkarren): An Schichtgrenzen und Kluftsysteme im Kalk gebunden. Klüfte bilden Leitwege für versickerndes Regen- und Schneeschmelzwasser. Wie Gesteinsoberfläche werden auch Kluftwandungen dem Lösungsprozeß unterworfen, erweitern sich von ursprünglich kaum sichtbaren Haarrissen zu klaffenden Spalten. Kluftkarrentiefe, im Unterschied zu kleineren Rillenkarren, bis zu mehreren Metern. Anordnung und Dichte der Karren durch Kluftabstände bestimmt. Bei dichter Kluftscharung Entstehung breiter, tiefer Karstgassen.

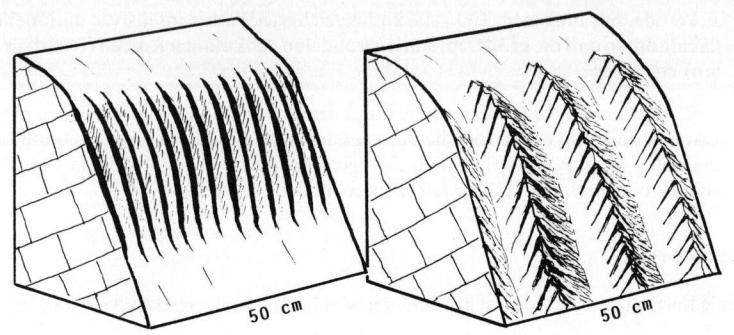

RILLENKARREN **FIRSTRILLENKARREN**

auf stark geneigten Felsflächen

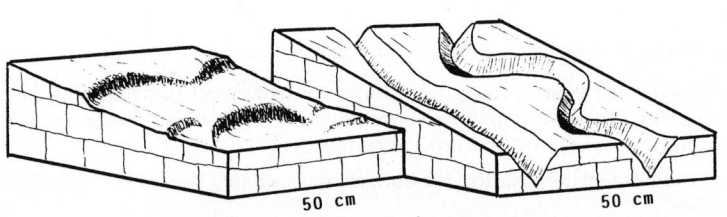

TRITTKARREN **RINNEN- u. MÄANDERKARREN**

auf schwach geneigten Felsflächen

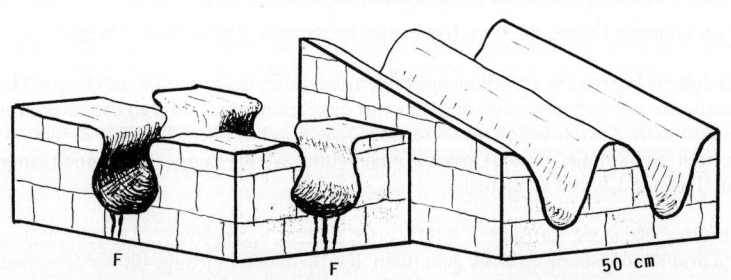

SUBKUTANE STRUKTURKARREN
auf flacher Felsfläche
durch Feinfugen (F) vor-
gezeichnet

RUNDKARREN auf
schwachgeneigter
Felsfläche

Abb. 1: Karrentypen

III, 20

Sehr vielfältig ist der Formenschatz der *subkutanen Strukturkarren*, für die die Zurundung wieder typisch ist. Neben linienhaften Formen sind an Kluftkreuzungen oft tiefe topf- bis kesselartige Formen entstanden, welche z. T. schon zu dolinenartigen Formen überleiten.

Karrenfelder: Karren treten in der Regel vergesellschaftet in ausgedehnten Karrenfeldern auf. Schwer begehbare Karrenfelder bilden sich durch gehäuftes Auftreten von Karren, bes. auf nicht zu steilen Hängen.

> *Beispiele:* Karren des Gottesackerplateaus bis zu 20 m tief. Schrattenkalk des Allgäus (grobbankiger Horizont der unteren Kreide) hat seinen Namen von schulbeispielhaft ausgebildeten Karrenfeldern, die ihn bedecken.

Karrenfelder überall dort, wo größere Kalkflächen frei zutage treten, d. h. in waldfreien Gebieten und im Hochgebirge. Von Reinheit des Kalkes abhängig, ob Karren regelmäßig und in typischer Form ausgebildet sind oder nicht: dickbankige Kalke und Massenkalke, z. B. Dachsteinkalk der oberen Trias, bes. der *Verschrattung* ausgesetzt; im Dolomit meist nur Kluftkarren; dünngeschichtete, stark klüftige Kalke und kalkige Dolomite zerfallen in höheren Lagen durch Frostverwitterung zu *Scherbenkarst*; unter Waldkleid entstandene Karren durch abgerundete Rippen gekennzeichnet (Einfluß organischer Säuren).

Verschrattung ursprünglich glatter Gesteinsoberflächen in verhältnismäßig kurzer Zeit: in Kalkalpen gut ausgebildete Karrenfelder auf eiszeitlich überschliffenen Felsoberflächen.

Höhengrenzen der Karrenbildung

Als Folge der postglazialen Klimaschwankungen änderten sich auch die Höhengrenzen der Vegetation, so daß eine breitere Übergangszone entstand, in der sich freie und subkutane Karren mengen.

Vertikale Gliederung des Auftretens von Karren in den Ostalpen:

	Periglazialzone (Scherbenkarstzone) Durch intensive Frostverwitterung kaum Karrenbildung
2000 m	....
	Hochalpine Karstzone (nackter Karst) Hauptzone für freiliegend gebildete Karren
1600 m	....
	Subhochalpine Karstzone Hauptzone der subkutanen Karren
1200 m	....
	Voralpine Karstzone Boden- und Verwitterungsdecke; nur stellenweise treten Karren auf

Hauptzonen der Karrenbildung stellen auch Küsten aus verkarstungsfähigen Gesteinen dar. Im Spritzwasserbereich der Brandung kommt es hier zu einer Vielfalt von Karrenformen.

Rinnen- und Rillenkarrenbildung ist postglazial

Flächenhafter Kalkabtrag in Alpen in letzten 10000 Jahren auf 15–20 cm zu veranschlagen, Eintiefung der Karstrinnen bis 1 m. Karren an Wänden römischer Steinbrüche bei Aix-en-Provence und auf Trümmern eines Bergsturzes bei Rovereto vom Jahre 833 sprechen ebenfalls für schnelle, jugendliche Entstehung; bei Rovereto 1100 Jahre ausreichend für Entstehung 1–3 cm tiefer Rillen. Auf Kreta (Knossos) in der Antike bearbeitete Kalk- und Marmorblöcke von fingertiefen Rillenkarren überzogen.

Wesentlich tiefere *Kluftkarren* dagegen vielfach *präglazial*; haben – wenn auch stark abgeschliffen – Firn- und Eisbedeckung überdauert.

Literatur

BÖGLI, A.: Probleme der Karrenbildung. Geogr. Helvet. 6, 1951, S. 191–204
–: Kalklösung und Karrenbildung. Z. Geomorph., Suppl.-Bd. 2, 1960, S. 4–21
–: Karrentische, ein Beitrag zur Karstmorphologie. Z. Geomorph., N. F. 5, 1961, S. 185–193
–: Un exemple de complexe glacio-karstique: Le ›Schichttrippenkarst‹. Rev. Belge Géogr., No. spec., Karst et climat froid. Brüssel 1964
BÜLOW, K. v.: Karrenbildung in kristallinen Gesteinen? Z. d. Dt. Geol. Ges. 94, 1942
CRAMER, H.: Systematik der Karrenbildung. Peterm. Geogr. Mitt. 81, 1935, S. 17–19
CVIJIĆ, J.: The evolution of lapiés, a study in Karst physiography. Geogr. Rev. 14, 1924, S. 26–49
ECKERT, M.: Das Karrenproblem, die Geschichte seiner Lösung. Diss. Leipzig 1895
–: Die Karren oder Schratten. Peterm. Geogr. Mitt. 44, 1898, S. 69–71
–: Das Gottesackergebiet, ein Karrenfeld im Allgäu. Wiss. Erg.-H., Dt. u. Österr. Alpenver., I, 3, 1902
JULIAN, M., NICOD, J. u. ORENGO, C.: Recherches des Morphologie Karstique et Glaciaire dans le Massif du Marguareis (Alpes Marit.). Méditerranée, 1972, S. 81–99
KINZL, H.: Die Karsttische – ein Mittel zur Messung des Kalkabtrags. Mitt. Österr. Geogr. Ges. 117, 1975, S. 290–301
LINDNER, H. G.: Das Karrenphänomen. Peterm. Geogr. Mitt., Erg.-H. 208, 1930
NICOD, J.: Sur la vitesse d'évolution au cours du Quaternaire des quelques formes karstiques superficielles. Ann. Géogr. 79, 1970, S. 311–324
PALMER, H. S.: Karrenbildungen in den Basaltgesteinen der Hawaiischen Inseln. Mitt. Geogr. Ges. Wien 70, 1927
PLUHAR, A. u. FORD, D. C.: Dolomite karren of the Niagara Escarpment, Ontario, Canada. Z. Geomorph., N. F. 14, 1970, S. 392–410
SCHMIDT-THOME, P.: Karrenbildung in kristallinem Gestein. Z. d. Dt. Geol. Ges. 95, 1943

1.2.1.2 Dolinen

Formenschatz der Dolinen

Dolinen[7] sind trichter-, schüssel-, kessel- oder schachtförmige geschlossene Karst-hohlformen mit unterirdischem Abfluß, deren Durchmesser meist größer ist als Tiefe.

Die Größenordnung schwankt zwischen kaum meterbreiten Vertiefungen bis zu Großdolinen von einigen 100 m Durchmesser.

Die Form kann sein: – Im Grundriß rundlich bis länglich-elliptisch,
                      – in der Böschung gleichmäßig bis asymmetrisch,
                      – im Aufriß trichter-, schüssel-, schacht(schlot-)förmig.

Niederschlags- und Schmelzwasser suchen sich ihren Weg in die Tiefe an stratigra-phisch oder tektonisch vorgezeichneten Schwächezonen. Dabei werden diese Ge-steinsfugen (hauptsächlich Klüfte und Verwerfungen) durch die Korrosion erwei-tert. Kreuzungsstellen von Klüften, Zonen stärkerer Zerklüftung, Zerrüttungszo-nen, sind bevorzugte Wasserabzugsstellen – dort entstehen auch oft reihenweise angeordnete Dolinen und Dolinenreihen.

Lösungsrückstände und Einschwemmungen aus der Umgebung werden durch die Klüfte in die Tiefe geführt; z. T. kommt es zu einer Verlegung und Abdichtung der karsthydrographisch wirksamen Klüfte.

Der Dolinenboden kann bestehen aus:

a) *Anstehendem Karstgestein:* Dieser Boden weist häufig offene Klüfte auf. Sind sie verschmiert, so kann das Wasser nur langsam (ev. gar nicht) abfließen. Sie die-nen dann häufig als Viehtränkstellen im Karst.

b) *Sedimenten* (Moränen, Breccien, Schutt und Lösungsrückstände), die über dem Anstehenden liegen können; der Dolinenboden erscheint dann eben oder schwach gewellt und die Doline hat die Form einer Schüssel oder Mulde. In den Alpen liegt oft bräunlicher Lehm (terra fusca) darinnen, im Mittelmeergebiet terra rossa, in heißen Klimaten Rotlehm. Beide Letztere werden dann häufig als kleine Anbauflächen benutzt.

Dolinen sind weltweit verbreitet und bilden geradezu eine Leitform im Karst. Die Dolinenhäufigkeit ist abhängig vom Wasserdargebot, vom Substrat wie auch vom Altrelief. So findet man in alten Tiefenzonen – in Talungen, Senken – der alpinen

---

[7] slowen. dolina = Tal

Karsthochplateaus eine große Dolinenhäufigkeit. Vielfach sind die Dolinen der Karsthochplateaus polygenetische Formen. Während der pleistozänen Vergletscherung wurden sie durch Eisschurf zu glazialen Wannen umgeformt. So entstanden großflächigere, moränenbedeckte Schüssel- und Wannendolinen, in deren Böden sich bereits wieder kleinere Sackungsdolinen gebildet haben.

Dolinen gibt es auch in den Trockengebieten der Erde, treten hier aber seltener auf als in humiden Zonen.

Entstehung der Dolinen

Dolinen entstehen vor allem durch konzentrierte Lösung an bevorzugten Abzugsstellen. Neben der oberflächlichen Lösung kann für die Dolinengenese auch unterirdische Lösung eine bedeutende Rolle spielen. Dadurch kann es zu Einstürzen, Nachsackungen oder Ausschwemmungen des über den Lösungshohlformen überlagernden Gesteins kommen. Außerdem gibt es polygenetische Formen, wie etwa in ehemals vergletscherten Arealen, wo exarativ[8] entstandene Wannen ($\rightarrow$ III, 25) durch Verkarstung umgeprägt wurden.

Nach der **Genese** lassen sich daher folgende **Dolinentypen** unterscheiden:

a) *Lösungsdolinen* (solution dolines) sind durch oberflächliche Lösung entstanden und weisen überwiegend eine Trichterform auf. Durch Lösung erweiterte Schwächezonen (Klüfte, Kluftkreuzungen, Schichtfugen) leiten Oberflächenwasser in die Tiefe ab. Wenn Abzugsstellen (Ponore, $\rightarrow$ III, 44) durch tonige Verwitterungs-Rückstände verstopft sind, können die Dolinen durch Aufschwemmung oder Seitenkorrosion auch Schlüsselform aufweisen.

Neben diesen, durch Oberflächenlösung entstandenen Formen, gibt es noch stark strukturgebundene, wo die Korrosion (+ Mischungskorrosion) längs Klüften und Schichtfugen in große Tiefen reicht (Karstschächte und -schlote).

b) *Einsturzdolinen* (collaps dolines, Cenotes) entstehen durch Einsturz eines Höhlendaches, wenn dieses durch Korrosion oder Nachbrüche die Tragfähigkeit verliert. Sie sind meist steilwandig, zeigen am Grunde Felssturzmassen oder schließen als bodenlose Löcher an Höhlensysteme an.

c) *Sackungsdolinen* (Nachsackungsdolinen, Erdfälle) entstehen durch allmähliches Nachsacken von (oft nicht verkarstungsfähigen) Substraten, welche über unterirdischen Lösungshohlformen liegen. Auf den alpinen Hochplateaus

---

[8] lat. exarare = auspflügen, ausschürfen

(Dachstein) sind vielfach innerhalb großer, moränenerfüllter polygenetisch entstandener Wannendolinen kleine trichterförmige Hohlformen im Moränenmaterial erkennbar, welche durch Nachsacken über dolinenartigen Lösungsformen im darunter anstehenden Kalk entstanden sind.

Ähnliche Beispiele sind aus Gipskarstgebieten bekannt, wie etwa am nördlichen Harzrand, wo hangendes Buntsandsteinmaterial in Lösungsformen des darunterliegenden Gipses nachsackte.

d) *Schwemmlanddolinen* (drift dolines) entstehen durch Ausschwemmen von Deckschicht-Feinmaterialien in gelöstem Untergrund (geologische Orgeln in verfestigten Kalkschottern).

e) *Polygenetisch entstandene Dolinen.* Neben der Karstlösung waren hier auch andere Prozesse wesentlich wirksam (glaziale Wannen).

Nach ihrer **Form** lassen sich folgende **Dolinentypen** unterscheiden:

Trichterdolinen: Stellen den Prototyp der Dolinen dar und haben die größte Verbreitung. Sie weisen eine ausgeprägte Trichterform auf, einen meist kreisrunden Grundriß und $30°-45°$ steile Hänge, welche im nackten Karst aus anstehendem Fels, ev. mit Frostschutt überdeckt, bestehen, im Grünkarst eine Bodendecke tragen. Die Hänge führen konisch zum Grunde zusammen, wo Ponore die Wasser in die Tiefe führen. Die Außendurchmesser sind meist größer als die Tiefe. Entstanden sind sie vorwiegend als Lösungsdolinen, z. T. auch als Sackungsdolinen.

Sonderform ist die *Ponordoline* mit Zuflußgraben, episodische oder perennierende Gerinne fließen hier zu und verschwinden in offenen Ponoren. Die hydrologische Funktion reicht hier über die Doline hinaus.

Wannen-, Schüssel- oder Muldendolinen: Sie kommen sehr häufig vor, bilden flachkonkave Hohlformen, mäßig steile bis flache Hänge ($10° - 35°$) fallen zu einem flachwelligen bis ebenen Breitboden ab. Das Verhältnis Durchmesser zu Tiefe ist relativ groß (ca. 10 : 1). Die meisten dieser Dolinen entstanden durch partielle Sedimentauffüllungen in Trichterdolinen, wobei durch tonige Sedimente oder Verwitterungsrückstände die wasserwegsamen Spalten mehr oder minder stark abgedichtet wurden. Damit entstehen die Voraussetzungen für eine seitwärts ausgreifende Korrosion. Bildet der nasse Sedimentteppich selbst schon die Möglichkeit einer flächigen Korrosion, so stellt er bei oberflächlichem Wasserstau ein Korrosionsniveau dar, an dem die Lösung in die Seitenflanken eingreift.

Diese Dolinen können aber auch als Lösungsform an breitflächigen Zerrüttungszonen entstehen, wobei oft mehrere Dolinen zusammenwachsen. In ehemals vergletscherten Arealen können sie polygenetischer Entstehung sein, wo glazialer Ausraum (zu glazialen Wannen) und spätere Korrosion wirksam waren.

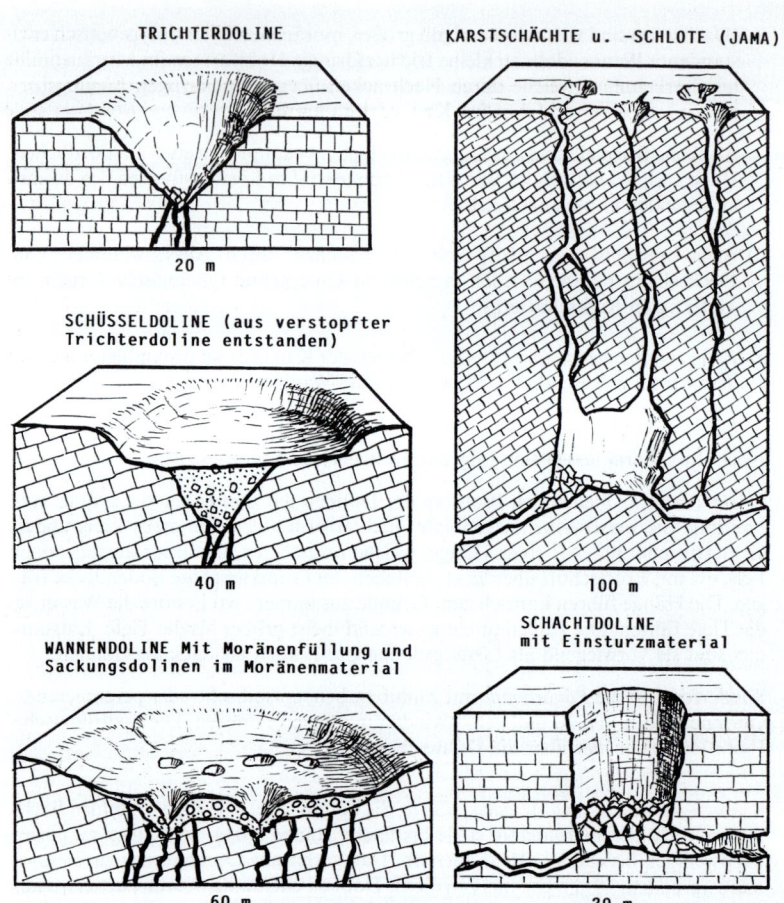

Abb. 2: *Dolinentypen*

Schacht- oder Kesseldolinen: Sie fallen steilwandig mehr oder minder tief (bis über 50 m) ab. Außendurchmesser zu Tiefe verhalten sich ca. 1 : 1. Sie können durch Einsturz, häufiger noch durch Lösung entstanden sein. Bei letzteren ist ein ausgeprägtes Kluftnetz von größter Bedeutung.

Karstschlote und -schächte (Jamas): Sie führen als schlauchförmige, sich erweiternde und verengende Naturschächte senkrecht oder schräg in den Untergrund. Die Tiefenerstreckung bildet somit ein Vielfaches gegenüber dem Außendurchmesser. Oft münden sie in Höhlensysteme und bilden deren Lichtschächte. Blind endende Schlote werden als Karstbrunnen bezeichnet.

Ähnlich den Schachtdolinen können auch sie durch Einsturz oder durch Lösung längs eines besonders wirksamen Störungsnetzes (Kluft- und Schichtfugen) entstanden sein.

Karstwannen und Karstmulden (Uvalas): Sie bilden wesentlich größere Formen mit Durchmessern von mehreren 100 m bis einigen km, sind aber nicht wie Poljen an einen Gesteinswechsel gebunden. *Karstmulden* weisen einen unruhigen, unebenen, oft von z. T. zusammengewachsenen Dolinen zernarbten Boden auf. *Karstwannen* haben einen sehr ebenen Boden, der durch Aufschüttung entstanden ist. Diese Formen wahrscheinlich polygenetischer Entstehung, sie dürften entweder aus Talungen eines Altreliefs oder aus glazialen Wannen hervorgegangen sein.

Cockpits: Dies sind Dolinen im tropischen Kegelkarst (→ III, 54). Sie bilden zwischen den Kuppen und Türmen steilwandige, bis über 100 m tiefe Hohlformen mit ebenen, meist sternförmigen Böden. Am Rande von Karstebenen sind sie in benachbarten Kegelkarstgebieten durch Flächenstreifen zwischen den Kegeln miteinander in Verbindung. Tonige Verwitterungsrückstände oder sedimentäre Einschwemmungen verdecken häufig das Karstgestein. Sie entstehen durch intensive Lösung, so daß sie rasch bis nahe an das Vorflutniveau in die Tiefe wachsen. Durch starke Abspülung von den Kuppen entstehen die Sedimentdecken, welche Ponore verstopfen können und damit die Seitenkorrosion fördern.

Vergesellschaftete Formen: Dolinen treten selten als Einzelformen, sondern häufig geschart oder gereiht als *Dolinenfelder* oder *Dolinenreihen* auf. Dichte und Intensität des Störungsnetzes sind hierbei von größter Bedeutung. Längs stark karstmorphologisch wirksamen Störungslinien, an die Dolinenreihen gebunden sind, wachsen oft Dolinen zusammen und bilden *Zwillings-, Drillings-,* usw. *-dolinen.*

Ebenfalls an stark karstmorphologisch wirksamen Störungslinien sind *Karstgassen* gebunden. Sie bilden oft hunderte m- bis km-lange geradlinige Lineamente von mehreren m Breite und Tiefe und sind häufig mit Dolinen vergesellschaftet.

Jene Karstgassen, welche Verwerfungs- oder Kluftzonen folgen, weisen durchwegs karrige, steile bis überhängende Seitenwände auf. Schichtgassen zeigen dagegen asymmetrische Querschnitte mit steilen, durch Rillenkarren zernarbten Schichtkopfwänden und flacheren, durch Rinnenkarren zernarbten Schichtflächen.

III, 27

Literatur

BRÜNNER, K.: Die Karsthohlformen des württembergischen Unterlandes. Stuttgarter Geogr. Stud. 56/57, 1935

CRAMER, H.: Die Systematik der Karrendolinen. N. Jb. Mineral. etc., Beil.-Bd. 85, Abt. B, 1941, S. 293–382

FRIESE, H.: Die Karsthohlformen der Schwäbischen Alb. Stuttgarter Geogr. Stud. 37/38, 1933

GEYER, O. F.: Über die Morphogenetik der Dolinen mit besonderer Berücksichtigung von Südwestdeutschland. Z. Dt. Geol. Ges. 108, 2. Tl., 1955, S. 260–261

HASERODT, K.: Untersuchungen zur Höhen– und Altersgliederung der Karstformen in den nördlichen Kalkalpen. Münchener Geogr. Hefte 27, 1965

JENNINGS, J. N.: Doline Morphometry as a Morphogenetic Tool: New Zealand Exemples. New Zealand Geogr. 31, 1975, S. 6–28

LEHMANN, O.: Über die Karstdolinen. Mitt. Geogr. Ethnogr. Ges. Zürich 31, 1931, S. 43–71

MORAWETZ, S.: Zur Frage der Dolinenverteilung und Dolinenbildung im istrischen Karst. Peterm. Geogr. Mitt. 109, 1965, S. 161–170

–: Zur Frage der Dolinenentstehung. Z. Geomorph., N. F. 14, 1970, S. 318–328

RATHJENS, C.: Karsterscheinungen in der klimatisch–morphologischen Vertikalgliederung des Gebirges. Erdkunde 8, 1954, S. 120

TRIMMEL, H.: Über die Ausbildung regelmäßiger Trichterdolinen im Lockermaterial. Die Höhle 8, 1957, S. 54–55

1.2.1.3 Poljen

Formenschatz der Poljen

Poljen[9] sind große, breite, vorwiegend langgestreckte, teils talartig gewundene, steilwandige Becken mit einem fast ebenen Boden. Der flache Poljenboden, von schottrigen, sandigen, oder lehmig-tonigen Lockermassen (fluviatil umgelagert) gebildet, fällt meist sehr flach gegen eine oder auch mehrere tiefste Stellen ab. Dort finden sich im Kalkuntergrund offene Klüfte, Schlote oder Höhleneingänge, die das Wasser abführen (Ponore). In Feuchtperioden können diese Schlucklöcher oft das Niederschlagswasser kaum abführen, ja z. T. sich sogar zu Speilöchern und Quellen entwickeln (Wechselschlünde), so daß langandauernde Überflutungen auftreten können. Manche Poljen sind ganzjährig wassergefüllt (meist sehr seichte Seen); durch viele Poljen fließen Flüsse, die aus Karstquellen austreten und in Flußschwinden wieder verschwinden. Der Kalkuntergrund stellt immer eine Abtragungsfläche dar. Aus den Poljen-Ebenen ragen, oft unmittelbar mit steilem Fußknick hervortretend, Kalkhügel als Restberge aus dem Untergund hervor, die als *Humi* bezeichnet werden.

---

[9] kroat. Feld, ital. campo, piano = Fläche, Ebene

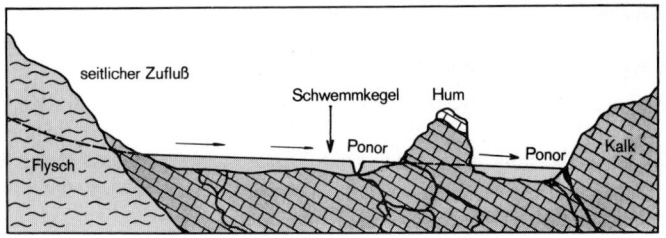

Abb. 3: *Schema der Entstehung eines Poljes*
(nach H. LOUIS *und* N. GÜLDALI)

Humi:[10] Isolierte Kalkklötze, die meist in Nähe von Poljenrändern oder Steilrändern der Karstpedimente liegen (vgl. Abb. 3). Daraus schließen K. KAYSER, H. LOUIS und W. KLAER, daß es sich um Kalkstöcke handelt, die durch seitliche Korrosion als Zeugenberge oder Auslieger von vorspringenden Teilen des Poljen- oder Pedimentrandes abgegliedert worden sind; sie sind offensichtlich keine Zeugen fossilen Kegelkarstes (→ III, 53 ff.). Erreichen im Jezero-Polje (Jugoslawien) 100 bis 120 m, im Kestol-Polje (westlicher Taurus) bis 369 m relative Höhe.

Im Sommer sind die Poljeböden in der Regel trocken und ackerbaulich genutzt. Bei frühem Einsetzen der Herbstregen schnelle Einbringung der Ernte erforderlich. *Siedlungen* an trockenen, landwirtschaftlich nicht nutzbaren Rändern der Poljen.

Seepoljen oder *Poljenseen ganzjährig* von Wasser erfüllt. Skutari-, Presba- und Ochridasee sind größte Seepoljen Jugoslawiens; 350 km² großer Kopaissee in Böotien (Griechenland) seit letztem Jahrhundert trockengelegt. Gehören zur Gruppe der auch außerhalb der Poljen vorkommenden, meist durch periodische oder unperiodische Wasserstandsschwankungen ausgezeichneten Karstseen, z. B. Nixsee bei Bad Sachsa.

An dalmatinischer Küste zahlreiche Poljen infolge nacheiszeitlichen eustatischen Meeresspiegelanstiegs vom Meer überflutet; am eindrucksvollsten Bucht von Kotor (Cattaro).

Vorkommen in jeder Größenordnung; kleinste kaum von Uvalas zu unterscheiden, die größten bedecken Hunderte von Quadratkilometern. Von insges. 221 jugoslawischen Poljen mit Gesamtareal von etwa 4000 km² sind 7 über 100 km², 2 sogar über 300 km² groß (Livanjsko Polje östl. Split 380 km², Ličko Polje 320 km²).

---

[10] Sing. Hum; Eigenname eines Einzelberges im Popovo-Polje

Poljentypen

Nach geologisch-tektonischer Lage:

a) *Semipolje:* Das Polje erstreckt sich teils auch in nicht verkarstungsfähige Gesteinsschichten hinein, d. h. also quer durchs Polje verläuft eine Gesteinsgrenze.

b) *Randpolje:* das Polje, das noch ganz im Karstgestein liegt, erstreckt sich in unmittelbarer Randlage zu nicht verkarstungsfähigen Gesteinen, so daß Zuflüsse nicht verkarstungsfähiges Material einbringen.

Nach hydrologischen Verhältnissen:

a) *Flußpolje:* An mehr oder minder schüttenden Karstquellen entspringen Poljenflüsse, durchqueren den abgedichteten Poljenboden, um an den niedrigsten Stellen in Flußschwinden wieder zu verschwinden.
   Varianten dazu sind *Zuflußpoljen:* Flüsse treten von auswärts in das Polje ein, um dort dann zu versickern; *Abflußpolen:* Flüsse entspringen an stark schüttenden Quellen in Poljen und fließen nach auswärts ab; *Durchflußpoljen:* auswärts entstehende Flüsse durchziehen das Polje und fließen auch wieder raus.

b) *Staupoljen:* Die Poljenböden liegen hier im Schwankungsbereich des Karstwassers. Bei Rückstau vom nahen Vorfluter aus kann es hier zu periodischen Überflutungen kommen.

c) *Seenpoljen:* Sind ganzjährig z. T. mit Wasser erfüllt.

Nach morphologischen Kriterien:

a) *Flächenpoljen:* Sind in gehobene Altflächen eingetieft.

b) *Talpoljen:* Haben einen talartigen, oft gewundenen Verlauf und sind überwiegend auch aus alten Talsystemen hervorgegangen.

Entstehung der Poljen

Die Frage der Poljengenese hat eine reiche morphologische Diskussion angeregt und gibt bis heute noch einige Rätsel auf.

Schon früh standen sich zwei Thesen gegenüber. J. CVIJIC (1893) glaubte, daß Poljen durch Zusammenwachsen von Uvalas und Dolinen entstanden seien. A. GRUND (1914) erklärte das Polje als ein „verkarstetes tektonisches Senkungsfeld", das „durch seine unterirdische Entwässerung zu einem Bestandteil des Karstphänomens wurde". Viele neuere Untersuchungen ergaben, daß Vorformen für die Primäranlage von größter Bedeutung sind. Für die Umgestaltung zum Polje sind Einschwemmungen von nicht verkarstungsfähigen Materialien wichtig, welche durch Ponorabdichtung die Ableitung von Wasser verhindern und die Bildung eines Karstwasserniveaus oder sogar von Seen ermöglichen. Damit wird durch Seitenkorrosion eine wesentliche Ausweitung der Poljeböden ermöglicht.

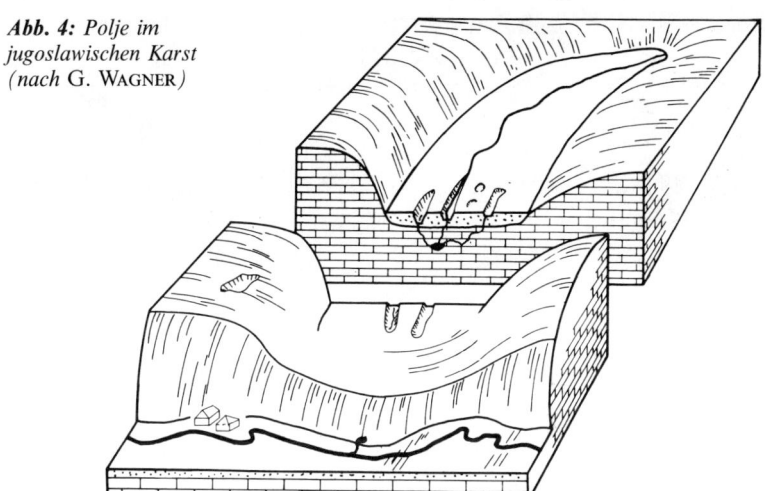

Abb. 4: *Polje im jugoslawischen Karst (nach* G. WAGNER*)*

Die Poljengenese kann eingeleitet werden durch korrosive Umgestaltung von:

a) *tektonischen Becken und Senken* mit abgedichtenden Beckenfüllungen. Viele Poljen des dinarischen Karstes erstrecken sich in tektonischen Beckenlagen und weisen z. T. sehr mächtige (bis über 100 m) tertiäre Beckenfüllungen auf. Diese bewirken, daß die Becken oft nur jahreszeitlich ein Inundationsniveau[11] bilden und dann durch korrosive Ausweitung stark umgestaltet werden.

b) *intramontanen Becken oder alten Einebnungsflächen:* Mächtige Verwitterungsdecken können Altflächen oder intramontane Becken im Karst bedecken (doppelte Einebnungsflächen i. S. BÜDELS, → II, 148) und durch Abdichtung des Karstuntergrundes zur Seitenkorrosion und Ausweitung des Poljebodens führen.

c) *Karsttalungen und Blindtälern:* Täler, welche aus einem nicht verkarstungsfähigen Gebiet kommen, können durch Aufschüttungen und damit auch einsetzende Seitenkorrosion zu Talpoljen umgestaltet werden. Besonders wirksam ist diese Entwicklung bei Blindtälern, wo durch Verstopfung der Flußschwinden Wasserrückstau, Akkumulation und seitliche Korrosion gefördert werden.

d) *Cockpitböden[12] im Vorfluterniveau des tropischen Kegelkarstes:* Durch Rotlehmeinschwemmungen, welche von den Karstkegeln abgespült werden, sind

---

[11] lat. inundare = überschwemmen, unter Wasser setzen; Inundation = Landsenkung mit marinen Sedimentationen

[12] s. Fußnote 17 auf S. 55

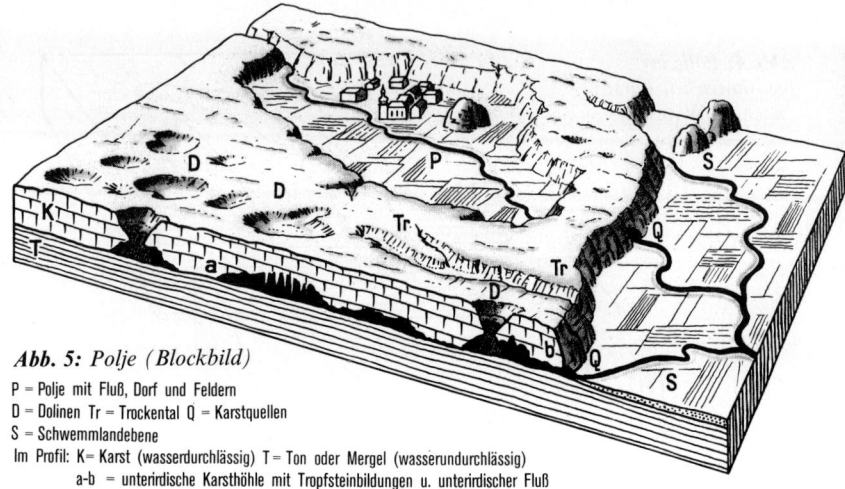

Abb. 5: *Polje (Blockbild)*

P = Polje mit Fluß, Dorf und Feldern
D = Dolinen Tr = Trockental Q = Karstquellen
S = Schwemmlandebene
Im Profil: K= Karst (wasserdurchlässig) T= Ton oder Mergel (wasserundurchlässig)
a-b = unterirdische Karsthöhle mit Tropfsteinbildungen u. unterirdischer Fluß

die Cockpitböden abgedichtet, so daß es zur intensiven Seitenkorrosion kommt
und Cockpitböden und -gassen zu größeren Poljenformen zusammenwachsen.

Literatur

BÜDEL, J.: Reliefgenerationen der Poljenbildung im dinarischen Raum. Geogr. Z., Beih. 32,
Neue Erg. Karstforsch., 1973, S. 134–142

GAMS, I.: The Polje: The Problem of Definition. Z. Geomorph. N. F. 22, 1978, S. 170–181

GERSTENHAUER, A.: Kritische Anmerkungen zu den Vorstellungen von der Genese der
Korrosionspoljen. Abh. z. Karst– u. Höhlendke, Reihe A, Heft 15, 1977

GÜLDALI, N.: Karstmorphologische Studien im Gebiet des Poljesystems von Kestel (westlicher
Taurus, Türkei). Tübinger Geogr. Stud. 40, 1970

KAYSER, K.: Bemerkungen über den Pluralismus der Poljenentstehung und die Stellung des
Poljes im Rahmen des Karstformenschatzes. Geogr. Z., Beih. 32, 1973, S. 75–82

LEHMANN, H.: Studien über Poljen in den Venezianischen Voralpen und im Hochapennin.
Erdkunde 13, 1959, S. 258–289

LIEDKE, H.: Eisrand und Karstpoljen am Westrand der Lukavicahochfläche, Westmontenegro.
Erdkunde 16, 1962, S. 289–298

LOUIS, H.: Die Entstehung der Poljen und ihre Stellung in der Karstabtragung auf Grund von
Beobachtungen im Taurus. Erdkunde 10, 1956, S. 33–53

NICOD, J.: Les eaux et l'amenagement des poljes du Karst Dinarique. Méditerranée 32, 1978,
S. 85–104

RATHJENS, C.: Beobachtungen an hochgelegenen Poljen im südlichen Dinarischen Karst. Z.
Geomorph., N. F. 4, 1960, S. 141–151

ROGLIĆ, J.: Morphologie der Poljen von Kupreš und Vukovsko. Z. Ges. f. Erdkde Berlin, 1939,
S. 229–316

–: Morphologische Studien über das Duvansko Polje in Bosnien. Mitt. Geogr. Ges. Wien 83,
1940, S. 152–177

1.2.1.4 Karstrandebenen, Karstrandpedimente

Formenschatz der Karstrandebenen

Karstrandebenen (K. KAYSER) sind große, den Schichtbau kappende Einebnungsflächen, welche an einem höheren Kalkhinterland ansetzen und sich dann sehr weitflächig, fast eben zu einem nicht verkarstungsfähigen Gebiet oder einem Vorflutniveau abdachen. Die Ränder sind meist scharf ausgebildet, greifen z. T. buchtartig ins Karsthinterland ein oder verzahnen sich dort mit Ebenheiten. Starke Versteilungen, Unterschneidungskehlen, Fußhöhlen oder Flußhöhlenstrecken sind Indizien starker Lateralkorrosion. Oft entspringen Karstquellen an den Rändern und speisen Gerinne, welche die Ebenheiten durchziehen.

Die Ebenen bestehen am Karstrand aus anstehendem Karstgestein mit einer dünnen Verwitterungs- oder Sedimentdecke (Tone, Sande, Schotter). Humis bilden stellenweise inselbergartige Aufragungen. Gerinne durchqueren die Ebene, z. T. gibt es periodisch-episodische Seen oder größere Feuchtareale. Gegen außen hin wird die Ebene zur Aufschüttungsform, welche in einem nicht verkarstungsfähigen Gebiet oder an einem Vorfluter ausmündet. Dieser kann sein: das Meer (z. B. in Puerto Rico – GERSTENBAUER 1964, Jamaica – PFEFFER 1973), Seen (z. B. Skutarisee in Montenegro – KAYSER 1934) oder Flüsse (z. B. Neretva – KAYSER 1934, Krka – ROGLIC 1954, 1969).

Karstrandebenen sind vor allem in tropischen und mediterranen Karstgebieten verbreitet. Sie entstehen ähnlich den Poljen durch intensive Lateralerosion, welche vom Vorfluterniveau bzw. periodisch inundierten Arealen in höheres Karsthinterland zurückgreift. Voraussetzungen sind langzeitliche stabile Bedingungen im Vorflutergebiet und minder große Reliefunterschiede zum Karsthinterland.

Karstpedimente: Prozeß der Felseinebnung zeigt in Karstlandschaften oft Ähnlichkeiten und Analogien zur Genese denudativ gestalteter Pedimente und berechtigt, mit H. LOUIS den Vorgang als Karstpedimentierung, die entstehenden Flächen als Karstpedimente zu bezeichnen, *denn*: durch Karstkorrosion erfolgt im Niveau der Schwemmkegel in Poljen oder der alluvialen Oberfläche einer Küstenebene (Karstrandebene) unabhängig von Struktur und Lage der Kalkschichten Einebnung des Kalkgebirges. Neu herangeführtes alluviales Schwemmmaterial transgrediert[13] sofort über freigelegte Kalkeinebnung und führt zu deren Fossilisierung. Spätere Freilegung solcher fossiler Felsflächen kann eintreten, wenn durch irgendwelche Vorgänge Böschungswinkel alluvialer Oberfläche versteilt und Deckschicht abgetragen wird.

---

[13] lat. transgressio = Überschreitung; Transgression = Übergreifen des Meeres auf Festlandsflächen

Vorgang seitlicher Einebnung in festem Kalkgestein zeigt damit gewisse *Parallelen* zur Entstehung der Pedimentflächen an Gebirgsrändern der Trockengebiete. Erosion und Denudation am Rande der transgredierenden Schutt- und Schwemmfächer entspricht im Karst chemische Lösung des Kalkes am Rande transgredierender Schwemmfächer der Aufschüttungsebenen (H. Louis).

Formenschatz daher ähnlich: sanft einfallende Kalkeinebnung grenzt in scharfem Knick an rückwärtiges, steil ansteigendes Kalkgebirge. Restbergen auf Pedimentflächen entsprechen im Karst mäßig steile (20°–60°), inselbergartige Auftragungen der „Humi" über Alluvialflächen.

Auffällig die in Korrosionsebenen küstenfernerer Gebiete tief eingeschnittenen *Cañons*, wie die der Neretva (Narenta), Krka und Cetina. Im Cañon der Neretva fluvioglaziale Ablagerungen der Würmeiszeit nachgewiesen, Cañon stammt demnach aus Vorwürmzeit, darüberliegende Korrosionsebenen müssen älter sein; andererseits kappen sie unterpliozäne Schichten. J. ROGLIĆ folgerte daraus, daß Korrosionsebenen des dinarischen Karstes im Oberpliozän entstanden sind.

Über *klimatische Verhältnisse* während des Oberpliozäne im Bereich der Dinariden auseinandergehende Meinungen. ROGLIĆ glaubt an feucht-tropisches, andere Forscher denken an warmes, wechselfeuchtes, übereinstimmend also an ein der Korrosion günstiges warmhumides Klima. Cañons hingegen zu Beginn des kühleren Pleistozäns eingeschnitten, als bei gleichzeitig erfolgender tektonischer Hebung Bedingungen für lineare Erosion zeitweise günstig waren.

Heute Wasserläufe im jugoslawischen Karst Fremderscheinungen in Raum und Zeit, deren künftige Existenz durch fortschreitende Verkarstung gefährdet ist.

Literatur

CVIJIĆ, J.: Bildung und Dislozierung der dinarischen Rumpfflächen. Peterm. Geogr. Mitt. 55, 1909, S. 121–127

KAYSER, K.: Morphologische Studien in Westmontenegro. II. Die Rumpftreppe von Cetinje und der Formenschatz der Karstabtragung. Z. Ges. f. Erdkde Berlin, 1934, S. 26–49, 81–102

–: Karstrandebene und Poljenboden. Erdkunde 9, 1955, S. 60–64

KLAER, W.: Karstkegel, Karst-Inselberg und Poljenboden am Beispiel des Jezeropljes. Peterm. Geogr. Mitt. 101, 1957, S. 108–111

KREBS, N.: Ebenheiten und Inselberge im Karst. Z. Ges. f. Erdkde Berlin, 1929, S. 81–94

LOUIS, H.: Das Problem der Karst-Niveaus. Rep. Comm. Karst Phenomena, New York 1956, S. 24–32

MORAWETZ, S.: Zur Frage der Karstebenheiten. Z. Geomorph., N. F. 11, 1967, S. 1–13

PFEFFER, K.-H.: Flächenbildung in den Kalkgebieten. Geogr. Z., Beih. 32, 1973, S. 111–132

RATHJENS, C.: Zur Frage der Karstrandebene im Dinarischen Karst. Erdkunde 8, 1954, S. 114–115

ROGLIĆ, J.: Korrosive Ebenen im Dinarischen Karst. Erdkunde 8, 1954, S. 113–114

1.2.1.5 Karsttäler

Solange die Täler bis in den Grundwasserbereich hinunterreichen, solange gelten die Gesetze der Talbildung (Rückschreitende Erosion, Ausbildung der Normalgefällskurve,..).

Ist dies jedoch nicht mehr der Fall (Hebung der Karstlandschaft, Vorauseilen der Tiefenerosion der Vorfluter,..), so unterliegt ein Fluß- oder Talrelief der Verkarstung. Der Fluß, der einst in einem Tal die Landschaft querte, unterliegt dann allmählich den karsthydrographisch wirksamen Klüften und wird abgezapft. Die ehemalige Tallandschaft verfällt der Verkarstung.

Karsttalformen

In der Karstlandschaft bilden sich spezifische Talformen:

1) *Karstsacktäler:* Beginnen unmittelbar ansetzend an einem in die Karstlandschaft tiefeingeschnittenen, kesselartigen Talschluß, wo meist stark schüttende Karstquellen oder Höhlenflüsse austreten.
   Beispiele sind: Grundlsee-Traun (Toplitzsee), Altausseer Traun (Gosaubach, Gosausee), Kleinhäuselhöhle bei Planina, Buna bei Mostar, Ombla bei Dubrovnik, Vaucluse östl. Avignon (frz. Alpen).

2) *Blindtäler:* Täler, die im Karst an einem Gegenhang enden. Sie haben ihr Einzugsgebiet innerhalb oder außerhalb des Karstgebietes und enden an einem steilen, oft von senkrechten Wänden gebildeten Talschluß, wo der Fluß in einem Ponor versinkt oder in eine Höhle eintritt.
   Beispiele: Reka, Lueg, Lurbach bei Semriach.

3) *Rakbachtal-Typus:* Kombination von 1) und 2).
   Beispiel: Rakbachtal bei Zirknitz.

4) *Trockentäler:* Täler, die durch einen ehemaligen oberflächlichen Abfluß entstanden sind, durch Verkarstung aber trockenfielen (Hebung des Karstgebietes oder Senkung des Vorfluters). Sie bilden bevorzugte Lineamente für Dolinenreihen.
   Beispiele: Dürres und Trockenes Tal im Mährischen Karst.

Literatur

ROGLIĆ, J.: Das Verhältnis der Flußerosion zum Karstprozeß. Z. Geomorph., N. F. 4, 1960, S. 116–128

1.2.1.6 Akkumulationsformen

Kalziumbikarbonat zerfällt wieder sehr leicht. Besonders bei starker Verdunstung des Wassers oder auch durch Aufnahme von Kohlensäure durch die Pflanzen in den Flüssen, kann es zu Störungen des Lösungsgleichgewichtes ($H_2O : CO_2$), bzw. Sinken des CO_2-Gehaltes kommen. Dann scheidet sich Kalk wieder in Form von *Kalktuff* oder *Travertin* aus.

Der Faktor der Verdunstung wird besonders groß in Trockengebieten oder auch bei Flußsteilstufen, wo viel Wasser zerstäubt.

Kalktuffablagerungen in Flußläufen (z. B. Tiber-Tal bis Tivoli), vor allem an Wasserfällen, noch eigenartiger als wohlbekannte Tropfsteinbildungen in Karsthöhlen. Selbst kleine Hindernisse können auslösender Anlaß sein. Durch Strudelbewegung des Wassers, bes. an Gefällsbrüchen, bei gleichzeitig kräftig wirkender Verdunstung infolge Zerstäubung, Abscheidung von Kalk. In *Sinterstufen* zunächst abgesetzter poröser Tuff kann sich zu Travertin verfestigen.

Bekanntes *Beispiel*: die hinter Kalktuffbarren aufgestauten Plitvicer Seen – etwa 25 treppenförmig übereinander angeordnete Seebecken – im Korana-Tal in Dalmatien (→ II, 106): Kalkausscheidung dort so intensiv, daß im Wasser liegende Baumstämme, Zweige, Blätter mit Kalkschicht überzogen sind. Hellgrauer Schlamm (Seekreide) am Grunde der Seen verwandelt Blau des Karstwassers (Name der „Blautöpfe"!) in Malachitgrün.

An Tuffausscheidung neben Verdunstung vor allem Moose und Kalkalgen (Schizothrix) beteiligt. Moose bilden an Wasserfällen dicke, von Kalk inkrustierte Polster. Kalkalgen bauen jährlich bis 1 cm dicke Krusten auf.

Kalkabscheidungen in Flüssen des dinarischen Karstes bilden parabolisch im Sinne des Abflusses durchgebogene Barren. Anfänglich kleine Staubecken vergrößern sich mit Emporwachsen der Sinterstufen. Hinter ihnen aufgestaute, bis 50 m tiefe Seen sind in dem an oberirdischen Flußläufen armen Karstland Jugoslawiens von besonderem landschaftlichem Reiz.

Andere bekannte *Beispiele:* Krka-Fälle in Jugoslawien, Sinter-Terrassen in Pamukkale bei Denizli (Türkei), durch Kalktuffbarren aufgestaute Seen von Band-i-Amir (Afghanistan). Ähnliche, von Kalktuffablagerungen erfüllte Täler in Schwäbischer Alb, z. B. Echaztal mit 5–20 m mächtiger Tuffbedeckung, Ermstal bei Urach (25 m), Lautertal, Eybtal u. a. Hinter Barren ehemals entstandene natürliche Stauseen („Bodenloser See" bei Seeburg) heute trockengelegt.

Kalksinterkrusten sind nicht nur aus ariden Klimagebieten bekannt (→ II, 24), sondern auch aus feuchten Tropen als Überzüge sehr steiler Karstkegel und Karsttürme, als „Außenstalaktiten" an Überhängen und über Fußhöhlen. Kalkabscheidungen entstehen infolge Kohlensäureabgabe des aus dem Boden austretenden, mit Kalk angereicherten Wassers und unterliegen mit Fortgang der Verkarstung gleicher Korrosion wie anstehender Kalk (K.-H. PFEFFER).

Literatur

EISENSTUCK, M.: Die Kalktuffe der mittleren Schwäbischen Alb. Diss. Tübingen 1949
HERMANN, H.: Die Entstehungsgeschichte der postglazialen Kalktuffe der Umgebung von Weilheim (Obb.). N. Jb. Mineral. etc., Abh. 105, 1957
JUX, U. u. KEMPF, E. K.: Stauseen durch Travertinabsatz im zentralafghanischen Hochgebirge. Z. Geomorph., N. F., Suppl.-Bd. 12, 1971, S. 107–137
MAECK, H.: Die Entstehungsgeschichte der interglazialen Kalktuffe des Dießener Tals bei Horb/Neckar. Diss. Tübingen 1963
MAULL, O.: Die Bedeutung der Kalktuffablagerungen für die Frage des diluvialen Klimawechsels. Frankfurter Geogr. Hefte 11, 1937, S. 90–94
PFEFFER, K.-H.: Kalkkrusten und Kegelkarst. Erdkunde 23, 1969, S. 230–236
TRIMMEL, H.: Beobachtungen über die Ausbildung von Sintergenerationen in österreichischen Höhlen. Die Höhle 4, Wien 1953, S. 6

1.2.1.7 Lösungsformen in Silikatgesteinen

Lösungsformen nicht auf Karbonatgesteine beschränkt; auch auf Silikatgesteinen, bes. Granit und Syenit, in allen Klimazonen von feuchten Tropen bis Arktis zu beobachten, entweder makro- oder mikroklimatisch bedingt.

Wirkung biologisch-chemischer Verwitterung auf schwer lösliche Silikatgesteine in erster Linie *von Temperaturverhältnissen abhängig* (→ II, 23 f.). In kühl-gemäßigtem Klima nur *Napf-* und *„Opferkessel"-Bildung* auf ebenen Gesteinsoberflächen; dagegen in immerfeuchten und wechselfeuchten Tropen kräftige *Karrenbildung* auch auf Massengesteinen.

Schönste *Beispiele* tropischer *Kristallinkarren* im Itatiáia-Gebirge Mittelbrasiliens. In ausgesprochener Grobkarrung dort an Steilwänden und Hängen sehr regelmäßige, parallelverlaufende, etwa 40–50 cm tiefe und 20–30 cm breite Rinnen, die von steilen, leicht zugerundeten Rippen getrennt werden. Auf Felsebenheiten treten an Stelle der Rillenkarren Napfkarren.

Großartige Karren völlig denen im Massenkalk Jugoslawiens vergleichbar, überziehen Steilhänge Korsikas. Im Granit Elbas Schulbeispiele von Napfkarren mit Überlaufrinnen. Im Tonalit der Hochgall-Gruppe (Ostalpen) rundgewölbte Rücken, die durch 10–15 m weite, nach unten verengte, bis zu 20 cm tiefe Rinnen voneinander getrennt sind. An klimatisch begünstigter Rheintalseite des Schwarzwaldes Granitkarren der Giersteine. Selbst im Kristallin Grönlands Karrenbildungen an warmen, durch Schmelzwasser befeuchteten Sonnenhängen. Unter Einfluß lösender Wirkung des Salzwassers Brandungskarren (→ III, 17).

Kristallinkarren von einzelnen Forschern als Pseudokarren bezeichnet. Dies jedoch unbegründet, da sie ebenso durch Kombination von Lösung und Abtragung entstehen wie Karren in Karbonatgesteinen.

Pseudokarst aber berechtigte Bezeichnung für *Gesamtkomplex derartiger Lösungsformen*, da alle anderen typischen Karstformen (Dolinen, Poljen) und Erscheinungen der Karsthydrographie (Flußschwinden, Röhrensysteme, Karstquellen usw.) in Massengesteinen fehlen. Nur im Peridotit Neukaledoniens bisher von A. WIRTHMANN außer Dolinen echte unterirdische Karstentwässerung beobachtet. Hingegen sog. „Röhrenerosion" (engl. *piping*), verbunden mit dolinenartigen Einbrüchen und Entstehung kurzer Trockentäler auf unlösliche Lockergesteine beschränkt (Pseudokarst), führt in enger Verbindung mit Gully-Erosion (→ III, 165) zur badland-Bildung (E. LÖFFLER).

Literatur

BÜLOW, K. v.: Karrenbildung in kristallinen Gesteinen? Z. Dt. Geol. Ges. 94, 1942, S. 44–46

CARLÉ, W.: Karrenbildung im Granit der galicischen Küste bei Vigo (Nordwest–Spanien). Geol. Meere u. Binnengewässer 5, 1941, S. 55–63

CROWTHER, J.: Chemical Erosion in Tower Karst Terrain, Kinta Valley, Peninsula Malaysia. New Directions in Karst. Geobooks, Norwich 1986, S. 427–441

FEININGER, T.: Pseudokarst on quartz diorite, Colombia. Z. Geomorph. 13, 1969, S 287–296

FRÄNZLE, O.: Zur Genese der Kesselbildungen im quarzitischen Sandstein von Fontainebleau. Tagungsber. u. wiss. Abh., Dt. Geographentag, Kiel 1969, Wiesbaden 1970, S. 403–412

GAVRILOVIĆ, D.: Kamenice im magmatischen Gestein Jugoslaviens. Z. Geomorph., N. F. 12, 1968, S. 43–59

GERSTENHAUER, A.: Der Einfluß der CO_2-Konzentration in der Bodenluft auf die Landformung. Problems of the Karst Denudation. Brünn 1969, S. 43–51

HEDGES, J.: Opferkessel. Z. Geomorph., N. F. 13, 1969, S. 22–55

KLAER, W.: ›Verkarstungserscheinungen‹ in Silikatgesteinen. Abh. Geogr. Inst. FU Berlin 5, 1957, S. 21–27

LÖFFLER, E.: Piping and Pseudokarst Features in the Tropical Lowlands of New Guinea. Erdkunde 28, 1974, S. 13–18

MAULL, O.: Vom Itatiaya zum Paraguay. Leipzig 1930

MIOTKE, F. D.: Bedeutung und Grenzen der Klimaabhängigkeit von Verkarstungsprozessen. Z. Geomorph., Suppl.-Bd. 23, 1975, S. 107–117

SCHMIDT-THOMÉ, P.: Karrenbildung in kristallinen Gesteinen. Z. Dt. Geol. Ges. 95, 1943, S. 53–56

SCHWINNER, R.: Karstformen im Kristallin der östlichen Alpen. Z. Geomorph. 9, 1935/36, S. 150–156

WENZENS, G.: Die Bedeutung von korrosiven und nicht–korrosiven Prozessen für die Genese von Polje und Kegelkarst. Abh. Karst- u. Höhlenkd., Reihe A, H. 15, 1977, S. 159–172

WILHELMY, H.: Klimamorphologie der Massengesteine. Braunschweig 1958

WIRTHMANN, A.: Zur Geomorphologie der Peridotite auf Neukaledonien. Tübinger Geogr. Stud., H. 34, 1970, S. 191–227

1.2.2 Der unterirdische Karst

Zum Wesen einer Karstlandschaft zählt, daß sie neben einem arteigenen oberirdischen auch einen unterirdischen Formenschatz aufweist, der durch eine spezielle unterirdische Wasserzirkulation bedingt ist.

1.2.2.1 Karsthydrographie

Fehlen durchgehender Oberflächenentwässerung ist bezeichnendes Merkmal der Karstoberfläche, obwohl Talungen, wenn auch offensichtlich fossile, nicht selten sind. Mehrzahl der Flüsse im Karst sind weit im Binnenland entspringende Fremdlingsflüsse.

> *Beispiele:* An 500 km langer dalmatinischer Küste zwischen Rijeka (Fiume) und Bucht von Kotor (Cattaro) erreichen nur 4 Flüsse in tief eingeschnittenen Tälern das Meer: Zrmanja, Krka (Gurk), Cetina und Neretva (Narenta). Zrmanja versiegt während Sommerdürren oberhalb von Žegar, Schlucklöcher mindern Wasserführung der Cetina flußabwärts Sinjsko-Polje.

Wasserläufe im dalmatinischen Karst so selten, daß genereller Name „Fluß" (kroat. rijeka; slowen. reka) weiterer Eigennamen überflüssig macht. Nur wo in schmalen Flyschzonen innerhalb des Kalkgebietes wasserundurchlässige Tone und Mergel anstehen, entwickelt sich normales oberirdisches Entwässerungsnetz (Abb. 6). Bei Übertritt der Bäche und Flüßchen in Kalkgebiete jedoch Versickerung des Wassers im Untergrund (Flußschwinden).

Abb. 6: *Gewässernetz im Flysch und Kalk*
des Adelsberger Karstes
(nach G. Wagner*)*

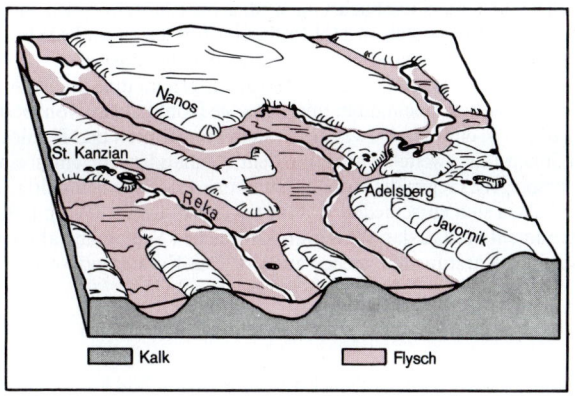

Das von Ponoren aufgenommene Wasser durchzieht zunächst die *vadose Zone*, in der es der Schwerkraft folgend (als Gravitationsgerinne) den nächsten und einfachsten Weg mehr oder minder vertikal, längs karsthydrographisch wirksamer oder wegsamer Klüfte und Fugen in die Tiefe sucht. (Karsthydrogrographisch wegsam sind alle Inhomogenitäten, die das Wasser unter Druck durchlassen, karsthydrographisch wirksam jene, wo sich einfacher Durchfluß vollzieht).

Das quasivertikale Gravitationsfließen erfolgt solange bis die *phreatische*[14] *Zone* erreicht ist. Hier sind alle Hohlräume bereits mit Wasser aufgefüllt und es erfolgt ein allmählicher, mehr horizontal gerichteter Abfluß zum Vorfluter hin. Das Wasser zirkuliert in Druckgerinnen.

Der Abfluß kann hierbei erfolgen:
– in Höhlenflüssen,
– in einem alle Hohlsysteme erfüllenden, geschlossenen Karstwasserkörper,
– in verschiedenen Karstgefäßsystemen, welche in sich geschlossene Abflußsysteme nach dem Prinzip kommunizierender Gefäße bilden.

Z. T. gibt es zwischen diesen Abflußsystemen komplizierte Übergänge. So können etwa verschiedene Karstgefäßsysteme während Starkwasserperioden miteinander in Verbindung treten u. a. m.

Höhlenflüsse

Unterirdische Flußläufe im Karst erst zum kleinen Teil erforscht. Einzelne Abschnitte subtraner Tunneltäler zugänglich: Röhrensystem der Pivka (Poik) in Adelsberger-Grotten (Postojna), Lauf der Reka bei St. Kanzian (Škocjan), der Lika in Kroatien und Austritt der Buna in gewaltigem Quelltor bei Mostar.

Aus den früh gemachten Beobachtungen, daß an Flußschwinden in den Untergrund eintretende Flüsse sich in Höhlenflüssen fortsetzen und als solche wieder geschlossen austreten, entstand als älteste die **Höhlenflußtheorie.** F. Katzer hatte 1909 diese Theorie auf Grund seiner Untersuchungen im dinarischen Karst erweitert, daß unterirdische, voneinander unabhängige Höhlenflüsse wohl bestehen, sich aber unterirdisch in ein weitverzweigtes System von Röhren und Hohlräumen aufgliedern können. Er zweifelte aber an dem Vorhandensein eines einheitlichen Karstwasserspiegels. Gegen die Höhlenflußtheorie (als allgemeingültige Karstwassertheorie) hatten sich entschieden A. Grund (1910) und J. Cvijic (1918) gestellt mit den Argumenten, daß das Wasser an zahlreichen Schwinden abfließt und nur an sehr wenigen Karstquellen wieder austritt. Die Karstentwässerung kann sich demnach nicht nur in geschlossenen Röhren abwickeln.

---

[14] griech. phrear = Brunnen; Bereich freibeweglichen (Grund)wassers, Zone liegt unterhalb der vadosen

Karstwasserkörper

A. GRUND (1910) und J. CVIJIC (1918) entwickelten die *Lehre vom Karstwasserspiegel*: Annahme einheitlichen Grundwasserspiegels, der sich infolge starker Klüftigkeit des Kalkes in größerer Tiefe herausbilde und mit nur ganz geringem Gefälle zum Meer hinneige. Wo einzelne Hohlformen im Bereich des jahreszeitlichen Schwankungen unterworfenen Karstwasserspiegels liegen, fließen oder versiegen in ihnen die Quellen im gleichen jahreszeitlichen Rhythmus. Bei hohem Karstwasserspiegel Schüttung auch verhältnismäßig hochliegender Quellen, bei Senkung des Karstwasserspiegels erfolgt Trockenfallen dieser höheren Quellen (Hungerbrunnen).

Für eine Allgemeingültigkeit dieser Theorien entstanden *Gegenargumente* auf Grund zahlreicher Beobachtungen: In den Höhlen kein völlig einheitliches Karstwasserniveau nachweisbar; Tunnelbauer fanden wassererfüllte Klüfte in unmittelbarer Nachbarschaft von trockenen und sogar wasserführende Röhren über trokkenliegenden. An Hängen tief eingesenkter Flußtäler kein in gleicher Höhe durchlaufender Quellhorizont; auf gleichem Poljeboden gelegene Ponore (→ III, 44) sind teils Schlucklöcher, teils Speilöcher; bei Abhängigkeit vom gleichen Karstwasserspiegel müßten aber alle entweder Schlucklöcher oder Speilöcher sein.

Neuere Untersuchungen in tropischen Karstgebieten deuten auf häufige Vorkommen von geschlossenen Karstwasserkörpern hin. Auch im Hochkarst der Alpen wurden z. T. große einheitliche Karstwasserkörper nachgewiesen.

Karstgefäßsysteme

Als einer der ersten hat O. LEHMANN (1932) aus seinen Untersuchungen im alpinen Karst (Totes Gebirge, Tennengebirge, Gottesackerplateau, etc.) die *Theorie der Karstgefäße* entwickelt. Nach LEHMANN durchzieht die Karstlandschaft der alpinen Stöcke eine Reihe von selbständigen Karstgefäßen. Ein „Karstgefäß" ist ein System, ein Röhrengeflecht, das aus vielen verzweigten Röhren besteht. Vielen Schluckstellen an der Karstoberfläche stehen wenige Karstquellen gegenüber (*karsthydrographischer Gegensatz*). Die Röhren der Schluckstellen führen gruppenweise und gebietsweise zu verschiedenen, voneinander getrennten Röhrensystemen hinab. In jedem Karstgefäß kommt es zu einem komplizierten System von Wasserströmungen, das aber im allgemeinen den Gesetzen der kommunizierenden Gefäße bzw. des hydraulischen Druckes folgt. (→Abb. 7).

Nach dem *hydrodynamischen Gesetz von Bernoulli* schwanken die Höhen der Wasserspiegel in Schloten je nach Engstellen und Gangerweiterungen.

In Engstellen fließt das Wasser schneller, dafür ist die Druckhöhe kleiner; in Gangerweiterungen wiederum sinkt die Fließgeschwindigkeit, dafür steigt der Druck. Im

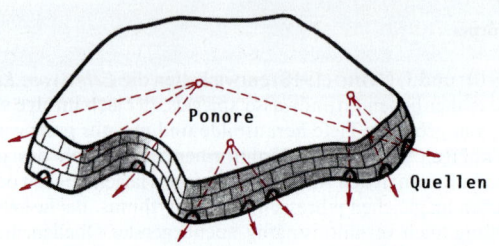

RADIALE ENTWÄSSERUNG
(zentrifugal)
z.B. Dachstein, Totes Gebirge

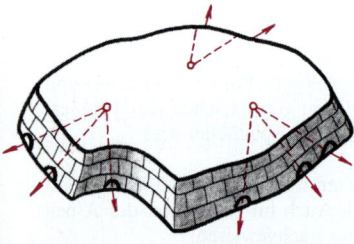

SEKTORENHAFTE ENTWÄSSERUNG
z.B. Randgebiete der alpinen
Karststöcke, Schlagerboden

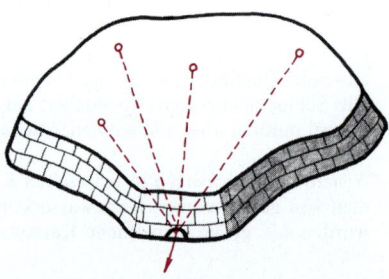

PERIPHER-ZENTRIPETALE ENTWÄSSERUNG
z.B. Schwäbische Alb, Vauclusegebiet

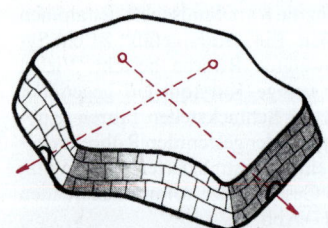

LINEARE ENTWÄSSERUNG
ß-Karstwasser
z.B. Leoganger Steinberge

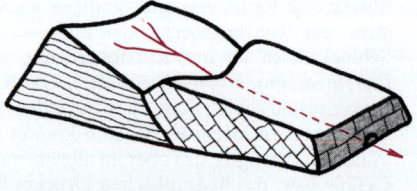

LINEARE ENTWÄSSERUNG
α-Karstwasser
z.B. Tanneben, Klassischer Karst,
Mährischer Karst

Abb. 7: *Hauptentwässerungstypen in mitteleuropäischen Karstgebieten*
(Ergebnisse aus verschiedenen Driftuntersuchungen)

phreatischen Bereich stellt sich also kein einheitliches Karstwasserniveau sondern ein verschieden hoher „Druckwasserspiegel" (eine piezometrische[15] Oberfläche) ein.

Die Auffassungen LEHMANNS sind in neueren karsthydrographischen Untersuchungen in den Hochregionen der Kalkalpen vielfach bestätigt worden. Es gibt allerdings viele Indizien, daß Karstgefäßsysteme untereinander wieder Verbindungen haben. Die Abb. 7 zeigt derartige Hauptentwässerungstypen. Im Dachstein und Toten Gebirge wurde ein radiales Entwässerungssystem festgestellt, das auf eher einheitliche Karstwasserkörper schließen läßt. In anderen Stöcken gab es wieder eindeutige Ergebnisse, die verschiedene Karstgefäße vermuten lassen (sektorenhafte Entwässerung in alpinen Randgebieten, lineare-sich kreuzende Entwässerung).

Karsthyrographische Arbeitsmethoden

Da viele Karstwässer für die Wasserversorgung genutzt werden, war es vielfach notwendig, Wasserschutzgebiete abzugrenzen, zumal durch neue Ansiedlungen – in den Kalkalpen bes. durch den Fremdenverkehr – die Gefahr von Verschmutzung bestand. Daher wurden seit Mitte der 50er Jahre neue Arbeitsmethoden entwickelt. Diese fußen auf der Markirung der Karstwässer. An Ponoren der Karsthochflächen erfolgt die Beschickung der Karstwässer mit *Tracer*[16], dies können sein:

– *Färbungen* (meist wird Uranin verwendet).
– *Chlorierungen* (Steinsalz,..).
– *Triftungen* (gefärbte Lycopodiumsporen, Detergentien, Isotopen wie Tritium, Deuterium, O^{18} und C^{14}).

Durch genaue Quellbeobachtungen und Wasseruntersuchungen lassen sich Karstwasserströme und Durchlaufzeiten ermitteln, sowie Rückschlüsse auf Entwässerungssysteme ziehen.

Versuche zeigten, daß sich Wasserscheiden kaum exakt feststellen lassen, daß die Durchlaufzeiten z. T. sehr kurz sind, andererseits es aber sehr lange Verbleibzeiten gibt, daß die natürliche Filterung sehr gering ist.

---

[15] griech. piezein = drücken
[16] engl. trace = Spur

Phänomene der Karsthydrographie

Ponor: Jede Stelle, an der Wasser in den Karstuntergrund eintritt. Weitere Bezeichnungen sind: Schwinde, Schluckloch, Katavothre (griech.), Schlinger.

Fallweise können Ponore (je nach Wasserdargebot) auch als Wasserspeier (Quellen) fungieren, diese werden dann als Wechselschlünde oder Estavellen bezeichnet.

Form und Größenordnung können sehr verschieden sein. In den Alpen fungiert jede Schichtfuge, Schichtgrenze, Kluft, Verwerfung als Ponor.

Flußversinkungen: Jene Stellen, wo die Wässer von Gerinnen im Karstgestein versinken; die Täler setzen sich als Trockentäler weiter fort (z. B. Donauversinkung bei Immendingen).

Karstquellen: Jeder Austritt des Karstwassers an die Oberfläche.

Zu unterscheiden sind:

a) *Nach der Entstehung:* Schichtquellen (Schichtfugen-, Schichtgrenzquellen), Höhlenquellen, Kluftquellen, Quellsiphone (Quellen aus Druckgerinnen mit aufsteigender Bewegung),

b) *Nach der Schüttung:* Aktive, inaktive und intermittierende Quellen.

Wichtige Kennzeichen der Karstquellen und des Karstwassers:

– Schüttungen sind sehr schwankend.

– Temperatur und Wasserhärte sind $\pm$ konstant.

– Geringe Durchlaufzeiten der Wässer bei Hochwassersituation, aber auch lange Verbleibzeiten.

– Mangelnde natürliche Filtrierung. Für genutzte Wässer sind daher Quellschutzgebiete sehr wichtig.

Neben Lösungsvorgängen durch Karstwasser auch Leistung mechanischer Abtragarbeit und dadurch Erweiterung der Röhrensysteme. Höhlenflüsse verlassen Untergrund in kräftig sprudelnden Quellen, oft durch weites Höhlentor, z. B. Ombla-Quelle bei Dubrovnik.

Beispiel: Berühmte Buna-Quelle bei Mostar stark genug, sogleich nach Austritt 7 Mühlen zu treiben. Mehrere dicht aufeinanderfolgende Mühlen auch unmittelbar unterhalb des Quelltopfes der Slusnica (Kroatien). Bekannteste Karstquellen der Schwäbischen Alb: Blautopf, Brenztopf und Aachtopf.

Bei Immendingen versickertes Donauwasser tritt in Aach-Quelle nach 12 km unterirdischen Laufs wieder an die Oberfläche. Färbeversuche ergaben starkes Mißverhältnis zwischen Menge eingebrachten Farbstoffs und Färbung des wieder zum Vorschein kommenden Wassers. Daraus zu folgen, daß zwischen Flußschwinde und Aachtopf kein einheitlicher Höhlenfluß existiert, sondern Donauwasser sich in weit verzweigten unterirdischen Röhrensystemen verliert und nur kleiner Teil davon die Aach-Quelle speist.

In küstennahen Karstgebieten auch Austritt des versickernden Niederschlagwassers in Karstquellen am Strande oder untermeerischen Quellen. Submarine Karstquellen Jugoslawiens im Pleistozän oberhalb damals tiefer gelegenen Meeresspiegels entstanden, jetzt überflutet und weiter in Tätigkeit, da Karstgerinne unter hydrostatischem Druck stehen.

Literatur

BÖGLI, A.: Karsthydrographische Untersuchungen im Muotatal. Regio Basiliensis 1, 1959/60, S. 68–79
–: Karstwasserfläche und unterirdische Karstwasserniveaus. Erdunde 20, 1966, S. 11–19
–: Neue Anschauungen über die Rolle von Schichtfugen und Klüften in der karsthydrographischen Entwicklung. Geol. Rdsch. 58, 1969, S. 395–408
–: Karsthydrologie und physische Speläologie. Berlin 1978
CARLÉ, W.: Ein aufschlußreicher Färbeversuch im Karstgebiet. Heimat 64, 1956, S. 128–131
GEOLOG., LANDESAMT: Karsthydrologische Studien im Oberen Jura der Schwäb. Alb und unter der Molasse Oberschwabens. Abb. Geol. Landesamt Bad.-Württ., H. 8, 1978
GRUND, A.: Die Karsthydrographie. Geogr. Abh. 7, H. 3, 1903
–: Zur Frage des Grundwassers im Karst. Mitt. Geogr. Ges. Wien 53, 1910, S. 606–617
GÜLDALI, N.: Karsthydrogeologie der Sugla-Ebene und das Problem des Sugla-Sees (Mitteltaurus). Tübinger Geogr. Studien H. 80, 1980, S. 123–141
MAURIN, V. u. ZÖTL, J.: Die Untersuchungen der Zusammenhänge unterirdischer Wässer mit besonderer Berücksichtigung der Karstverhältnisse. Beitr. Alp. Karstforsch. 12, Wien 1960
MIOTKE, F.–D. u. PALMER, A. N.: Genetic relationship between caves and landforms in the Mammoth Cave National Park area. Veröff. T. U. Hannover 1972
PENCK, A.: Das unterirdische Karstphänomen. Cvijić Festschr., Belgrad 1924
PFEIFFER, D.: Zur Definition von Begriffen der Karst-Hydrologie. Z. Dt. Geol. Ges. 113, 1961, S. 51–60
ROGLIĆ, J.: The depth of the fissure circulation of water and of the evolution of subterranean cavities in the Dinaric Karst. Problems of the Speleological Research. Prague, 1965, S. 25–35
SIHLER, H.: Blautopf und Karsthydrographie. Jh. Ver. Vaterl. Naturkde. Württ. 85, 1929, S. 210–241
TRIMMEL, H.: Die Probleme der alpinen Karst- und Höhlenforschung. Festschr. 100-Jahrfeier Geogr. Ges. Wien 1856–1956, Wien 1957, S. 193–206
WEIDENBACH, F.: Altes und Neues vom Brenztopf. Jber. u. Mitt., oberrh. geol. Ver., N. F. 39, 1957, S. 25–36
ZÖTL, J.: Zur Frage der Niveaugebundenheit von Karstquellen und Höhlen. Z. Geomorph., Suppl.-Bd. 2, 1960, S. 100–102
–: Karsthydrogeologie. Wien 1974

1.2.2.2 Unterirdische Karstformen

Karsthöhlen

Karsthöhlen sind natürliche, unterirdische und befahrbare Hohlräume in verkarstungsfähigen Gesteinen, die unter wesentlicher Mitwirkung der Korrosion entstanden sind. Höhlen können neben Luft auch mit Wasser oder festen Stoffen (Eis, Versturzmaterial, Einschwemmungsmaterial) erfüllt sein.

Die *Höhlenkunde* (Speläologie), ein eigener Forschungszweig, befaßt sich mit den Höhlen als Naturphänomen sowie als Lebensraum für Pflanze, Tier und Mensch.

Sie gliedert sich in die Teildisziplinen Höhlen-Topographie, Höhlen-Morphologie (Speläogenese), Höhlen-Physik (Zustand und Bewegung von Luft und Wasser), Höhlen-Biologie, Höhlen-Paläontologie, Höhlen-Archäologie.

Höhlen zählen zu Leitformen des Karstes, obwohl Höhlen auch in Nichtkarstgebieten vorkommen (Lavafluß-, Versturz-, Erosions-, Brandungs-, Windkliff-, Sakkungs-, Auswitterungshöhlen u.a.). Kalkstöcke sind häufig wie ein Schwamm durch Höhlensysteme durchlöchert.

Höhlengenese

Karsthöhlen sind primär an hydrologisch wirksame Inhomogenitäten gebunden und hauptsächlich durch Mischungskorrosion wesentlich erweitert worden. Bei stärkerem Durchfluß, etwa durch Höhlenflüsse, dürfte auch die Erosionswirkung Bedeutung erlangen.

Der Wirkungsgrad der Korrosion war lange Zeit Streitfrage, da man annahm, daß das eindringende Wasser bald gesättigt und zur Korrosion kaum mehr fähig sei. Erst das Erkennen der Mischungskorrosion durch A. Bögli brachte hier eine klärende Erkenntnis. Der Anteil der Erosion ist bis heute noch ungeklärt.

Hauptphasen der Höhlenentstehung (Speläogenese)

1) *Primäranlage* (Raumentstehungs-Initialphase): Wird durch Schichtfugen, -grenzen, Klüfte, Verwerfungen vorbestimmt. Sie sind überwiegend aus kapillaren, hydrographisch wirksamen Schicht- und Kluftfugen entstanden.

2) *Raumentwicklung:* Die Schicht- und Kluftfugen werden durch Korrosion (vorwiegend Mischungskorrosion) erweitert. Kann dann das Wasser schnell fließen, so wird die Erosion bedeutend, bei großer Raumerweiterung, insbes. an Kluftkreuzungen. Tritt Verbruch durch Bergschläge dazu, dann entstehen Dome und Hallen.

3) *Raumverfall:* Durch die endochthone Verwitterung (hauptsächlich Frostverwitterung) werden Höhlenteile gelockert und stürzen ab; die Höhlenstatik wird dadurch gestört und es setzt

4) *Raumzerstörung* durch Versturz ein.

Diese 4 Phasen greifen oft ineinander über.

Gliederung der Karsthöhlen

1) *Nach stratigraphisch-tektonischer Anlage*

a) *Schichtgebundene Höhlen:* Schichtfugen-, Schichtgrenzhöhlen.

b) *Kluftgebundene Höhlen:* An Klüfte oder Verwerfungen gebunden.

2) *Nach dem Verlauf*

a) *Horizontalhöhlen:* Um sie entstand umfangreiche wissenschaftliche Diskussion über die Niveaugebundenheit dieser Systeme. Bei vielen Untersuchungen in Rumpftreppenlandschaften stellte man fest, daß sich Horizontalhöhlensysteme mit Altflächensystemen korrelieren lassen. Daraus wurde der Schluß gezogen, daß diese Vorfluterniveaus darstellten, auf die sich jeweils der Karstwasserspiegel einstellte.

b) *Vertikalhöhlen:* Diese lassen sich in Schächte (nach unten führend) und Schlote (nach oben führend und sich schließend) untergliedern.

3) *Nach der Wasserführung bzw. nach der Eisfüllung*

a) *Wasserhöhlen* (aktive und inaktive): Aktive lassen sich untergliedern in Druckgerinne, die den hydromechanischen Gesetzen kommunizierender Gefäße folgen, und in Gravitationsgerinne, die gleich oberirdischen Gerinnen, der Schwerkraft entsprechend abwärts fließen. Erstere kommen im phreatischen Bereich, letztere im vadosen Bereich vor.

b) *Eishöhlen.* Sind z. T. mit Eis erfüllt, im Jahresablauf Temperatur meist unter 0° C. Nach Bewetterung unterscheidet man *statische Eishöhlen*, wo von hochgelegenen Eingängen winterliche Kaltluft absinkt, im Sommer nur allmählich erwärmt wird und *dynamische Eishöhlen*, wo in einem offenen System Kaltluft angesaugt wird (im Winter von unten, im Sommer von oben).

4) *Nach der Raumform*

Gänge (nach der Querschnittform werden sie weiter untergliedert), Hallen und Dome (sind durch Raumerweiterung, vorwiegend an Schwächezonen wie Kluftkreuzungen u. a. entstandene größere Hohlformen), Schächte und Schlote (führen steil in die Tiefe bzw. Höhe), Canjons (sind canjonartig eingeschnitten).

III, 47

Verbreitung und Beispiele

Karsthöhlen kommen in allen Karstgebieten vor, in Jugoslawien über 4000 bekannt; die größten und am besten erschlossenen: Höhle von St. Kanzian (Škocjan) und Adelsberger Grotte (Postojna).

In *Höhle von St. Kanzian* (Abb. 8) beginnt 41 km langer unterirdischer Lauf der Reka in Massenkalken nach 55 km langer oberirdischer Laufstrecke in Zone wasserundurchlässigen Flychs. Letztes Talstück vor der Höhle ist Einsturztal mit nahezu senkrechten Wänden. Bei Duino (24 km nordwestlich Triest) Austritt in mächtiger Timavo-Quelle; deren Zusammenhang mit Réka durch Färbeversuche nachgewiesen. Fließgeschwindigkeit unter Tage 4–5 cm/sec. Vom Tor der Flußschwinde ab ist unterirdischer Lauf der Reka auf 1700 m langem Höhlenpfad begehbar. Diese Strecke durch 2 Einsturzdolinen unterbrochen, die 165 m tief unter allgemeine Karstoberfläche reichen, so daß durch sie Tageslicht auf unterirdischen Reka-Lauf fällt. Über heute vom Fluß benutztem Röhrensystem kleinere Karströhren, die älterem Reka-Lauf als Leitwege dienten. Am Toten See, dem Ende der begehbaren Strecke, senkt sich Höhlendach bis zur Wasseroberfläche herab. Tauchern ist es bisher nicht gelungen, diesen Siphon zu überwinden.

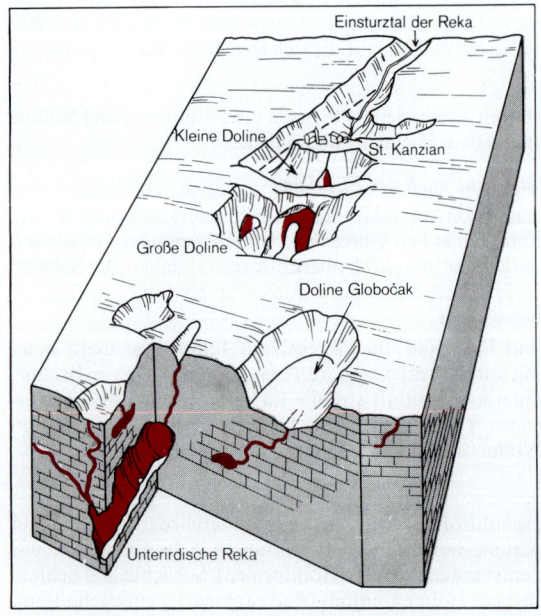

Abb. 8:
Unterirdischer
Reka-Lauf
in Höhle von
St. Kanzian (Skocjan)
(nach G. WAGNER)

Mancherlei Anzeichen, daß Reka einst auf Karsthochfläche oberirdisch zur Adria abgeflossen ist, wahrscheinlich als Karst noch wesentlich tiefer lag als heute. Von St. Kanzian aus jedenfalls nach NW schwache Rinne verfolgbar; vermutlich alter Flußlauf, der außer Funktion gesetzt wurde, als Reka nach Heraushebung des Kalkgebietes durch Spalten innerhalb des Kalkes schnellere Wege in den Untergrund fand. Bildung der Höhlenflüsse also in erster Linie Folge der Hebung des Dinarischen Berglandes. Erst durch Verlagerung in größere Meereshöhe ist Verkarstungsprozeß beschleunigt vonstatten gegangen.

In von Pivka durchflossenen *Adelsberger Grotten* bisher etwa 23 km begangen, und zwar vom oberen Lauf der Pivka und vom unteren her. Nur 2,2 km lange Zwischenstrecke noch unerforscht. Einzugsgebiet der Pivka in großer Flyschzone südlich und westlich von Adelsberg. Höhlentor wie das der Reka auf Grenze zwischen Flysch und Kalk. Im Unterschied zu St. Kanzian Karsthöhle heutiger Pivka nicht begehbar. Für Besucher freigegebene ältere Karsthöhle liegt 18–19 m über Flußniveau. Einbrüche erlauben Blick auf Fluß in der Tiefe. Wie bei Reka also 2 übereinander ausgebildete Höhlensysteme: älteres, außer Funktion gesetztes und jüngeres mit rezentem Flußlauf fast 20 m unter diesem Niveau.

Zu den größten (erforschten) Höhlen der Erde zählen die *Flint-Ridge-Cave* (USA) und das *Hölloch* (Muotatal, Schweiz), die jeweils über 100 km Länge aufweisen. Die *Gouffre Pierre St. Martin* wie auch die *Gouffre Berger* (im Vercors westl. Grenoble) weisen jeweils eine Höhendifferenz von mehr als 1100 m auf und zählen damit zu den tiefsten Höhlen der Erde.

Eine der größten *ostalpinen* Karsthöhlen ist die Eisriesenwelt-Höhle im Tennengebirge (über 40 km Länge). Eisbildung in der Höhle beruht auf deren Verbindung mit der Außenwelt durch senkrechte Klüfte, die Kaltluft – bes. im Winter – eindringen und Warmluft entweichen lassen. Herrschender Luftstrom führt zur Vereisung.

Akkumulationsformen in Höhlen

Die Wiederabscheidung des gelösten Kalkes, sofern er nicht mit Grundwasser abgeführt wird, erfolgt in Form von *Tropfsteinbildungen* und *Höhlensinter.*

Aus gesättigten Kalklösungen der Sickerwässer infolge Verdunstung Absatz von Kalkspat. Jeder Wassertropfen an Höhlendecke überzieht sich mit feiner Kalkhaut, die bei Vergrößerung des Tropfens platzt. An Ansatzstelle bleibt winziger Kalkring zurück, während größerer Kalkanteil mit Tropfen zu Boden fällt. Dort infolge Zerstäubens Aufbau eines flachen Sinterkegels (*Stalagmit*), ebenso an der Decke sich allmählich vergrößernder Tropfsteinzapfen (*Stalaktit*).

Bildung von Tropfsteinsäulen durch Vereinigung von Stalagmiten und Stalaktiten; bei massenhaftem Auftreten „Tropfsteinwälder". An Höhlenwänden Sintervorhänge in großartigen Faltenwürfen. Bei seitlichem Eintritt von Sickerwasser Ausbildung staffelförmig, übereinander angeordneter, konvex nach außen vorspringender Kalksinterbecken, z.B. in Adelsberger Grotte.

Literatur

BINDER, H.: Höhlenführer Schwäbische Alb. Stuttgart 1977

BÖGLI, A.: Das Hölloch und sein Karst. Stalactite, Suppl. 4a, Neuchâtel 1970

CRAMER, H.: Höhlenbildung und Karsthydrographie. Z. Geomorph. 8, 1935, S. 306–323

FORD, D. u. WILLIAMS, P.W.: Karst geomorphology and hydrology. London 1989

GRONER, U.: Palynologie der Karsthöhlensedimente in Höllach, Zentralschweiz. Zürich 1985

HELLER, F.: Das Alter der Höhlen in der Frankenalb. Mitt. Verb. Dt. Höhlen- u. Karstforscher 13, München 1967, S. 7–11

KOCKERT, W.: Höhlenbildung im Zechstein der DDR und einige grundsätzliche Bemerkungen zur Karsthydrologie der Zechsteinschichten. Ber. deutsch. Ges. geol. Wiss. Reihe A, Geol. u. Paläont., 17. Band, Berlin 1972, S. 261–272

MAIS, K. u.a.: Akten des Intern. Symposiums zur Geschichte der Höhlenforschung, Wien 1979. In: Die Höhle, wissenschaftl. Beiheft 31, 1984

NOWOTNY, F.: Die großen Höhlensysteme der nördlichen Kalkalpen, ihre natürliche Grundlage und wirtschaftliche Bedeutung. Wien 1969

SCHAUBERGER, O.: Über die vertikale Verteilung der nordalpinen Karsthöhlen. Mitt. Höhlenkomm. 1, 1955, Wien 1956, S. 21–30

STUMMER, G. (Hrsg.): Atlas Dachstein-Mammuthöhle 1 : 1000. Mit einer Einführung in den Aufbau „unterirdischer Kartenwerke". In: Die Höhle, wissenschaftl. Beiheft 32, Wien 1980

TRIMMEL, H.: Höhlenkunde. Braunschweig 1968

1.3 Karsttypen

Als Karsttypus bezeichnet man eine Karstlandschaft mit einem spezifischen Karstformenschatz, der durch natürliche Faktoren (Gestein, Tektonik, Relief, Klima, Wasser, Vegetation) geprägt wurde.

1.3.1 Gesteinsbedingte Karsttypen

Kalkkarst: Kalke, wie auch Dolomite, sind weltweit z. T. auch in sehr großer Mächtigkeit sehr stark verbreitet, so daß sie die Haupttypen von Karstlandschaften bilden.

Dolomitkarst: Dolomit ist weniger löslich als Kalk.

Gipskarst und Salzkarst: Gipse und Salze sind im humiden Bereich kaum oberflächenbeständig; Typform sind unterirdische auslaugungen – Erdfälle. Nachsakkungserscheinungen.

Abb. 9:
*Erdfall über Hohlraum
in lösungsfähigem Gestein*

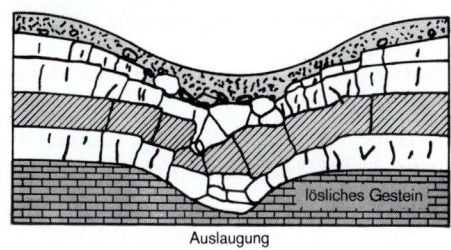

Auslaugung

1.3.2 Nach stratigraphisch-hydrologischen Gesichtspunkten

Seichter Karst: Durch mindere Mächtigkeiten der Karstgesteine wird der nicht verkarstungsfähige Untergrund, der ein Vorfluterniveau bildet, früh erreicht.

Tiefer Karst: Durch große Mächtigkeiten der Karstgesteine reichen Karstphänomene weit in die Tiefe; der nichtverkarstungsfähige Untergrund liegt in bedeutenden Tiefen.

Überdeckter Karst: Jüngere Ablagerungen überdecken eine alte Karstoberfläche.

Unterirdischer Karst: Der Karstuntergrund wird von Deckgesteinen überlagert. Durch spätere Verkarstung im Karstuntergrund entstehen Sackungsformen an der Oberfläche.

Kryokarst (= Thermokarst): Sind karstähnliche Oberflächenformen in Permafrostbereichen. Sie entstehen bei der Degradation des Permafrostes. Durch Abschmelzen des Grundeis (→II, 72) kommt es zu Sackungsformen. So entstehen geschlossene Hohlformen, wie Alasse, Pingonarben u.a., welche Dolinen ähneln.

*Glaziokarst:*Gletscher in Gebieten starker Einstrahlung (z.B. im Tien-Shan, Karakorum) zeigen im schuttbedeckten Zungengebiet eine Vielfalt von Abschmelzformen, welche Karstformen entsprechen, wie Schmelztrichter und Schmelzwannen (die Trichter- und Wannendolinen gleichen), Schlucklöcher, Eishöhlen u.a.m.

1.3.3 Nach morphologischen Gesichtspunkten

Vollkarst oder *Ganzkarst*: Sind Karstlandschaften, deren Oberfläche nicht durch Täler, sondern durch Poljen, Dolinen, Karrenfelder, etc. bestimmt wird. Typische Beispiele sind die Kalkhochplateaus der Nördlichen Kalkalpen (Dachstein, Totes Gebirge u.a.)

Halbkarst (Fluviokarst, Mesokarst): Sind verkarstete Landschaften, deren Großformung durch eine fluviale Erosionslandschaft bestimmt wird. Typische Beispiele sind voralpine Karstlandschaften (Niederösterreichische Voralpen).

1.3.4 Nach der Vegetationsdecke

Nackter oder *Kahlkarst*: Lösungsfähiges Gestein steht ohne Vegetationsdecke an Erdoberfläche an.

Beispiele: Mediterraner Karst, bes. Hochkarst der Dinariden (Montenegro), Hochkarst der nördlichen Kalkalpen.

Große Teile nackten Karstes der Mittelmeerländer offensichtlich auf anthropogene Einflüsse zurückzuführen. Einstige Wälder dort seit Jahrhunderten vernichtet. Nach Abholzung unterlag ungeschützte Bodenkrume schneller Abspülung. Manche „typischen" Formen des nackten Karsts, z. B. Trichter- und Schüsseldolinen (→ III, 25), sind in einstmals „bedecktem Karst" entstanden.

Grünkarst (*Bedeckter Karst*): Vegetationsbedeckte Karstlandschaft. (Kaum Vorkommen von Karren).

Beispiele: Schwäbisch-Fränkische Alb, Bükk-Gebirge (Ungarn).

1.3.5 Nach klimamorphologischen Gesichtspunkten

1.3.5.1 Karst der gemäßigten Breiten

Hochalpiner Typus (Hochgebirgskarst): Der hochalpine Karst zeigt eine charakteristische Höhenzonierung in

a) *Kahlkarst der Gebirgshochlagen:*
Oberste Zone liegt im Periglazialbereich (= Scherbenkarst). Frostsprengung und Solifluktionserscheinungen dominieren hier über Lösungsformen (kaum Karren).

Kahlkarst-Hauptzone: Auf Hochplateaus dominieren Dolinen- und Karrenfelder. Karstwannen (Uvalas) und große Wannendolinen sind polygenetisch entstanden (Eisschurf).

An der Untergrenze der Kahlkarstzone treten häufig subkutane Formen auf.

Typbeispiele: Hochplateaus des Dachsteins, Toten Gebirges, Tennengebirges.

b) *Grünkarst über der Baumgrenze:* Subkutane Karrenfelder und Dolinen.

Typbeispiele: Rax, Veitschalpe.

c) *Subhochalpiner Typus:* Waldkarst auf Plateauflächen, Dolinenfelder; subkutane Karrenfelder.

Typbeispiel: Dürrensteinplateau (Niederösterreich).

d) *Voralpiner Typus:* Schneiden – Tälerrelief mit Dolinen überprägt.

III, 52

Mittelgebirgstypus: Grünkarst mit Dolinen.

Typbeispiele: Schwäbisch-Fränkische Alb, Bükk-Gebirge (Ungarn)

1.3.5.2 Mediterraner Karst

Dies ist der klassische Karst mit Poljen, Uvalas, Dolinen und Karren.

Typbeispiele: Dinarischer Karst, Karstgebiete im Apennin.

Alle vorher besprochenen Formen treten in typischer Ausbildung auf, insbesonders Poljen bilden die Leitformen.

1.3.5.3 Tropischer Karst

Kuppen-, Kegel- und Turmkarst

Für Karst feuchtwarmer Tropen *Vollformen* charakteristisch: Kuppen, Kegel und Türme.

Kartenbild eines Kegelkarstes, z. B. auf Java oder Jamaika, wirkt wie Umkehr (Negativ) des Dolinenkarstes. Gegensatz noch deutlicher beim Vergleich von Luftbildern: in den Tropen pickelübersäte, im mediterranen Gebiet blatternarbige Landschaft H. LEHMANN). Diese Tatsache lange Zeit übersehen worden. Nur darum konnte Kegelkarst als fortgeschrittenes Stadium eines allgemeinen „Karstzyklus" (→ III, 60) aufgefaßt werden, entsprechend der in Geomorphologie häufig angewandten Methode, aus räumlichem Nebeneinander unterschiedlich „alt" erscheinender Formen auf deren zeitliches Nacheinander zu schließen, d. h. sie gedanklich zu einer Entwicklungsreihe, einem „Zyklus", zusammenzufügen.

Innerhalb gleichen tropischen Klimagebietes hingegen erweisen sich Kuppen-, Kegel- und Turmkarst als echte genetische Reihe (Abb. 10). Kuppen sind Initialformen der Karstkegel.

Übertragung klassischer Karstvorstellungen auf immerfeuchte Tropen bei Außerachtlassung klimaspezifischer Morphodynamik führt zu fehlerhaften Ergebnissen. Dies gezeigt zu haben, ist vor allem Verdienst H. LEHMANNS. Seine vergleichenden Studien auf Java und den Antillen, ergänzt durch Forschungen von H. v. WISSMANN in Süd-China, A. GERSTENHAUER und K.-H. PFEFFER in Mexiko, H. BLUME in Westindien und weitere speziellere Untersuchungen, erlauben nunmehr *Zusammenfassung neuerer Erkenntnisse* zur Entwicklung des *Karstformenschatzes in den Tropen*:

Intensive Oberflächenkorrosion in feuchtwarmen Tropen ist Folge höherer Reaktionsgeschwindigkeit aller Lösungsvorgänge als in gemäßigten Breiten, des hohen

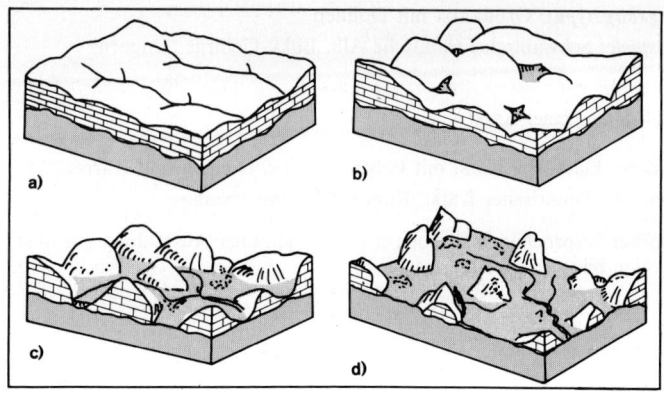

Abb. 10: *Schema der Karstentwicklung in den Tropen (nach H. LEHMANN)*

Kohlensäuregehaltes von Bodenluft und Wasser sowie der Wirksamkeit organischer und anorganischer Säuren. Schnelle Zersetzung organischer Substanzen, Stoffwechsel der Mikroorganismen und allgemein schneller Ablauf biogener Vorgänge führen Boden und Wasser ständig bedeutende Mengen Kohlendioxid zu. Mikroben rufen Gärungen unter Bildung von CO_2, Milch-, Butter- und Essigsäure hervor, die stark kalklösend wirken. Dazu kommt Gehalt der Luft an Salpetersäure, der in Tropen doppelt so groß ist wie in gemäßigten Breiten. Klärung der Probleme mehrphasig ablaufender Kalklösungsprozesse v. a. durch A. BÖGLI und F.-D. MIOTKE.

Ergebnis intensiver Korrosionsvorgänge in feuchten Tropen ist Entstehung tiefer, scharfer Karren an Gesteinsoberflächen, von ,,Deckenkarren" in Halbhöhlen und ,,Stalaktiten-Vorhängen" vor deren Öffnungen.

Großformen tropischer Karstlandschaften jedoch am eindrucksvollsten: Während Dolinen im mediterranen Karst verhältnismäßig flach bleiben, wachsen sie in den Tropen als steile Trichter in die Tiefe. Ihr Grundriß hat nicht rundliche Form ,,normaler Dolinen", sondern mehr sternförmige Gestalt mit konvex zur Hohlform eingebogenen Seiten. Derartige zipflige, tiefe Karsthohlformen auf Jamaika als *cockpits*[17] bezeichnet und zuerst von J. V. DANEŠ (1914/15) beschrieben. Zwischen ihnen wachsen erhalten gebliebene Kalkklötze zunächst als *Kuppen*, später als *Ke-*

---

[17] cockpits im ursprünglichen Sinn sind Gruben für Veranstaltung von Hahnenkämpfen. Bezeichnung später übertragen auf abgeschlossenen Sitzraum einer Segeljacht und Führerkabine eines Flugzeugs.

gel mit ideal kreisförmigem Grundriß und schließlich als der Zerstörung unterworfene *Karsttürme* in die Höhe (Abb. 10).

Nach Beobachtungen in tropischen Karstgebieten kommt Tiefenwachstum der Hohlformen erst mit Erreichen wasserundurchlässiger Basis der Kalke oder – wenn Kalke tiefer reichen – im Niveau des Vorfluters (Hauptentwässerungsbahn), d. h. in der Regel nahe dem Meeresspiegelniveau, zum Stillstand (Abb. 11 a). Im Karstwasserkörper unter diesem Niveau (phreatischer Bereich) nur geringe Zirkulation und keine nennenswerte Korrosion (A. GERSTENHAUER). Flüsse können auf nacktem Karst fließen, Wasserlachen in Hohlformen stehen, ohne zu versickern.

Von diesem Zeitpunkt an im Vorfluter-Niveau nur noch seitliche Verbreiterung des Cockpitbodens durch Lösungsunterschneidung an Kegelbasis (Abb. 11 b); diese wird durch das auf undurchlässigem Rotlehmboden der Hohlformen gestaute Wasser tropischer Starkregen nachhaltiger angegriffen als Kegeloberfläche durch rasch abfließendes Niederschlagswasser. Ausbildung von Korrosionshohlkehlen und sich schnell erweiternden Fußhöhlen, die in Trockenzeiten begehbare Kegel gleich Kasematten unterminieren. Durch Einsturz ausgehöhlter, zuweilen geradezu auf Stelzen stehender Kalkkegel Entstehung steilwandiger, oft völlig isoliert aufragender *Türme*[18] (Abb. 11 c).

Abgestürzte, in feuchte Roterde eingebettete Kalkblöcke verfallen schneller chemischer Auflösung. Auf Karstrandebenen und in Karstbeckenebenen tropischer Kalkgebirge bezeugen einzelne, die abdichtenden Lockermassen durchragende Kalkklötze die fast völlige Aufzehrung ehemaliger Karstkegel. Bis 30 m mächtige Bauxitlagerstätten auf Jamaika sind Cockpitfüllungen „reifer" Kegelkarstgebiete.

Rezente Korrosionsvorgänge in Kegelkarstlandschaften der Tropen entsprechen völlig denen, die für Genese der Poljen und Karstrandebenen (Karstpedimente) unter tropischen Klimabedingungen des Oberpliozäns erkannt wurden (→ III, 33): Cockpits erweitern sich durch Seitenkorrosion, immer stärkere Isolierung und Zerstörung einzelner Kegel; dadurch Entstehung größerer Hohlformen, die unbedenklich als Poljen bezeichnet werden können (A. GERSTENHAUER). Diese öffnen sich schließlich als Randpoljen (H. LEHMANN) zur Karstrandebene und werden durch fortschreitende Lösungseinebnung in diee einbezogen. Daneben auch Poljen in tropischen Ländern bekannt geworden, die nicht im Vorfluter-Niveau entstanden, z. B. 400 m hoch gelegenes Lluidas Vale auf Jamaika, dessen Weiterbildung heute nach dem von H. LOUIS aus dem Taurus beschriebenen Mechanismus erfolgt.

Anordnung der Kegel und Hohlformen tropischer Karstgebiete häufig in *rhythmischer Regelmäßigkeit*, die bes. aus der Vogelschau deutlich wird.

---

[18] auf Kuba als „Mogotes" bezeichnet

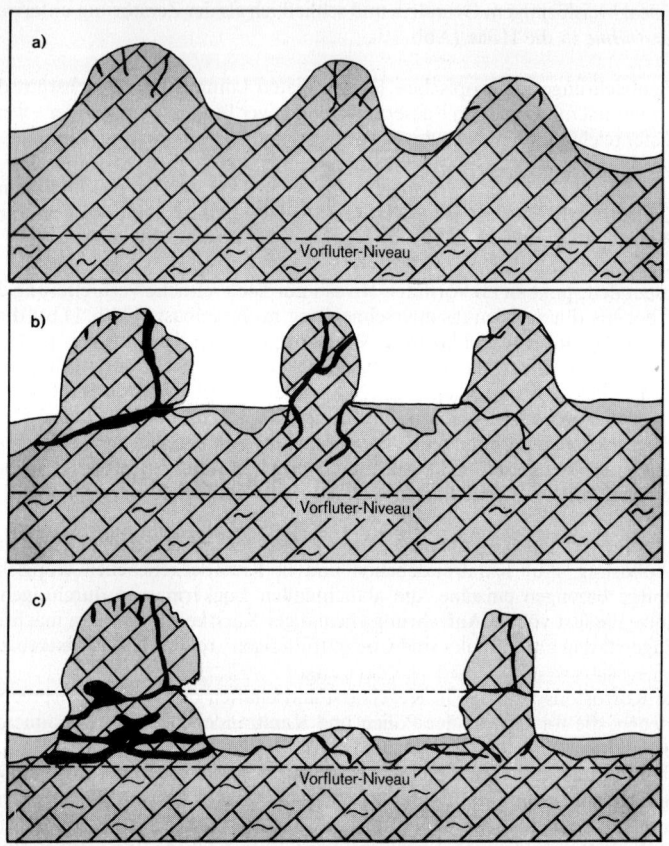

Abb. 11: *Entwicklung vom Kegel- zum Turmkarst durch seitliche Korrosion*
(nach H. Lehmann *und* K. H. Pfeffer)

Für *Entstehung gerichteten Kegelkarstes* von H. LEHMANN 3 in der Natur teilweise zusammenwirkende *Ursachen* erkannt:

1) Reihenförmige Anordnung der Karstkegel kann Folge regelmäßig angelegten Gewässernetzes sein, das auf ursprünglicher Oberfläche noch nicht verkarsteten Kalkgebietes vor dessen tektonischer Heraushebung über allgemeine Abtragbasis entstanden ist, z. B. auf Java.

2) Parallele Kluftsysteme können bevorzugte Angriffszonen für Verkarstungsprozeß bilden, somit zu regelmäßiger Anordnung der Kalkkegel und Hohlformen längs dieser tektonischen Leitlinien führen, z. B. Cockpit-Karst auf Jamaika.

3) Reihenförmige Anordnung der Kalkkegel entspricht ausstreichenden Schichtpaketen einer Stufenlandschaft, z. B. auf Puerto Rico.

Typus des Kegelkarstes so lange vorherrschend, wie Flußnetz zwischen einzelnen Kegeln wasserundurchlässige Basis noch nicht erreicht hat. Erst wenn von diesem Zeitpunkt an endgültig Tiefenwirkung der Kalkauflösung gestoppt ist, beginnt Wirkung der Seitenkorrosion; Kegel werden zu steilwandigen Karsttürmen umgestaltet.

Beispiel: Im W von Kuba und in S-China Karsttürme, auf Java dagegen noch Typus des Kegelkarstes dominierend (H. LEHMANN). Südchinesischer Turmkarst bes. dadurch charakterisiert, daß er infolge nacheiszeitlichen Meeresspiegelanstiegs weithin unter Wasser gesetzt worden ist (H. V. WISSMANN). In der Baie d'Halong ragen einzelne bis 200 m hohe Karsttürme als pittoreske Felsgestalten über Wasserfläche auf.

Festländische Kegel- und Turmkarstlandschaften S-Chinas lassen durch Auftreten von Höhlen und Schultern in verschiedenen Niveaus der Vollformen wahrscheinlich tektonisch bedingte Mehrphasigkeit ihrer Entstehung erkennen (J. F. GELLERT).

Diskussion des Karstphänomens in den Tropen kreist um 2 Fragen:

1) Warum erzielt Verkarstungsprozeß in den Tropen innerhalb gleicher geologischer Zeiteinheit soviel größeren Effekt als in gemäßigten Breiten?

2) Warum führt er zur Entstehung andersartigen Formenschatzes?

Ursache nach H. LEHMANN vor allem darin zu sehen, daß Karstprozeß in äquatorialen Breiten während des Quartärs nicht durch Hiatus eiszeitlicher Kälteperioden unterbrochen oder auch nur herabgemindert war, wie dies für mediterrane Karstgebiete anzunehmen ist. Wichtige Rolle spielt auch Charakter tropischer ganzjähriger Niederschläge, die zu häufiger, vollständiger Durchflutung karsthydrographisch wirksamer unterirdischer Wasserbahnen und zu Wasserandrang in Schwundlöchern am Boden und an Rändern der Karsthohlformen führen. Nicht zu unterschätzen ist schließlich Bedeutung der im feuchtwarmen Tropenklima üppig wuchernden Vegetation. Verwesende Pflanzenteile sammeln sich in Löchern, Fugen, Wannen der Kalkschratten und bewirken gesteigerte Mikroben-Gärung. Entstehende Kohlensäure und organische Säuren verursachen verstärkte Lösung des Kalkes.

III, 57

1.3.5.4 Beziehungen zwischen „tropischem" und „mediterranem" Karst

Typischer Formenschatz der über tropische Karstverebnungen aufragenden steilwandigen Mogotes[19] nur in Gebieten reiner, massiger Kalke als *Spätstadium* tropischer Karstentwicklung anzutreffen. In unreinen, mergeligen Kalken oder bei zu geringer Höhenlage verkarstungsfähiger Gesteine über dem Meeresspiegel dagegen Formen, die stärker an solche des Karstes gemäßigter Breiten erinnern.

Beispiele: Auf flachen Kalktafeln von Florida und Yucatán kein „tropischer" Kegelkarst. In Florida etwa 30000 von Wasser erfüllte Karstwannen und Dolinen und viele aus tiefreichenden Höhlensystemen gespeiste Karstquellen (A. GERSTENHAUER).

Karstlandschaft der Halbinsel Yucatán in nur wenig über Meeresniveau gelegenem nördlichem und nordöstlichem Teil durch flache Schüsseldolinen und steilwandige Einsturzdolinen (Cenotes) charakterisiert, die z.T. über Höhlensysteme miteinander kommunizieren. Dolinenkarst geht nach SW hin mit zunehmenden Niederschlägen und Geländeanstieg in Kuppenkarst und im Gebiet um Floressee (Guatemala) in echten Kegelkarst über (H. WILHELMY).

Auf Inseln über dem Winde trotz günstiger petrographischer Voraussetzungen wegen mangelnder Humidität nur 2 kleine Vorkommen von Kuppenkarst, hingegen Trockental-Dolinenkarst weit verbreitet. Auf Puerto Rico wechseln Kegel- und Turmkarst in 2 Stufen oligozäner und miozäner Kalke mit Dolinenkarst im Mergel dazwischen gelegener Landterrasse (H. BLUME).

Kegelkarst also nicht *die* alleinige spezifische Ausprägung tropischen Karstreliefs. *Auftreten* gebunden an.

1) hohe Temperaturen und Niederschläge,
2) Vorhandensein möglichst reiner, massiger Kalke,
3) deren ausreichende Höhenlage über lokalem Vorfluter (Höhenspanne von mindestens 20–30 m),
4) karsthydrographischer Wirksamkeit feuchter Basisebenen.

Gegenüberstellung von „mediterranem" („dinarischem") Dolinenkarst und „tropischem" Kegelkarst erweckt – auch wenn 2 wichtige Merkmale damit gekennzeichnet sind – falsche Vorstellung, daß Dolinenbildung auf außertropische Gebiete beschränkt sei. Karren, Dolinen und Poljen sind aber karstmorphologische Kosmopoliten (A. GERSTENHAUER), mit Ausnahme natürlich der Wüsten- und Wüstensteppengebiete (→ Teil IV); Karstkegel hingegen klimaspezifische Sonderformen. Bezeichnung „tropischer Kegelkarst" kann daher nicht *mehr* besagen, als daß Vollform der Kegel ausschließlich für tropische (genauer: tropisch-immerfeuchte und sommerfeucht-subtropische, monsunale) Karstlandschaften oder – als fossile Erscheinungen – für unter tropisch-subtropischen Bedingungen entstandene Karst-

---

[19] s. Fußnote 18 auf S. 55

landschaften bezeichnend ist. Identifizierung von „tropischem Karst" oder „Tropenkarst" schlechthin mit Kegelkarst jedoch unzulässig, da in äquatorialen Breiten auch Dolinenkarst unter bestimmten Voraussetzungen weit verbreitet ist, z. B. bei zu geringer Höhenlage der Massenkalke über Vorfluter-Niveau, aus petrographischen Gründen (geschichtete bzw. unreine Kalke) oder aus Mangel ausreichender Niederschläge (z. B. im nördl. Yucatán).

Literatur

BALAZS, D.: Karst Regions in Indonesia. Budapest 1968

BLUME, H.: Zur Problematik des Schichtstufenreliefs auf den Antillen. Geol. Rdsch. 58, 1968, S. 82–97

–: Die Westindischen Inseln. Braunschweig 1968

–: Karstmorphologische Beobachtungen auf den Inseln über dem Winde. Tübinger Geogr. Stud. 34, 1970, S. 33–42

–: Besonderheiten des Schichtstufenreliefs auf Puerto Rico. Deutsche Geographische Forschung in der Welt von heute. Kiel 1970, S. 167–179

CORBEL, J. u. MUXART, R.: Karsts des zones tropicales humides. Z. Geomorph., N. F. 14, 1970, S. 411–474

DANEŠ, J. V.: Karststudien in Jamaika. Sitzungsber. böhm. Ges. d. Wiss. 29, Prag 1914, S. 1–72

DAY, M. J.: The Morphology of Tropical Humid Karst with particular Reference to the Caribbean and Central America. Oxford 1978

FLATHE, H. u. PFEIFFER, O.: Grundzüge der Morphologie, Geologie und Hydrologie im Karstgebiet Gunung Sewu/Java (Indonesien). Geol. Jb. Hannover 83, 1965, S. 553–562

GAMS, I.: Forms of Subsoil Karst. Internat. Speleology II, Sub-section Ba (Proceed. 6th Intern. Congr. Speleology, Olomouc), 1973, S. 169–179

GELLERT, J. F.: Der Tropenkarst in Süd-China im Rahmen der Gebirgsformung des Landes. Tagungsber. u. wiss. Abh., Dt. Geographentag Köln 1961, Wiesbaden 1962, S. 376–384

GERSTENHAUER, A.: Der tropische Kegelkarst in Tabasco (Mexiko). Z. Geomorph., Suppl.-Bd. 2, 1960, S. 22–48

–: Internationaler Karst-Atlas. Blatt 3 (Nord-Puerto-Rico). Erdkunde 18, 1964, Beil. 1

–: Beiträge zur Geomorphologie des mittleren und nördlichen Chiapas (Mexiko) unter besonderer Berücksichtigung des Karstformenschatzes. Frankfurter Geogr. Hefte 41, 1966

–: Ein karstmorphologischer Vergleich zwischen Florida und Yucatán. Tagungsber. u. wiss. Abh., Dt. Geographentag Bad Godesberg 1967, Wiesbaden 1969, S. 332–344

–: Beiträge zur Genese der Poljen in den wechselfeuchten Tropen. Abh. 1, Geogr. Inst. FU Berlin 13, 1970, S. 125–134

–: Klimaspezifische Merkmale und das Problem der Genese des Kegelkarstes. Geogr. Z. 32, 1973, S. 125–134

–, PANOŠ, V., ŠTELIC, O. u. LEHMANN, H.: Diskussionsbemerkungen zu ›Physiographic and Geologic Control in Development of Cuban Mogotes‹. Z. Geomorph., N. F. 12, 1968, S. 165–173

JAKUCS, L.: Morphogenetics of Karst Regions. Bristol 1976

KINZL, H.: Karsterscheinungen in den peruanischen Anden. Sölch Festschr., Wien 1951, S. 52–58

LANDMANN, M.: Reliefgenesis in the Lluidas Vale area of Central Jamaica. Berlin, Stuttgart 1990

LEHMANN, H.: Karst-Entwicklung in den Tropen. Umschau in Wiss. u. Technik, 1953, S. 559–562

–: Blatt 1 (Sierra de los Organos, Cuba) des Internationalen Karstatlas. Z. Geomorph., Supp.–Bd. 2, 1960, Beil. 1

–: Kegelkarst und Tropengrenze. Beiträge zur Geographie der Tropen und Subtropen. Tübinger Geogr. Stud. 34, 1970, S. 107–112

LUDWIG, M.: Bemerkungen zu einem speziellen Kegelkarstvorkommen in Nord-Thailand. Erdkunde 30, 1976, S. 303–305

MARKER, M. E.: Cenotes: A Class of Enclosed Karst Hollows. Z. Geomorph., Suppl.–Bd. 26, 1976, S. 104–123

MCDONALD, R. CH.: Hillslope base depressions in tower Karst topography of Belize. Z. Geomorph. Suppl.-Bd. 26, 1976, S. 98–103

MENSCHING, H.: Karsterscheinungen in den Trockengebieten. Geogr. Z., Beih. 32, 1973, S. 47–53

MIOTKE, F.-D.: The Subsidence of the Surface between Mogotes in Puerto Rico east of Arecibo. Caves and Karst 15, 1973, S. 1–12

PFEFFER, K.-H.: Charakter der Verwitterungsresiduen im tropischen Kegelkarst und ihre Beziehung zum Formenschatz. Geol. Rdsch. 58, 1969, S. 408–426

PHAM, KHANG: The development of karst landscapes in Vietnam. Acto Geol. Polon. 35, 1985, S. 305–319

ROSSI, G.: Karst and Structure in Tropical Areas: The Malagasy Example. Geobooks, Norwich 1986, S. 189–112

ŠILAR, J.: Zur Morphologie und Entwicklung des Kegelkarstes in Südchina und Nordvietnam. Peterm. Geogr. Mitt. 107, 1963, S. 14–19

SWEETING, M. M.: The Guilin Karst. Z. Geomorph., Suppl.–Bd. 77, 1990, S. 47–65

VOSS, F.: Typische Oberflächenformen tropischen Kegelkarstes auf den Philippinen. Geogr. Z. 59, 1970, S. 214–227

WENZENS, G.: Fossile und rezente Karstformen im semiariden Bereich der Sierra-Madre-Oriental (Nordmexiko). Geogr. Z., Beih. 32, Neue Erg. Karstforsch., 1973, S. 54–69

–: Die Bedeutung von korrosiven und nichtkorrosiven Prozessen für die Genese von Polje und Kegelkarst. Abh. z. Karst- u. Höhlenkde, Reihe A, H. 15, 1977, S. 159–172

WILHELMY, H.: Karstformenwandel und Landschaftsgenese der Halbinsel Yucatán. Innsbrucker Geogr. Studien, Bd. 5, 1979, S. 131–149

WILLIAMS, P. W.: Illustrating morphometric analysis of karst with examples from New Guinea. Z. Geomorph., N. F. 15, 1971, S. 40–61

1.3.5.5 Karstzyklus und fossiler Kegelkarst

Karstzyklus: In Anlehnung an Zyklen-Theorie von W. M. DAVIS (1850–1934; → auch II, 134) haben A. GRUND und serbischer Karstforscher J. CVIJIĆ regional unterschiedliche Erscheinungsformen des Oberflächenkarstes als verschiedenaltrige Glieder einer Entwicklungsreihe aufgefaßt:

Aus wenig gegliederter Gesteinsoberfläche eines *Jugendstadiums* Entwicklung einer frühreifen Karren- und Dolinenlandschaft durch allmähliche Vertiefung und Aus-

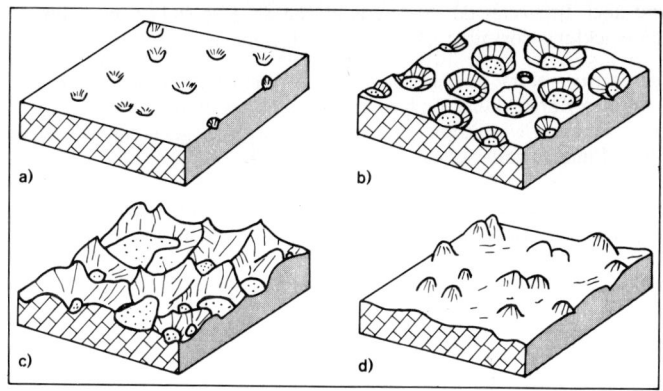

Abb. 12: *Karstzyklus*
(nach Vorstellungen von A. GRUND*)*

gestaltung der Lösungsformen (Abb. 12a, b). *Phase der Reife* gekennzeichnet durch Wachstum und Verdichtung der Dolinen, Heraustreten scharfer Grate zwischen einzelnen Cockpits und Ausbildung isolierter kegelförmiger Gesteinskörper (Abb. 12c). Im *Alters-* und *Greisenstadium* allmähliche Auffüllung der Karstgassen mit Schutt, Erniedrigung und Abrundung der Grate zwischen den Karren. In *Endphase* weitgehend mit Schutt bedeckte, ausdruckslose Landoberfläche (Abb. 12d). Vereinzelte Karstrippen überragen Rumpffläche als letzte Abtragreste.

Derartige, von Gesteinstrümmern bedeckte Flächen im Karstland nicht selten, aber keine schlüssige Begründung dafür, sie als Endstadium einer *Entwicklungsreihe* aufzufassen.

Neuere Karstforschung ergab, daß die von CVIJIĆ in genetische Reihe gebrachten Einzelformen des Karstes z. T. keine Altersstadien, sondern regionale und klimageomorphologische Sonderausprägungen des Karstes sind. Abb. 12 daher nicht als genetische Abfolge zu verstehen, sondern als *Typenreihe* des nackten und bedeckten Karstes.

In gemäßigten Breiten führt Entwicklung einer Dolinenlandschaft niemals zur Formenbild, das tropischem Kegelkarst gleicht, abgesehen davon, daß dieser in der Regel keineswegs älter ist als mediterraner Karst. Aus den Tropen nur wenige Kegelkarstlandschaften bekannt, deren Entstehung weiter als bis in Pliozän bzw. oberstes Miozän zurückreicht, z. B. Karstformen Süd-Chinas, die als alttertiär datiert werden, vielleicht sogar kreidezeitlich sind. Andererseits in außertropischen Karstgebieten nirgends rezenter Formenschatz nachweisbar, der tropischem Ke-

III, 61

gelkarst nach Intensität der Formung an die Seite zu stellen wäre, obwohl sich Karstentwicklung dort über gleichlange Zeiträume erstreckt.

Schlußfolgerung: Karst in den Tropen ist nicht Spätstadium innerhalb eines allgemein gültigen Karstzyklus, sondern macht unter bestimmten Voraussetzungen eigene Entwicklungsreihe durch die sich von Karstgenese gemäßigter Breiten in wesentlichen Punkten unterscheidet.

Frage jedoch, in welchem Umfang in mittel- und südeuropäische Karstlandschaften *Überreste fossilen tertiären Tropenkarstes* einbezogen sind.

Seit langem in gemäßigten Breiten aus Perioden tertiären Tropenklimas zahlreiche sichere Zeugnisse in Gestalt von Rumpfflächen (→ II, 141 ff.), roten Verwitterungsböden (→ IV, 107) u. a. klimaspezifischen morphologischen Erscheinungen in weiter Verbreitung bekannt.

Gleichaltrige fossile Karstformen erst in jüngster Zeit nachgewiesen.

Beispiele: Für Korrosionsebenen dinarischen Karstes (→ III, 34) Entstehung in oberpliozänem warmhumiden Tropenklima sehr wahrscheinlich. Auf gleichfalls oberpliozäner Karstrandebene der Insel Ithaka (Griechenland) bis 11 m hohe fossile Karsttürme mit Korrosionshohlkehlen entdeckt (V. Maurin u. J. Zötl, 1966), die verblüffende Ähnlichkeit mit rezenten Karsttürmen NW-Australiens haben. S. Gilewska beschrieb (1964)) aus Umgebung von Krakau gut erhaltene Turmkarstklötze tertiären Alters. Im ungarischen Mittelgebirge nach P. Z. Szabó (1964) ebenfalls fossile, unverkennbar tropische Karstformen erhalten. Über mehrere Beispiele eines „vollkommenen tropischen Kegelkarstes mit Mogoten und Karstinselbergen" berichtete V. Panoš (1964) aus der Tschechoslowakei.

Isolierte, pyramidenförmige Humi jugoslawischer Poljen hingegen keine umgestalteten Karstkegel aus Zeiten tropischer Klimabedingungen, sondern zeugenbergartige Abtragreste seitlicher Korrosion (→ II, 164); sind Einzelerscheinungen gegenüber den in großer Scharungsdichte auftretenden Karstkegeln der Tropen.

J. Büdel deutete (1951) Kuppenalb als fossilen „reifen" tropischen Kegelkarst, F. Huttenlocher und H. J. Dongus hingegen erklären (1962/63) Kuppenfelder in Massenkalken der Schwäbischen Alb weder als Überreste eines Kegelkarstes, noch einfach als Härtlinge herauspräparierter Riff-Schwammstotzen, sondern als durch fluviatile Ausräumung entstanden. Vielleicht sind Kuppen in tropisch-humiden Tertiärklima unter mächtiger Verwitterungsdecke im Sinne Büdelscher Grundhöckertheorie (→ II, 148) durch Lösung vorgeformt, aber offensichtlich keine subaerisch gebildeten Karstvollformen. Auch für Karstkuppen Südkärntens subkutane Entstehung wahrscheinlich (H. Paschinger).

Frage nach Verbleib des eigentlich in größerer Verbreitung „in Europa zu erwartenden Vorzeit-Kegelkarstes" (H. Lehmann) also erst mit wenigen gesicherten Beispielen zu beantworten.

Literatur

BLEICH, K. E.: Zur Altersfrage der Verkarstung und ihrer Phänomene. Jh. Karst- u. Höhlen-kde. 6, 1966, S. 29–50

BÖGLI, A.: Präglazial und präglaziale Verkarstung im hinteren Muotatal. Regio Brasiliensis 9, 1968, S. 135–153

BÜDEL, J.: Fossiler Tropenkarst in der Schwäbischen Alb und den Ostalpen, seine Stellung in der klimatischen Schichtstufen- und Karstentwicklung. Erdkunde 5, 1951, S. 168–170

DONGUS, H. J.: Die Rauhe Wiese bei Böhmenkirch (Ostalb), ein fossiles Karstpediment. Wissmann-Festschr., Tübingen 1962, S. 333–342

GERSTENHAUER, A.: Beobachtungen über fossile Karsterscheinungen am Spessartrand bei Meerholz. Rhein-Mainische Forsch. 54, 1963, S. 139–145

GILEWSKA, S.: Fossil Karst in Poland. Erdkunde 18, 1964, S. 124–135

GRUND, A.: Der geographische Zyklus im Karst. Z. Ges. f. Erdkde. Berlin, 1914, S. 621–640

SAWICKI, L. R. v.: Ein Beitrag zum geographischen Zyklus im Karst. Geogr. Z. 15, 1909, S. 185–204, 259–281

SZABÓ, P. Z.: Neue Daten und Beobachtungen zur Kenntnis der Paläokarsterscheinungen in Ungarn. Erdkunde 18, 1964, S. 135–142

ZÖTL, J.: Fossile Großformen im ostalpinen Karst. Erdkunde 18, 1964, S. 142–145

2 Glazialer Formenschatz

Als glazialer[1] Formenschatz solche Abtragungs- und Aufschüttungsformen be-zeichnet, die auf Tätigkeit bewegten Gletschereises zurückgehen. Durch Abschmel-zen der Gletscherstirn und Zerfall des Zungenendes abgegliedertes, bewegungslos gewordenes Toteis kann nur noch passiv zur Oberflächenformung beitragen (→ III, 101).

Begriff *Glazialformen* faßt sämtliche morphologische Erscheinungen zusammen, die nach Abschmelzen der Eisbedeckung frei zutage treten. Dabei kann es sich um in jüngster Vergangenheit entstandene Formen, z. B. als Ergebnis rezenter oder subrezenter Gletscherrückgänge, handeln oder um solche früherer großer Verei-sungsperioden, z. B. oberkarboner oder pleistozäner Vereisung.

Pleistozän[2] oder *Eiszeitalter*, früher nach angenommenen eiszeitlichem Meer (→ III, 86) als Diluvium[3] bezeichnet, umfaßt älteren Abschnitt des Quartärs. Mehrere

---

[1] lat. glacies = Eis

[2] griech. pleistos = am meisten, kainos = neu

[3] = große Überschwemmung, Sintflut

pleistozäne Kaltzeiten (Glaziale) wechselten mit wärmeren Zwischeneiszeiten (Warmzeiten, Interglazialen). Jüngerer Abschnitt des Quartärs (Holozän[4]), früher Alluvium[5] genannt, umfaßt *Nacheiszeit* (Postglazial) und Gegenwart. Begriff „Eiszeit" 1837 von K. SCHIMPER geprägt.

Begriff glazialer Formenschatz somit rein deskriptiv ohne zeitliche Zuordnung. Rezente Glazialformen von eiszeitlichen zu unterscheiden. Vorschlag, als Glazialformen nur solche großer klimageschichtlicher Kaltzeiten aufzufassen und alle jüngeren von Gletschern verursachten Bildungen als *glazigen* bzw. im weiteren Sinne mit Gletschern zusammenhängende Erscheinungen als *glaziär* zu bezeichnen, hat sich bisher nicht durchgesetzt.

Weitere Begriffe zur genetischen Einordnung glazialer Formen in nachstehender Tabelle.

Tabelle 1

Begriff	Bezeichnung für
subglazial[6]	Vorgänge und Erscheinungen *unter dem Eis* (→ III, 92)
fluvioglazial[7] (richtiger: glazifluvial)	*durch Schmelzwässer* unter dem Eis oder vor dem Eisrand abgelagerte Materialien, teils glazialer, teils fluviatiler Formung, (→ III, 98)
periglazial[8]	*klimabedingte* Vorgänge und Erscheinungen außerhalb des Vereisungsgebietes (Periglazialbereich), z. B. Fließerden, Strukturböden (→ II, 46)
glaziäolisch[9]	*Windablagerungen*, deren Materialien aus dem Gletschervorfeld stammen, z. B. Löß, Flugsand der Binnendünen (→ II, 80f.)
glazilimnisch[10]	Ablagerungen in *Eisstauseen* und anderen Seebecken am Eisrand, z. B. Deltaschotter und Bändertone (→ III, 101)
glazimarin[11]	im *Meer* von Gletschern oder Schmelzwasserflüssen abgelagerte Materialien glazialen und fluvioglazialen Charakters

---

[4] griech. holos = ganz, kainos = neu
[5] lat. alluere = anschwemmen
[6] lat. sub = unter
[7] lat. fluvius = Fluß
[8] griech. peri = herum, am Rande
[9] griech. Aiolos = griech. Gott des Windes; äolisch = durch Wind
[10] griech. limne = Teich, See
[11] lat. marinus = zum Meer gehörig

Tab. 2: Ausmaß der Vergletscherung auf der Erde (nach A. Bauer, 1954)

| | Eis | | | | Wasserwert | | Ansteigen des Meeresspiegels bei Abschmelzung |
	Oberfläche Mill. km²	%	Volumen Mill. km³	%	Mill. km³	%	
Antarktis	12,8 (12,5)	85	29,5	91	26,5	91	73 m
Grönland	1,7 (1,8)	11	2,6	8	2,4	8	7 m
And. Gletscher	0,5	4	0,2	1	0,2	1	1 m
Summe	15 (16,3)	100	32,3	100	29,1	100	81 m

Gesamtmenge des Wassers der Erde   1 403,6 Mill. km³
Gesamtmenge des Süßwassers der Erde   29,6 Mill. km³
Gletscher binden 98,4 % der ges. Süßwassermenge, 2 % der Wassermenge der Erde
eisbedeckt sind: 3 % der Erdoberfläche, 10 % des Festlandes

Vergletschertes Gesamtareal der Erde umfaßt gegenwärtig etwa 16,3 Mill. km².
Davon entfallen 1,3 Mill. km² auf Schelfeis, 15 Mill. km² auf Inlandeis und Hochgebirgsgletscher (= 10 % der Festlandfläche). Pleistozänes Vereisungsgebiet war mit 55 Mill. km² mehr als dreimal so groß wie heute. Gegenwärtig 1,2 % des Wassers der Erde eisgebunden. Völliges Abschmelzen würde Spiegel der Weltmeere um 60 m erhöhen. Wechsel zwischen Eiszeiten und Zwischeneiszeiten führte im Pleistozän zu bedeutenden *eustatischen*[12] Meeresspiegelschwankungen (→ III, 138). Druckentlastung infolge Abschmelzung der Inlandeismassen seit Ende letzter Kaltzeit hatte *isostatische*[13] *Ausgleichsbewegungen* zur Folge. Fennoskandischer Schild erfuhr postglaziale Aufwölbung (→ Band I), die im Zentrum 250 m erreichte und finnische Hafenstädte am Bottnischen Meerbusen durch seewärtige Verschiebung der Küstenlinie zur Gründung neuer Außenhäfen zwang.

Bedeutendste Erkenntnisse zur allgemeinen Glazialmorphologie und speziell der pleistozänen Formentwicklung in den Alpen durch A. PENCK und E. BRÜCKNER(„Die Alpen im Eiszeitalter, 3 Bde., 1901–1909), J. SÖLCH, F. MACHATSCHEK, H. KINZL, H. SPREITZER, H. HEUBERGER, im Alpenvorland durch C. TROLL, B. EBERL, H. GRAUL, I. SCHAEFER, I. BÜDEL, C. RATHJENS, J. FINK, H. KOHL, H. FISCHER, des norddeutschen Vereisungsgebietes durch P. WOLDSTEDT, K. GRIPP, K. RICHTER. Wichtigste Handbücher zur allgemeinen Glaziologie (= Gletscherkunde) von A. HEIM, H. HESS, E. V. DRYGALSKI, F. MACHATSCHEK, R. V. KLEBELSBERG, L. LLIBOUTRY, F. WILHELM.

Glazialgeologie und Quartärgeologie verfolgen z. T. gleich Forschungsziele wie Glazialmorphologie.

---

[12] griech. éu = gut, echt, rein; stásio = Stand
[13] griech. íso = gleich

Literatur

BAUER, A.: Über die in der heutigen Vergletscherung der Erde als Eis gebundene Wassermasse. Eisz. u. Gegenw. 6, 1955, S. 60–70

Beiträge zur Quartärforschung in der Schweiz. Zürich 1982

BRUNNER, H. u. FRANZ, H.-J.: Arbeitsmethoden in der Glazialmorphologie. Teil 1 u. 2, Geogr. Ber. H. 17, 1960, H. 18, 1961

BÜDEL, J.: Eiszeitalter und heutiges Erdbild. Umschau in Wiss. u. Technik 62, 1962, S. 18–21

CAILLEUX, A. (Hrsg.): Glazial- und Periglazialmorphologie. Z. Geomorph., N. F., Suppl.-Bd. 13, 1972

DERBYSHIRE, LEWIS, OWEN: Quarternary of Karrakorum and Himalaya. Z. Geomorph., Suppl.–Bd. 76, 1989

DONGUS, H.: Über die eiszeitliche Vergletscherung des westlichen Hochallgäus. Ber. z. dt. Landeskde. Bd. 56, 1982

DRYGALSKY, E. v.: Eiszeit und Epirogenese. Frankfurter Geogr. Hefte 11, 1937, S. 49–55

– u. MACHATSCHEK, F.: Gletscherkunde. Wien 1942

EMBLETON, C. u. KING, C. A. M.: Glacial and periglacial geomorphology. 2 Bde, London 1975

FLINT, R. F.: Glacial and Quaternary geology. New York 1971

GELLERT, J. F.: ›Die Quartärperiode‹ – Ein neues Standardwerk der Quartärforschung aus der Sowjetunion. Peterm. Geogr. Mitt. 114, 1970, S. 34–35

–: 100 Jahre Glazialtheorie und das quartäre Erdbild von heute. Peterm. Geogr. Mitt. 119, 1975, S. 241–252

GRAHMANN, R.: Bemerkungen über die Begriffe Diluvium, Eiszeit und Vereisung. Z. f. Gletscherkde. 20, 1932, S. 470–474

GRAUL, H.: Geomorphologische Studien zum Jungquartär des nördlichen Alpenvorlandes. Teil I: Das Schweizer Mittelland. Heidelberger Geogr. Arb. 9, 1962

–KAISER K. u. RATHJENS, C.: Eiszeitforschung in Nordamerika. Z. Geomorph., N. F. 10, 1966, S. 311–340

GRIPP, K.: 100 Jahre Untersuchungen über das Geschehen am Rande des nordeuropäischen Inlandeises. Eisz. u. Gegenw. 26, 1975, S. 31–73

HANTKE, R.: Eiszeitalter, Bd. 1, Die jüngste Erdgeschichte der Schweiz und ihrer Nachbargebiete. Thun 1978

HEIM, A.: Handbuch der Gletscherkunde. Stuttgart 1885

HESS, H.: Die Gletscher, Braunschweig 1904

HEUBERGER, H.: Die Alpengletscher im Spät- und Postglazial. Eisz. u. Gegenw. 19, 1968, S. 270–275

IVES, J. D. u. BARRY, R. G. (Hrsg.): Arctic and Alpine Environment. London 1974

LIEDTKE, H.: Die nordischen Vereisungen in Mitteleuropa. Erläuterungen zu einer farbigen Übersichtskarte im Maßstab 1:1 000 000. Forsch. dt. Landeskde, Bd. 204, 1975

LLIBOUTRY, L.: Traité de Glaciologie. 2 Bde, Paris 1965/66

MACHATSCHEK, F.: Zur Morphologie der Schweizer Alpen. Z. Ges. Erdkde, Berlin, Jubil. Sonderbd. 1928

–: Diluviale Hebung und eiszeitliche Schneegrenzdepression. Geol. Rdsch. 34, 1944, S. 327–341

MARCINEK, J. u. NITZ, B.: Hundert Jahre Eiszeitforschung und ihre Vorgeschichte. Geogr. Ber. 1975, S. 179–191

MEIER, S.: Neuere Massenbildungen und das Verhalten des Eisrandes. Peterm. Geogr. Mitt. H. 8, 1936

MAULL, O.: Glaziale Erosion, ihre Leitformen und Formengruppen, in ›Geomorphologie‹ Enzykl. d. Erdkde, Leipzig u. Wien, 2. Aufl. 1958

NAGEL, H. (Hrsg.): Beiträge zur Quartär- und Landschaftsforschung. Festschr. J. Fink. Wien 1978

PARTSCH, J.: Die Hohe Tatra zur Eiszeit. Breslau 1923

PASCHINGER, H.: Gletscher und glaziale Formenwelt auf modernen Alpenkarten. Peterm. Geogr. Mitt. Erg.-H. 264, 1957, S. 239–245

PENCK, A.: Europa zur letzten Eiszeit. Länderkdl. Forsch., Krebs–Festschr. Stuttgart 1936, S. 222–237

–: Europa im Eiszeitalter. Geogr. Z. 42, 1937, S. 1–10

–: Eiszeitliche Krustenbewegungen. Frankfurter Geogr. Hefte 11, 1937, S. 23–47

– u. BRÜCKNER, E.: Die Alpen im Eiszeitalter. 3 Bde, Leipzig 1901/09

PÖRTGE, K.–H. (Hrsg.): Beiträge zur aktuellen fluvialen Morphodynamik. Göttingen (Uni. Heft 86) 1989

POSER, H. u. SCHUNKE, E.: Mesoformen des Reliefs im heutigen Periglazial. Göttingen 1983

PRICE, R. J.: Glacial and Fluvioglacial Landforms. London 1973

RÖTHLISBERGER, F.: 10 000 Jahre Gletschergeschichte der Erde. Vergleich zwischen Nord– und Südhemisphäre. Frankfurt, Salzburg 1986

RATHJENS, C.: Der Stand der Eiszeitforschung im Deutschen Alpenvorlande. Geogr. Helvet. 4, 1949, S. 21–30

–: Das Problem der Gliederung des Eiszeitalters in physisch-geographischer Sicht. Münchner Geogr. Hefte 6, 1954

REINWARTH, O. u. STÄBLEIN, G.: Die Kryosphäre – das Eis der Erde und seine Untersuchung. Würzburger Geogr. Arb. 1972

SÄNGER, H.: Vergletscherung der Kap-Kette im Pleistozän. Berlin TH, Heft 26, 1988

SÖLCH, J.: Fluß- und Eiswerk in den Alpen zwischen Ötztal und St. Gotthard. Peterm. Geogr. Mitt., Erg.-H. 219/220, 1935

SPREITZER, H.: Die Eiszeitforschung in der Sowjetunion. Quartär 3, 1941, S. 8–43

SUDGEN, D. E. u. JOHN, B. S.: Glaciers and Landscapes. London 1976

TROLL, C.: Die jungglazialen Schotterfluren im Umkreis der deutschen Alpen. Forsch. dt. Landes- u. Volkskde 24/4, 1926

–: Die Eiszeitenfolge im nördlichen Alpenvorland. Mitt. Geogr. Ges. München 24, 1931, S. 215–225

–: Die sogenannte Vorrückungsphase der Würmeiszeit und der Eiszerfall bei ihrem Rückgang. Mitt. Geogr. Ges. München 29, 1936, S. 1–38

VEIT, H.: Fluviatile und solifluviatile Morphodynamik (südl. Hohe Tauern, Osttirol). Bayreuth 1988

VORNDRAN, G. u. SOMMERHOFF, G.: Glaziologisch-glazialmorphologische Untersuchungen im Gebiet des Qôrqup-Auslaßgletschers (Südwest–Grönland). Polarforsch. 44, 1974, S. 137–147

WILHELM, F.: Schnee- und Gletscherkunde. Lehrbuch der Allg. Geographie, Bd. 3, Teil 3, Berlin 1975

WOLDSTEDT, P.: Norddeutschland und angrenzende Gebiete im Eiszeitalter. Stuttgart. 3. Auflage, 1974 (neu bearbeitet und hrsgg. v. K. DUPHORN)

WRIGHT, A. E. u. MOSELEY, F. (Hrsg.): Ice ages – ancient and modern. Proc. 21st Internat. Univ. Geol. Congr. Birmingham 1974. Geol. J., Spec. Issue 6, Liverpool 1975

Epoche	Jahre v. Chr. in Tsd.	Alpengliederung	Norddeutsche Gliederung	Kulturstufen (Mitteleuropa)	Menschenentwicklung
HOLOZÄN	8			Eisenzeit / Bronzezeit / Jungsteinzeit / Mittelsteinzeit	v. 40 000 J. Homo sapiens sapiens (Jetzt-Mensch)
VOLLPLEISTOZÄN	72	Würm-Eiszeit	Weichsel-Eiszeit		v. 100 000 J. Homo sapiens (Neandertaler)
	125	Riß-Würm-Interglazial	Eem-Warmzeit		
	280	Riß-Eiszeit	Saale-Eiszeit		
	350	Mindel-Riß-Interglazial	Holstein-Warmzeit		
	500	Mindel-Eiszeit	Elster-Eiszeit		
	750	Günz-Mindel-Interglazial	Cromer-Warmzeit	Altsteinzeit	v. 500 000 J. Homo erectus (Pekingmensch)
	900	Günz-Eiszeit	Menap-Kaltzeit		v. 800 000 J. Homo erectus Javamensch)
FRÜHPLEISTOZÄN (ohne große Inlandvereisungen)	1400	Donau-Günz-Warmzeit	Waal-Warmzeit		
	1600	Donau-Kaltzeit	Eburon-Kaltzeit		
		Biber-Donau-Warmzeit	Tegelen-Warmzeit		
		Biber-Kaltzeit	Brüggen-Kaltzeit (Prä-Tegelen)		
PLIOZÄN	2500		Reuver B, C		v. 4 Mio. J. Hominiden (Australopithecus)

Abb. 13: Gliederung des Pleistozäns (Zeitangaben in der Diskussion)

III, 68

2.1 Eiszeiten und Gletscherschwankungen

Im Pleistozän führte Temperaturabsenkung – in mittleren Breiten um 8–10 °C, in innerer Tropenzone um 4° – in allen Teilen der Erde zu wesentlich stärkerer Vergletscherung als heutiger. Beginn quartärer Eiszeit vor etwa 2 Mill. Jahren, Ende vor rd. 15000 Jahren. In mehreren Kaltzeiten starke Gletschervorstöße, denen in Warmzeiten entsprechende Gletscherrückgänge folgten. In Warmzeiten ähnliche klimatische und vegetationsgeographische Verhältnisse wie heute, zeitweise sogar wärmer, wie Funde von Rhododendron ponticum in Höttinger Brekzie aus Mindel-Riß-Interglazial bei Innsbruck beweisen.

Anzahl pleistozäner Kaltzeiten noch umstritten. *In den Alpen* 4 Hauptvereisungsperioden nachweisbar. Von A. PENCK in alphabetischer Reihenfolge nach Flüssen im Alpenvorland als Günz-, Mindel-, Riß- und Würm-Kaltzeit benannt. Würm-Eiszeit begann vor 70000 Jahren und endete um 15000 vor Ggw. Zwei ältere Vereisungen (Biber- und Donau-Kaltzeiten) durch neuere Forschung wahrscheinlich gemacht. Von 2 Mill. Jahren Gesamtdauer des Quartärs entfallen 600000 Jahre auf 4 Haupteiszeiten und dazugehörige 3 Zwischeneiszeiten.

In Norddeutschland 3 Kaltzeiten nachgewiesen: Elster-, Saale- und Weichsel-Kaltzeit, die Mindel bis Würm entsprechen. 2 vermutlich vor Elster-Vereisung in Skandinavien und Schottland eingetretene stärkere Vergletscherungen zeitlich mit Donau- und Günz-Vereisung gleichzusetzen. Bei Hamburg in 180 m Tiefe unter Ablagerungen der Elster-Kaltzeit Feinsande mit warmzeitlicher Flora und darunter kaltzeitliche Geschiebemergel erbohrt, desgl. auf Halbinsel Eiderstedt. Daraus Rückschluß auf ältere Elbe-Eiszeit.

Auch *in Nordamerika* 4 Kaltzeiten: Nebraskan, Kansan, Illinoian und Wisconsin.

Auf Südhemisphäre in Patagonien 4 Kaltzeiten: Villamanca-, Colorado-, Diamante- und Atuel-Vereisung, die von P. GROEBER zeitlich mit Günz bis Würm gleichgesetzt werden. P. WOLDSTEDT hält ebenfalls auf Grund von Untersuchungen in Neuseeland *Gleichzeitigkeit der Vereisungen auf beiden Halbkugeln* für unzweifelhaft. A. KOLB wies Parallelität historischer Gletscherschwankungen auf südlicher und nördlicher Hemisphäre nach.

Den Kaltzeiten entsprachen am Nordrand saharisch-arabischen Trockengürtels Pluvialzeiten[14] (Regenzeiten). Im Unterschied zu diesen „polaren Pluvialen" scheinen „tropische Pluviale" an dessen äquatorialen Saum mit Kaltzeiten alterniert zu haben (→ IV, 53).

---

[14] lat. pluvia = Regen

	SPÄTGLAZIAL					
Jahrtsd. vor der Ggw.	16	15	14	13	12	11
bezogen auf Chr. Geb.	14	13	12	11	10	9
Pollenzonen n. F. Firbas 1949	I				II	III
konventionelle Gliederung basierend auf A. Blytt – R. Sernander	**Ältere Dryas** Älteste Dryas			Bölling	**Aller-öd**	**Jüng. Dryas**
in nördl. Teilen Mitteleuropas **vorherrschende Holzarten**	**baumlose Tundra**			**baum-arm**	**Birke Kiefer**	**baum-arm**
im (ost)alpinen Raum	**offene Vegetation**			**Sträucher (Latsche)**	**Kiefer**	**Waldauf-lockg.**
Entwicklung im Ostseebecken	Dani-glazial			Balt. Eissee	Goti-glazial	Salpaus-sälke
	Dänemark eisfrei				S.-Schwed. eisfrei	EM bei Helsinki
Verhalten der Gletscher in den Ostalpen vorw. H. Heuberger, 1968 u. F. Mayr, 1964 S. Bortenschlager, 1972	**Ende Hoch- Bühl würm** Abschmelzen des Würmeises. Eisstromnetz noch intakt		Steinach	Gschnitz	Daun	Egesen
			selbständige Vorstöße			
			Toteis im Inntal	Inntal eisfrei		
Kulturen	**Jungpaläolithikum**					
	Magdalenien					

Eisfreies Gebiet mit Löß- und Frostschutt-Tundra zwischen Südrand nordischen Inlandeises und Nordrand alpiner Vorlandgletscher; Zone periglazialer Dauerfrostböden mit Strukturböden und Solifluktionserscheinungen (→ II, 66 ff.) überragt von deutschen *Mittelgebirgen* mit lokaler Vergletscherung im Riesengebirge, Böhmerwald, Harz, Schwarzwald und in den Vogesen. Schwäbische Alb und Rhön zwar verfirnt, aber ohne Gletscher (W. WOLFF, H. MENSCHING; → IV, 111).

Großer *Eisrückgang* nach Würm-Kaltzeit mehrfach durch erneute kurze Eisvorstöße infolge Klimaverschlechterung (Stadiale) unterbrochen (spätglaziale Gletschervorstöße in den Alpen: Steinach, Gschnitz, Daun, Egesen), kurzfristige Klimaverbesserungen als *Interstadiale* bezeichnet. Im postglazialen Wärmeoptimum (vor 7500–4500 Jahren) weite heute vergletscherte Gebiete eisfrei. Rezente Gletscher daher nicht als Relikte pleistozäner Vergletscherung aufzufassen.

III, 70

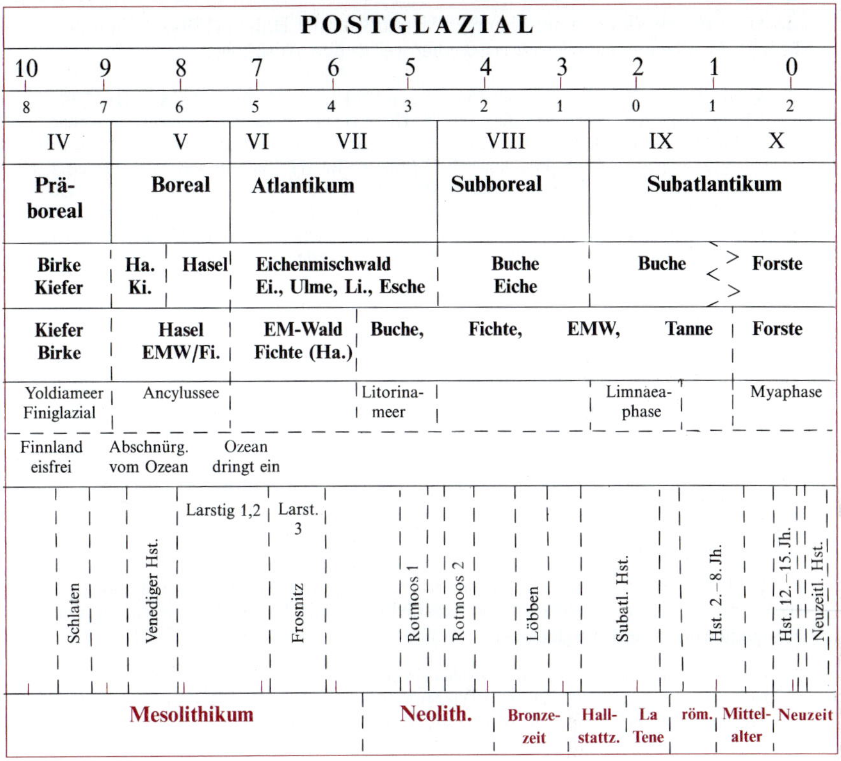

P O S T G L A Z I A L

10	9	8	7	6	5	4	3	2	1	0
8	7	6	5	4	3	2	1	0	1	2

IV	V	VI VII	VIII	IX X
Prä-boreal	**Boreal**	**Atlantikum**	**Subboreal**	**Subatlantikum**
Birke Kiefer	**Ha. Ki.** | **Hasel**	**Eichenmischwald Ei., Ulme, Li., Esche**	**Buche Eiche**	**Buche** >< > **Forste**
Kiefer Birke	**Hasel EMW/Fi.**	**EM-Wald Fichte (Ha.)**	**Buche, Fichte, EMW, Tanne**	**Forste**
Yoldiameer Finiglazial	Ancylussee	Litorina- meer	Limnaea- phase	Myaphase
Finnland eisfrei	Abschnürg. vom Ozean	Ozean dringt ein		

Bottom register (glacier advances):
Schlaten | Venediger Hst. | Larstig 1,2 | Larst. 3 | Frosnitz | Rotmoos 1 | Rotmoos 2 | Löbben | Subatl. Hst. | Hst. 2.–8. Jh. | Hst. 12.–15. Jh. | Neuzeitl. Hst.

Archaeological periods:
Mesolithikum | **Neolith.** | **Bronzezeit** | **Hallstattz.** | **La Tène** | **röm.** | **Mittelalter** | **Neuzeit**

Abb. 14: Gliederung des Spät- und Postglazials

Auch *in historischer Zeit* infolge Klimaschwankungen mehrfacher Wechsel von Gletschervorstößen und -rückgängen, bewiesen durch Moränen, außerdem durch urkundliche Berichte über Gletscherseeausbrüche, Räumung hochgelegener Bauernhöfe.

Mittelalterliche Vergletscherung anscheinend nur gering. *Um 1600* in den Alpen Beginn größerer Gletschervorstöße (Fernau), die mit kleineren Oszillationen bis zum 18. Jh. anhielten. Geschiebereiche Fernau-Moräne im Vorfeld heutiger Gletscher durch Bewuchs leicht von jüngeren zu unterscheiden. Nach Rückzugsperiode *neue Vorstöße um 1820 und 1850*, die nicht ganz Fernau-Stand erreichten.

Ab Mitte des 19. Jh.s von nur kleineren Vorstößen oder Halten (1890, 1920) unterbrochener allgemeiner *Gletscherrückgang* weltweiten Ausmaßes.

Areal ostalpiner Gletscher verkleinerte sich von 523 km² (1875/80) auf 434 km² (1925/30), d. h. in 50 Jahren um 89 km² oder fast $^1/_5$ (R. KELLER). Pasterzen-Gletscher, der 1856 2,8 km³ Eisvolumen hatte, verlor seit dieser Zeit sogar ⅓ seines Umfangs. Massenverlust betrug zwischen 1946 und 1968 jährlich 13 Mill. m³ Eis (H. PASCHINGER). – In Schweizer Alpen durch Vergleich der Siegfried-Karte von 1870 mit neuer Landeskarte von 1930 ähnliche Durchschnittswerte wie in Ostalpen ermittelt. Frische Endmoränen weit unterhalb gegenwärtiger Gletscherenden und noch unbewachsene Seitenmoränen hoch über Gletschern lassen eindrucksvoll Volumenverluste in letzten 125 Jahren erkennen.

Bis zur Gegenwart z. B. auch Alaska, Neuseeland und den Anden feststellbarer Gletscherschwund anscheinend nur bei kleineren Gletschern zum Stillstand gekommen. Seit 1940 zu beobachtende Wiederauffüllung der Firnfelder noch ohne Auswirkung auf Verhalten großer Gletscher, während aus kleineren Firnmulden und Karen gespeiste kurze Gletscher schnellere Reaktion zeigen. Alpine Gletscher wiesen 1928–1964 einen starken Rückgang auf. 95 % der ostalpinen Gletscher gingen stark zurück, kleinere verschwanden, viele ehemalige Talgletscher wurden zu Kargletschern. 1965–1981 trat eine Stabilisierung ein. Infolge einer Reihe von positiven Haushaltsjahren (1974–1981) zeigten über 50 % sogar leicht vorstoßende Tendenz. Seit 1981 setzte wieder ein Rückgang ein.

Einzelfälle von Vorstößen großer Gletscher in Gebieten allgemeinen Gletscherrückgangs erklären sie durch lokal verstärkte Eiszufuhr infolge Eissturzes von Hängegletschern auf Talgletscher.

Beispiele: Vorstöße des Moreno-Gletschers in argentinischer Südkordillere 1917, 1934/35, 1937–39, 1951–53, 1962/63 (G. J. HEINSHEIMER); Vorstoß des Malaspina-Gletschers (Alaska) 1906 bis 1910 durch Absturz großer Eismassen infolge Erdbebens.

Denkbar, daß wir uns in einer vor 10 000 Jahren begonnenen Warmzeit befinden, der vielleicht in 30 000–50 000 Jahren neue Kaltzeit folgen wird (H. HOINKES).

Literatur

BARSCH, D.: Ein Permafrostprofil aus Graubünden, Schweizer Alpen. Z. Geomorph. N. F. 21, 1977, S. 79–86

BESCHEL, R.: Flechten als Altersmaßstab rezenter Moränen. Z. Gletscherkde u. Glazialgeol. 1, 1950, S. 152–161

BESKOW, G.: Erdfließen und Strukturböden der Hochgebirge im Lichte der Frosthebung. Geologiska Föreningens. Förhandlingar 52, Stockholm 1930

BÜDEL, J.: Die räumliche und zeitliche Gliederung des Eiszeitklimas. Naturwissenschaften 36, 1949, S. 105–112, 133–139

–: Die Klimazonen des Eiszeitalters. Eisz. u. Gegenw. 1, 1951, S. 16–26

–: Die Klimaphasen der Würmeiszeit. Naturwissenschaften 37, 1950, S. 438–449

–: Glaziologie und Geomorphologie. Z. Geomorph., N. F. 20, 1976, S. 363–367

CIMIOTTI, U.: Beiträge zum Quartär von Holstein. Berliner Geogr. Stud. 23, 1987

DWARS, F. W.: Beiträge zur Glazial– und Postglazialgeschichte Südostrügens. Schr. Geogr. Inst. Kiel 18. H. 3, 1960

FEZER, F., GÜNTER, W. u.REICHELT, G.: Plateauverfirnung und Talgletscher im Nordschwarzwald. Abh. Braunschweig. Wiss. Ges. 13, 1961, S. 66–72

FINK, J.: The Pleistocene in eastern Austria. INQUA VII, 1965, S. 179–199

FINSTERWALDER, R. u. RENTSCH, H.: Das Verhalten der bayerischen Gletscher in den letzten zwei Jahrzehnten. Z. Gletscherkde u. Glazialgeol. 9, 1973, S. 59–72

FLIRI, F.: Neue entscheidende Radiokarbondaten zur alpinen Würmvereisung aus den Sedimenten der Inntalterrassen (Nordtirol). Z. Geomorph., N. F. 14, 1970, S. 520–521

–, HILSCHER, H. u. MARKGRAF, V.: Weitere Untersuchungen zur Chronologie der alpinen Vereisung. Z. Gletscherkde u. Glazialgeol. 7, 1971, S. 5–38

FRAEDRICH, R.: Spät– und postglaziale Gletscherschwankungen in der Ferwallgruppe, Tirol/Vorarlberg. Düsseldorfer Geogr. Schriften, H. 12, 1979

FRÄNZLE, O.: Glaziale und periglaziale Formbildung im östlichen Kastilischen Scheidegebirge. Bonner Geogr. Abh. 26, 1959

GOEDEKE, R., GRÜGER, E. u. BEUG, H.-J.: Zur Frage der Zahl der Eiszeiten im Norddeutschen Tiefland. Nachr. Akad. Wiss. Göttingen, Math.-phys. Kl., 15, 1965, S. 207–212

HANNES, CH.: Das Ausmaß der würmzeitlichen Isèretalvergletscherung im Lichte neuer Datierungen. Eisz. u. Gegenw. 23/24, 1973, S. 100–106

HANTKE, R.: Aufbau und Zerfall des würmeiszeitlichen Eisstromnetzes in der zentralen und östlichen Schweiz. Ber. Naturforsch. Ges. Freiburg 60, 1970, S. 5–33

–: PFANNENSTIEL, M. u. RAHM, G.: Zur Vergletscherung der westlichen Schwäbischen Alb. Ber. Naturf. Ges. Freiburg i. Br. 66, 1976, S. 13–27

HASSENPFLUG, W.: Polygammuster auf der Schleswiger Geest. Geogr. Rdsch. 5, 1988

HASTENRATH, S.: Glaziale und periglaziale Formbildung in Hoch-Semyen, Nord-Äthiopien. Erdkunde 28, 1974, S. 176–186

HEINSHEIMER, G. J.: Zwei Durchbrüche des Morenogletschers im Lago Argentino/Patagonien. Mitt. Inst. Auslandsbeziehg. 11, Stuttgart 1961, S. 176–182

HEUBERGER, H. (Hrsg.): Deutsche Quartärforschung. 22. wissensch. Tagung in Freiburg. Themat. Schwerpunkt: Vergletscherte Mittelgebirge. Excursionsführer 1985

– u. BESCHEL, R.: Alpine Quaternary glaciation. In: IVES, J. D. u. BARRY, R. G.: Arctic and Alpine Environments. London 1974, S. 319–338

HÖVERMANN, J. u. KAISER, K. (Hrsg.): Geomorphologie des Quartärs. Z. Geomorph., Suppl.-Bd. 16, 1973

HURTIG, TH.: Zur Gliederung der Spät– und Nacheiszeit in Norddeutschland. Geogr. Ber. 2, 1957, S. 28–34

HOINKES, H.: Schwankungen der Alpengletscher – ihre Messung und ihre Ursachen. Umschau in Wiss. u. Technik, 1962, S. 558–562

ILLIES, H.: Die Vereisungsgrenzen in der weiteren Umgebung Hamburgs, ihre Kartierung und stratigraphische Bewertung. Mitt. Geogr. Ges. Hamburg 51, 1955, S. 7–54

KÁDÁR, L.: On Cenozoic and Older Glaciations, Geoforum 15, 1973, S. 7–13

KAISER, K.: Die Ausdehnung der Vergletscherungen und ›periglazialen‹ Erscheinungen während der Kaltzeiten des quartären Eiszeitalters innerhalb der syrisch–libanesischen Gebirge und die Lage der klimatischen Schneegrenze zur Würmeiszeit im östlichen Mittelmeergebiet. INQUA VI, 1961, Vol. III, Warschau 1963, S. 127–148

KINZL, H.: Die Gletscher als Klimazeugen. Tagungsber. u. wiss. Abh., Dt. Geographentag Würzburg 1957, Wiesbaden 1958, S. 222–231

–: Tirol im Eiszeitalter. Geogr. Rdsch. 27, 1975, S. 199–203

KLUG, H. (Hrsg.): Geomorphologie der Periglazialgebiete. Stuttgart 1986

III, 73

KOLB, A.: Historische Gletscherschwankungen auf der Südhalbkugel, insbesondere auf Neuseeland. Schlern–Schriften 190, Innsbruck 1958, S. 123–146

LEIDLMAIR, A.: Die jüngsten Gletscherschwankungen in ihrer Abhängigkeit von Niederschlag, Temperatur und Strahlung. Peterm. Geogr. Mitt. 97, 1953, S. 179–181

LEWIS, C. A.: The Glaciations of Wales and Adjoining Regions. London 1970

LIEDTKE, H.: Warthestadium in Westeuropa, Moskau–Eiszeit in Osteuropa. Z. Geomorph. H. 1, 1989

LISS, C. C.: Der Morenogletscher in der patagonischen Kordillere, sein ungewöhnliches Verhalten seit 1899 und der Eisdamm–Durchbruch des Jahres 1966. Z. Gletscherkde u. Glazialgeol. 6, 1970, S. 161–180

LÖFFLER, E.: Pleistocene glaciation in Papua and New Guinea. Z. Geomorph., Suppl.-Bd. 13, 1972, S. 32–58

MAHANEY, W. C.: Pleistocene glaciation in Central Massiv francaise. Z. Geomorph. 3, 1987

MAYR, F.: Untersuchungen über Ausmaß und Folgen der Klima- und Gletscherschwankungen seit dem Beginn der postglazialen Wärmezeit. Z. Geomorph., N. F. 8, 1964, S. 257–285

–: Die postglazialen Gletscherschwankungen des Mont Blanc-Gebietes. Z. Geomorph., Suppl.-Bd. 8, 1969, S. 31–57

MENSCHING, H.: Periglazial-Morphologie und quartäre Entwicklungsgeschichte der Hohen Rhön und ihres östlichen Vorlandes. Würzburger Geogr. Arb. 7, 1960

MORTENSEN, H.: Temperaturgradient und Eiszeitklima am Beispiel der pleistozänen Schneegrenzdepression in den Rand- und Subtropen. Z. Geomorph., N. F. 1, 1957, S. 44–56

MÜLLER, H.-N.: Spätglaziale Gletscherschwankungen. Diss. Zürich 1983

PASCHINGER, H.: Die verschwundenen Gletscher der Ostalpen (seit dem letzten Hochstand um 1850). Abh. Österr. Geogr. Ges. 18, Wien 1959

–: Die Pasterze in den Jahren 1967 bis 1971. Carinthia II, 162/82. Jg. 1972, S. 123–128

PATZELT, G. u. BORTENSCHLAGER, S.: Die postglazialen Gletscher- und Klimaschwankungen in der Venedigergruppe. Z. Geomorph., Suppl.-Bd. 15, 1973, S. 25–72

– u. PENZ, H.: Unterinntal-Zillertal-Pinzgau-Kitzbühl. Spät- und postglaziale Landschaftsentwicklung. Innsbrucker Geogr. Stud. 2, 1975, S. 309–329

SCHAEFER, I.: Bemerkungen zur Nomenklatur der Eiszeitforschung. Peterm. Geogr. Mitt. 95, 1951, S. 26–31

–: Über methodische Fragen der Eiszeitforschung im Alpenvorland. Z. Dt. Geol. Ges. 102/II, 1951, S. 287–310

–: Über die Gliederung des Eiszeitalters. Eisz. u. Gegenw. 1, 1951, S. 56–63

SCHULZ, G.: Zum Problem der pleistozänen Vergletscherung der peruanischen Anden. Peterm. Geogr. Mitt. 3, 1988

SEMMEL, A.: Der Stand der Eiszeit-Forschung im Rhein-Main-Gebiet. Rhein-Main. Forsch. 78, 1974, S. 9–56

–: Periglazialmorphologie. Darmstadt 1985

SPARKS, B. W. u. WEST, R. G.: The Ice Age in Britain. London 1972

SPREITZER, H.: Rezente und eiszeitliche Grenzen der glazialen und periglazialen Höhenstufen im Zentralen Taurus. Mitt. Naturwiss. Ver. Steiermark 101, 1971, S. 139–162

THIEL, E.: Die Eiszeit in Sibirien. Erdkunde 5, 1951, S. 16–35

VARESCHI, V.: Blütenpollen im Gletschereis. Z. Gletscherkde 23, 1936, S. 255–276

–: Die pollenanalytische Untersuchung der Gletscherbewegung. Veröff. d. geobotan. Inst. Rübel, Zürich, 19, 1942

WAKONIGG, H.: Gletscherverhalten und Klimaelemente. Mitt. Naturwiss. Ver. Steiermark 101, 1971, S. 175–194

WEISE, O. R.: Das Periglazial. Stuttgart 1983

WELSCH, W. u. KINZL, H.: Der Gletschersturz vom Huascarán (Peru) am 31. Mai 1970, die

III, 74

größte Gletscherkatastrophe der Geschichte. Z. Gletscherkde u. Glazialgeol. 6, 1970, S. 181–192

WELTEN, M.: Das Spätglazial im nördlichen Voralpengebiet der Schweiz. Ber. Dt. Botan. Ges. 85, 1972, S. 69–74

WILHELMY, H.: Eiszeit und Eiszeitklima in den feuchttropischen Anden. Peterm. Geogr. Mitt., Erg.-H. 262, 1957, S. 281–310

WISSMANN, H. v.: Die quartäre Vergletscherung in China. Z. Ges. f. Erdkde. Berlin, 1937, S. 241–262

ZIENERT, A.: Historische und prähistorische Gletscherstände im Simmen-, Engstligen- und Kandertal (Berner Oberland). Heidelberger Geogr. Arb. 40, 1974, S. 131–146

2.2 Entstehung und Eigenschaften der Gletscher

Entstehung von Gletschereis durch kontinuierliche Ansammlung von Schnee und dessen thermische und druckbedingte Umwandlung über klimatischer Schneegrenze.

2.2.1 Prozesse bei der Entstehung von Gletschern

Temperaturmetamorphose

- **Tauen und Wiedergefrieren** (Regelation) – Wechsel von flüssiger Phase zu fester Phase (Aufschmelzen von Schneekristallen – Zusammengefrieren zu Körnern). Bedeutend auf Gletschern mittlerer und niederer Breiten. Unbedeutend für polare Gletscher.

- **Sublimation:** Verdampfen und Wiedergefrieren – Wechsel von dampfförmiger Phase zu fester Phase. Spielt im Porenhohlvolumen eine große Rolle. (Wasserdampftransport im Hohlvolumen) – *Oberflächenreif, Tiefenreif.*

Setzen des Schnees durch Abbau der Kristallspitzen.

Sinterung des Schnees. Verdichtung durch Neuaufbau von Eisbrücken zwischen Körnern.

Druckmetamorphose ist die Umwandlung durch:

- *Winddruck* – Windpressung in Luvlagen, an Gletscheroberfläche

- *Überlagerungsdruck* von Schnee- und Gletschereismassen

- *Bewegungsdruck* (Kriechen, Gleiten, Rutschen) von Schnee- und Gletscherbewegung

Destruktive Metamorphose: Abschmelzen von Kristallen, Abbau der Kristallspitzen, *Setzung* des Schnees, Verkleinerung des Hohlraumvolumens.

Konstruktive Metamorphose:

a) *Zusammenschmelzen mehrerer Einzelkristalle* zu größeren Körnern – Neuaufbau von Kristallen – Wachstum von Körnern.

b) *Entstehung neuer Kristalle* im Porenhohlraum, z. B. durch Sublimation – Tiefenreif (Becherkristalle – Schwimmschnee).

Es erfolgt eine Verdichtung der Schneedecke, Verringerung des Hohlraumvolumens (durch Auffüllung mit Kristallen, Auspressung der Luft).

Durch die Metamorphose verändert sich die Schneedecke

Nach H. HOINKES (1970) unterscheiden wir

Neuschneedecke: Primäre Kristallstrukturen sind teilweise noch erkennbar, trockener Pulverschnee, Dichte $0,03-0,06$ g/cm³, feuchter Lockerschnee – Pappschnee, Dichte bis $0,25$ g/cm³.

Altschneedecke: Ist die metamorphe Schneedecke des letzten Haushaltsjahres; erste Kornbildung. Festschnee, Dichte $0,1-0,4$ g/cm³, Korn $\varnothing\, 0,5-2$ mm.

Firn/Firneis: Schneeablagerungen, welche schon mehrere Ablationsperiosen überdauert haben. Staub- und Pollenschichten zeigen die Sommerschichten an. – Ist weitgehend durch Metamorphose geprägt: Firnkörner, Firneis. Sommer und Winterschichten. Körnige Struktur, geringes Hohlraumvolumen, Dichte über $0,4$ g/cm³, Körner $\varnothing\, 1-4$ mm.

Gletschereis besteht aus Gletscherkörnern, Dichte $0,8-0,9$ g/cm³, Korn $\varnothing\, 2-20$ mm (bis zu Faustgröße). Das Gletschereis ist bereits luftundurchlässig, hat kein Hohlraumvolumen mehr.

Gletscherbildung ist nur in solchen Gebieten möglich, in denen jährliche Menge fester Niederschläge größer ist als Verlust durch Abschmelzen (*Ablation*). Daher zu *unterscheiden* zwischen:

a) *Nährgebiet* des Gletschers (Firnfeld); ist durch Niederschlagsüberangebot $(Ns > A)$ gekennzeichnet; umfaßt etwa $\frac{3}{4}-\frac{9}{10}$ des gesamten Gletscherareals;

b) *Zehrgebiet* des Gletschers (Gletscherzunge); in ihm überwiegt Ablationsverlust $(Ns < A)$; umfaßt nur $\frac{1}{4}-\frac{1}{10}$ des Gletscherareals.

Firngrenze $(Ns = A)$ trennt Nährgebiet (Akkumulationsgebiet) vom Zehrgebiet (Abschmelzgebiet). Gesamtfläche aller Hochgebirgsgletscher und Inlandeisgebiete (ohne Schelfeis) nimmt 15 Mill. km² der Erdoberfläche ein.

2.2.2 Die Schneegrenze

Temporäre Schneegrenze unterliegt jahreszeitlichem Höhenwechsel; daher Unterscheidung

a) *klimatische Schneegrenze* ist jene Grenze, bei der die Temperatur (infolge der Temperaturabnahme mit der Höhe) nicht mehr ausreicht, um den im Durchschnitt mehrerer Jahre gefallenen Schnee noch zu schmelzen. Über dieser Linie können Gletscher entstehen.

b) *orographische*, lokale oder reale Schneegrenze, die unter Einbeziehung verschieden exponierter Steilhänge, Lawinenkegel, Sonnen- und Schattenlagen usw. höher oder tiefer als klimatische Schneegrenze liegen kann.

Allgemein definiert somit Schneegrenze = *Grenze des ewigen Schnees*; d. h. Linie zwischen Bereichen perennierender[15] (dauernder) Schneedecke und zeitweise durch Ausapern[16] schneefreiem Gelände.

Auf Talgletschern verläuft Grenzlinie infolge auskühlender Wirkung der Eismassen 100–300 m tiefer als im benachbarten Gebirgsland; daher zur Unterscheidung als *Firnlinie* bezeichnet. *Gletscherzunge* bildet unterhalb der Firnlinie gelegenes Zehrgebiet der Talgletscher.

Höhe klimatischer Schneegrenze abhängig von geographischer Breite, thermischem Einfluß der Massenerhebungen, Niederschlagsmenge, Luftfeuchtigkeit, Exposition der Gebirge, Bestrahlungsverhältnissen und Wind-, Land- und Meereseinfluß.

Größte Höhen nicht am Äquator, sondern im tropisch-subtropischen Trockengebiet; am Llullaillaco in nördlichen chilenischen Anden in 6700 m, im westlichen Tibet in 5800–6200 m, am nördlichen Alpenrand in 2500 m, in Zentralalpen in 2800–3500 m.

Klimatische Schneegrenze entspricht nicht Verlauf der 0°-Isotherme, sondern liegt etwas darunter. Mittlere Höhe in Metern innerhalb der verschiedenen Breitenzonen → nachfolgende Tabelle.

Tabelle 3

Breite in Grad	0–10	10–20	20–30	30–40	40–50	50–60	60–70	70–80
Schneegrenze Nordhalbkugel	4700	5100	5300	4300	3100	2100	1100	400
Schneegrenze Südhalbkugel	5000	5800	6700	4000	1300	700	0	–

---

[15] lat. perennare = fortdauernd
[16] lat. apertus = offen; sommerliches Abschmelzen des Winterschnees

Starker *Einfluß von Klimaänderungen* auf Verlauf der Schneegrenze. Eiszeitliche Depression in tropischen Hochgebirgen 700 bis 1000 m, in außertropischen Gebirgen 1000–1500 m. In Zwischeneiszeiten Schneegrenze bis 300 m höher als heute.

Bestimmung orographischer oder realer Schneegrenze bzw. Firnlinie nach mehreren Methoden (Annäherungsmethoden):

1) Methode von H. v. HÖFER (1879): Bei kleinen Gletschern geringen Höhenunterschiedes zwischen Gletscherende und mittlerer Höhe der Gebirgsumrahmung (nicht höchstem Punkt des Gletschers!) Errechnung des Mittelwertes beider Punkte, der erfahrungsgemäß etwa Schneegrenzhöhe entspricht. Diese Methode bes. gut für nicht mehr existierende (eiszeitliche) Gletscher anwendbar (Höhendifferenz: Gebirgsumrahmung – Endmoräne). Fehlerhafte Ergebnisse bei großen Gletschern mit großen Höhenunterschieden.

2) Methode von H. HESS (1931): Auf großmaßstäblichen Karten Lage der Schneegrenze am Verlauf der Höhenlinien erkennbar. Firnfelder haben muldenförmiges, Gletscherzungen gewölbtes Querprofil. Isohypsen daher im Zehrgebiet (Gletscherzunge) konvex zum Gletscherende durchgebogen, im Nährgebiet konkaver Verlauf. Firnlinie entspricht gestreckter Höhenlinie im Übergangsgebiet vom konkaven zum konvexen Verlauf. Schneegrenze im benachbarten Schutt- und Felsgelände etwa 100–300 m höher. Einfachste Bestimmungsmethode mittels guter Höhenlinienkarten.

3) Methode von N. LICHTENECKER (1938): Messung der Höhe, in der Ufermoränen beginnen. Zuverlässige, leicht im Gelände anwendbare Methode bei Vorhandensein gut ausgebildeter Ufermoräne. Behelfsweise auch Messung der Höhen, in denen auf Gletscheroberfläche Ober- und Mittelmoränen austauen. Schneegrenze muß oberhalb dieser Punkte liegen. Erhaltene Werte jedoch relativ ungenau, da vom Eis umschlossenes Moränenmaterial nicht sogleich unterhalb der Firnlinie an Gletscheroberfläche gelangt.

4) Methode von E. BRÜCKNER (1887) und E. RICHTER (1888): Da sich Flächen von Nähr- zu Zehrgebiet häufig wie etwa 3 : 1 verhalten, ist Umfang des Zehrgebietes – damit Lage der Schneegrenze – planimetrisch zu ermitteln. Anwendbar bei Vorhandensein von Karten ohne Isohypsen, jedoch umständliches und ungenaues Verfahren, da Verhältnis auch 5 : 1 bis 9 : 1 betragen kann (z. B. Gletscher im Adamello-Gebiet).

5) Methode von J. PARTSCH (1874, 1882, 1904, 1923) und E. BRÜCKNER (1887): Bestimmung des arithmetischen Mittels zwischen Höhe verfirnter und gerade noch unverfirnter Gipfel. Ungenaue, häufig aus topographischen Gründen nicht anwendbare Methode.

6) Methode von L. KUROWSKI (1891): Gleichsetzung der Schneegrenzhöhe mit planimetrisch zu ermittelnder mittlerer Höhe der Gletscheroberfläche. Umständliches, im Ergebnis angezweifeltes Verfahren.

Kritische Diskussion des Schneegrenzbegriffes und der Methoden der Schnee-
grenzbestimmung durch B. MESSERLI. Durch Verbindung von Punkten gleicher
Schneegrenzhöhe entstehen *Isochionenkarten.*

Nach Lage der Firnlinie zu unterscheiden zwischen

a) *tempertierten (,,warmen") Gletschern:* Gletscher der Mittelbreiten und Tropen,
   deren Zunge *unterhalb* der Firnlinie liegt und deren Eistemperatur nur wenig
   geringer als Druckschmelzpunkttemperatur ist. Eismassen verhalten sich unter
   Druck plastisch, Eiskristalle befinden sich in ständiger Um- und Neubildung,
   Gletscher bewegen sich mehr oder weniger gleichmäßig fließend, reagieren relativ schnell auf Klimaschwankungen, führen am Boden ganzjährig aus Spalten
   gespeiste Schmelzwasserbäche.

b) *kalten Gletschern:* Gletscher der Polargebiete; liegen *oberhalb* bzw. *innerhalb* der
   Firnlinie. Eistemperaturen liegen weit unterhalb Druckschmelzpunkt, Gletscher führen daher keine, nur im subpolaren Bereich sommerliche Schmelzwasser. Firn braucht lange Zeit zur Umkristallisation in Eis, Gletscher sind durch
   ruckartige Blockbewegungen im Wechsel mit Zeiten weitgehender Bewegungs-
   losigkeit charakterisiert. Jedoch im antarktischen Inlandeis durch Bohrungen
   in 1200–2000 m Tiefe Kristallstrukturen festgestellt, die auf vollplastisches
   Fließen, d.h. relativ schnelle Bewegung der tiefen, unter hohem Druck stehen-
   den Eismassen schließen lassen.

Literatur

AURADA, F.: Reliefgebundene Gletscherdynamik. Mitt. Geogr. Ges. Wien 92, 1950, S. 241–255
BRÜCKNER, E.: Die Höhe der Schneelinie und ihre Bestimmung. Meteorol. Z. 4, 1887, S. 31–32
DRYGALSKI, E. v.: Die Gliederung der Eisformen. Peterm. Geogr. Mitt., Erg.-H. 209, 1930,
   S. 157–165
–: Die Bewegung von Gletschern und Inlandeis. Mitt. Geogr. Ges. Wien 81, 1938, S. 273–283
ESCHER, H.: Die Bestimmung der klimatischen Schneegrenze in den Schweizer Alpen. Geogr.
   Helvet. 25, 1970, S.35–43
FINSTERWALDER, R.: Neue Ergebnisse der Eishaushaltsmessung an Gletschern. Mitt. Geogr.
   Ges. München 45, 1960, S. 147–151
FINSTERWALDER, S.: Die Theorie der Gletscherschwankungen. Z. Gletscherkde. 2, 1907/08,
   S. 81–103; 4, 1909/10, S. 308–311
–: Mechanismus der Gletscherbewegung und Gletschertextur. Z. Gletscherkde. 13, 1923/24,
   S. 66–70
HAEFELI, R.: Schnee, Lawinen, Firn und Gletscher. In: BENDL, L.: Ingenieurgeologie, II.
   Hälfte. Wien 1948, S. 663–735
–u. KASSER, P.: Geschwindigkeitsverhältnisse und Verformungen in einem Eisstollen des
   Z'Muttgletschers. Intern. Assoc. Scientif. Hydrol. Publ. 32, 1951, S. 222–236
HASTENRATH, S. L.: Observations on the snow line in the Peruvian Andes. J. Glaciol. 6, 1967,
   S. 541–550
–: On snowline depression and atmospheric circulation in the tropical Americas during the
   Pleistocene. South Afric. Geogr. J. 53, 1971, S. 53–69

HERMES, K.: Die Lage der oberen Waldgrenze in den Gebirgen der Erde und ihr Abstand zur Schneegrenze. Kölner Geogr. Arb. Heft 5, 1955

–: Der Verlauf der Schneegrenze. Geogr. Taschenb. 1964/65, S. 58–71

HESS, H.: Zur Strömungstheorie der Gletscherbewegung. Z. Gletscherkde 19, 1931, S. 221–250

–: Die Bewegung im Innern des Gletschers. Z. Gletscherkde 23, 1935, S. 1–35

–: Zur Physik des Gletschers, Peterm. Geogr. Mitt. 85, 1939, S. 241–244

HÖLLERMANN, P.: Blockbewegung bei Ostalpengletschern. Z. Geomorph., N. F. 3, 1959, S. 269–282

HOFMANN, W.: Bestimmung von Gletschergeschwindigkeiten aus Luftbildern. Z. Bildmessung u. Luftbildwesen, 1958, S. 71–88

KAMB, B. and LA CHAPELLE, E.: Direct observation of the mechanism of glacier sliding over bedrock. J. Glaciol. 5, 1964, S. 159–172

KARATSOV, S. N.: Mechanic properties of snow and firn. Intern. Assoc. Scientif. Hydrol. Publ. 59, 1966, S. 114–118

KINZL, H.: Formenkundliche Beobachtungen im Vorfeld der Alpengletscher. Mus. Ferdinandeum 26/29, Innsbruck 1946/49, S. 61–82

–: Gletscherschwund und Gletscherform. Carinthia II, 142, 1951–53, 1953, S. 62–72

KLEBELSBERG, R. v.: Handbuch der Gletscherkunde und Glazialgeologie. 2 Bde, Wien 1948/49

–: Die heutige Schneegrenze in den Ostalpen. Ber. Naturwiss. med. Ver. Innsbruck 47, 1939/46, Innsbruck 1947, S. 9–32

KLUTE, F.: Die Bedeutung der Depression der Schneegrenze für eiszeitliche Probleme. Z. Gletscherkde 15, 1928, S. 70–93

KUROWSKI, L.: Die Höhe der Schneegrenze mit besonderer Berücksichtigung der Finsteraarhorngruppe. Pencks Geogr. Abh. 5, 1, 1891

LANGWAY, C. C.: Deep ice core study program: Greenland. Antarctic J. of the U. S. Bd. 3, 1968, S. 184–185

LICHTENECKER, N.: Die gegenwärtige und die eiszeitliche Schneegrenze in den Ostalpen. INQUA III, 1936, Wien 1938, S. 141–147

LLIBOUTRY, L.: How ice sheets move. Science J. 5, 1969, S. 50–55

LOUIS, H.: Schneegrenze und Schneegrenzbestimmungen. Geogr. Taschenb. 1954/55, S. 414–418

MESSERLI, B.: Die eiszeitliche und gegenwärtige Vergletscherung im Mittelmeerraum. Geogr. Helvet. 22, 1967, S. 105–228

MILLER, H.: Ergebnisse von Messungen mit der Methode der Refraktions–Seismik auf dem Vernagt– und Guslarferner. Z. Gletscherkde u. Glaziol. 8, 1972, S. 27–41

MORAWETZ, S.: Zur Frage der Schneegrenzverschiebungen. Peterm. Geogr. Mitt. 87, 1941, S. 193–198

–: Schneegrenze, Gletzscherablation, Temperatur und Sonnenstrahlung in den Ostalpen. Peterm. Geogr. Mitt. 105, 1961, S. 93–104

PARTSCH, J.: Die Vergletscherung des Riesengebirges zur Eiszeit. Stuttgart 1874

–: Die Eiszeit in den Gebirgen Europas zwischen dem nordischen und dem alpinen Eisgebiet. Geogr. Z. 10, 1904, S. 657–665

PASCHINGER, H.: Die würmeiszeitliche Schneegrenze im Mittelmeergebiet. Mitt. Geol. Ges. Wien 48, 1955, Wien 1957, S. 201–205

PILLEWIZER, W.: Bewegungsstudien an Karakorum-Gletschern. Peterm. Geogr. Mitt., Erg.-H. 262, 1957, S. 53–60

–: Neue Erkenntnisse über die Blockbewegung der Gletscher. Z. Gletscherkde u. Glazialgeol. 4, 1958, S. 23–33

–: Vergletscherung und Schneegrenze in Hochasien. Peterm. Geogr. Mitt. 106, 1962, S. 186–187

RATZEL, F.: Zur Kritik der sogenannten Schneegrenze. Leopoldina. 1888

RICHTER, E.: Schneegrenze und Firnfleckenregion. Mitt. Dt. u. Ö. Alpenverein 13, N. F. 3, 1887, S. 49–50

STREIFF–BECKER, R.: Probleme der Firnschichtung. Z. Gletscherkde u. Glazialgeol. 2, 1952, S. 1–9

VISSER, PH. C.: Benennung der Vergletscherungstypen. Zeitschr. f. Gletscherkde 21, 1934, S. 137–139

VORNDRAN, G.: Untersuchungen zur Aktivität der Gletscher. Schr. Geogr. Inst. Kiel 29, H. 1, 1968

WILHELM, F.: Beobachtungen über Geschwindigkeitsänderungen und Bewegungstypen beim Eismassentransport arktischer Gletscher. IASH, Publ. Nr. 61, 1963, S. 261–271

WISSMANN, H. v.: Die heutige Vergletscherung und Schneegrenze in Hochasien. Akad. Wiss. u. Lit. Mainz, Abh. Math.-nat. Kl., 14, Wiesbaden 1959

ZINGG, TH.: Die Bestimmung der klimatischen Schneegrenze auf klimatischer Grundlage. Mitt. Eidg. Inst. f. Schnee– und Lawinenforsch. 12. Davos 1954

2.3 Typen der Vergletscherung

Drei Gletscherhaupttypen: Gebirgsgletscher, Inlandeismassen, Schelfeis

2.3.1 Gebirgsgletscher

2.3.1.1 Talgletscher

Charakteristische Gletscherform der meisten Hochgebirge. Erfüllen als Eisströme präglazial durch fluviatile Erosion vorgeformte Täler, können sich durch Vereinigung von Haupt- und Nebengletschern, Überfließen und Abschleifen von Paßsätteln zu regelrechtem Eisstromnetz zusammenschließen.

Talgletscher außerhalb polarer Breiten gelegener Hochgebirge umfassen nur 1,5 % gegenwärtig vergletscherter Fläche der Erde. Einzelne Hochgebirge stark, andere nur schwach vergletschert: während 30 % des Karakorum mit Eis bedeckt sind, nehmen Alpengletscher nur 2 % des Gebirges ein. Gletscherfläche von über 15000 km² im Karakorum stehen nur 3800 km² in Alpen gegenüber.

> *Größte Gletscherlängen:* in Alaska bis 100 km, in Patagonien bis 80 km, im Pamir über 70 km (Fedtschenko-Gletscher 77 km), Tien-Shan (Iniltschek 60 km).

> *Bedeutendste Alpengletscher:* Großer Aletschgletscher (25 km bei 800 m max. Eismächtigkeit), Gornergletscher (14,5 km, 450 m mächtig), Mer de Glace am Mont Blanc (13,5 km) und Pasterze am Großglockner (10 km).

In vielen Hochgebirgen ehemalige Talgletscher durch rezente Gletscherrückgänge (→ III, 71) auf kleine Gletscherzungen oder Kargletscher reduziert.

Nährgebiet der großen Talgletscher sind flache *Firnmulden* oder Firnbecken in Hochlagen der Gebirge oder sesselartig in Bergflanken eingekerbte *Kare.* In ihnen auch während des Sommers fallender und liegenbleibender Schnee verwandelt sich durch Druck, wiederholtes Auftauen und Gefrieren zu Firn und Firneis, das bei ständigem Nachschub in Form von Gletschern talwärts fließt. Firnkessel sind steilwandige Trogtalschlüsse.

Fließgeschwindigkeit in mittleren Teilen größer als in randlichen. Messung in Alpen ergab je nach Größe des Gletschers 30–200 m/Jahr.

Schichtung des Gletschereises entsteht durch Dichteunterschiede zwischen lockerem Winterschnee und kompakterem feuchtem Sommerschnee,

Bänderung durch *Wechsel* von weißem, lufthaltigem *Wintereis* mit grünlichblauem, luftarmem *Sommereis.*

Ogiven heißen die an der Gletscheroberfläche ausstreichenden durch Farbunterschiede und Staubeinlagerungen sichtbar werdenden Schichten oder Bänder. In ihrem konvex-geschwungenen Verlauf spiegelt sich auf Gletscheroberfläche charakteristische Fließtextur (z. B. Mer de Glace).

Kryokonitlöcher[17]: Ablationskleinformen auf Firnfeldern und an Gletscheroberflächen, die durch Einsinken leicht erwärmbarer Fremdkörper entstehen. Staubteilchen bilden enge, kleine Röhren, Steine größere Vertiefungen. Gesteinsplatten, die zu groß für vollständige Erwärmung sind, wachsen umgekehrt als *Gletschertische* über abschmelzende Gletscherfläche empor, da ihr Sockel vor Ablation geschützt bleibt.

Phänomen des *Büßerschnees*[18] auf Hochgebirge trockener Tropen und Subtropen beschränkt, in denen mächtige Schneedecken der Regenzeit in niederschlagsloser Zeit starker Sonnenbestrahlung ausgesetzt sind (C. TROLL). Büßerschneefelder bestehen aus Ansammlungen steilstehender, bis über 6 m hoher spitzer Zacken, Kegel oder Pfeiler, die aus ursprünglich mehr oder weniger glatter Schneedecke herausmodelliert sind. Gehören als Ergebnis selektiver Ablation zu rhythmischen Phänomenen (→ III, 157), wobei Unterschiede kleinsten Ausmaßes auf Schneeoberflächen bereits differenzierte Wirkung der Sonnenstrahlung zur Folge haben. Hauptsächlich wirkende Strahlung der Mittagssonne ist Ursache der Entstehung „gerichteter", d. h. parallel angeordneter, an den Wendekreisen im Sinne des Strahlungseinfalls leicht geneigter Penitentes, die an menschliche Gestalten im weißen Büßerhemd erinnern (→ IV, 216).

---

[17] griech. kryos = Kälte, konos = Kegel
[18] span. Nieve de los Penitentes

Die Gletscherbewegung

Die Gletschermasse gerät gleichzeitig mit der Metamorphose der Schwerkraft folgend in Bewegung. Diese Bewegung ist im allgemeinen eine dauernde – kontinuierliche, langsame Abwärtsbewegung – selten erfolgt sie auch in einzelnen Schüben (Scherflächenbewegung).

Das plastische Gleiten: Die langsame Gletscherbewegung ist eine Bewegung eigener Art; teils ein Gleiten, teils ein zähes Fließen – am besten ist die Bewegung als „plastisches Gleiten" umschrieben.

– *oberflächennahe Teile* bleiben meist relativ starr (bilden den „starren Bereich"),

– *die inneren, unteren Teile* dagegen, welche unter stärkerem Druck stehen, verhalten sich eher „plastisch" (d. h. sie verformen sich). Insgesamt formt sich hier die Gletschermasse in der Richtung der Bewegung um, ihre Form paßt sich dem Relief (den Tälern, den Becken, den Hängen etc.) an.

Der Gletscherstrom folgt den Tälern stromartig, folgt den Talwindungen, verbreitert sich in Becken oder Ebenen kegel- oder fächerförmig (divergierende, seitauswärts gerichtete Teilbewegungen treten auf), verengt sich in Talengen (konvergierende – einwärts gerichtete Teilbewegungen, z. T. auch aufwärts fließend).

Wo das Relief zur Führung der Masse nicht ausreicht – z. B. auf weiten Plateaus – breitet sich der Gletscher nach seiner eigenen Statik und Dynamik aus.

Obwohl also die Teile und Teilchen des Gletschers eine Eigenbeweglichkeit (ein plastisches Verhalten) zeigen, so hält sich diese doch in engen Grenzen. Im allgemeinen bleiben die ursprünglichen Lagebeziehungen der Teilchen erhalten. Die Gletscherbewegung ähnelt einem **laminaren**[19] **plastischen Gleiten**.

Die Intensität der Bewegung *wächst* mit der **Neigung**, mit dem **Druck** und mit der **Temperatur**. Sie vermindert sich durch Gefällsverminderung, durch zunehmende Reibung (Bettverengung, Stauwirkungen).

Scherflächenbewegung: Im starren Bereich des Gletschers kommt es längs Bewegungsflächen, Scherflächen, zu einer diskontinuierlichen-ruckartigen Bewegung. Dabei werden Druck- und Nachschubspannungen gelöst. Deutliche Anzeichen sind Überkragungen an Gletscherenden.

Querspalten bilden sich bei Geschwindigkeitsveränderung in Fließrichtung des Gletschers, bes. an Gefällsbrüchen (Steilstufen) im Felsuntergrund. Gletscherober-

---

[19] laminares Gleiten = parallele Fließbahnen, der Gegensatz dazu ist das turbulente Fließen, wo sich Bewegungsbahnen kreuzen

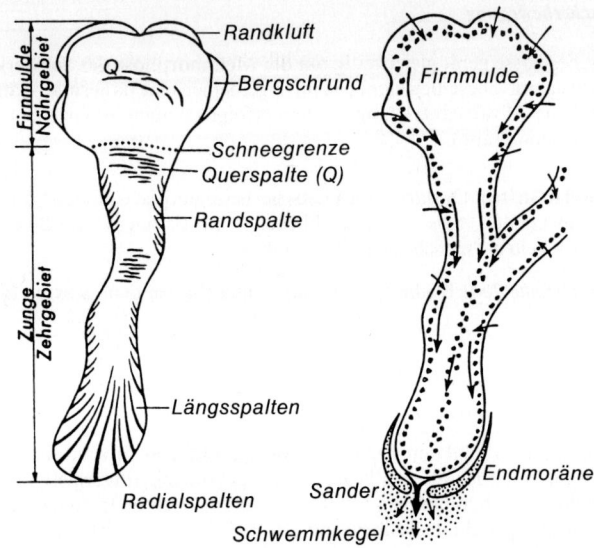

Abb. 15: *Bau eines Gebirgsgletschers*

fläche dort durch schwer begehbare *Eisbrüche* (Sérac-Zone[20]) zerrissen. Auch Bergschrund im Firnfeldbereich stellt System von Querspalten dar, die infolge Ablösung sich bewegenden Eises von festgefrorenen Schutt der Felsumrahmung entstehen. Randklüfte bilden Abschmelzspalten zwischen Firn (Eis) und Fels und entstehen durch den Schwarz-Weiß-Effekt.

Längsspalten sind Ergebnis von Bewegungsdifferenzen im Gletscher. Infolge erhöhter Fließgeschwindigkeit in mittleren Teilen des Gletschers Aufreißen von *Randspalten*, deren Breite und Tiefe zur Gletschermitte hin abnimmt.

Radialspalten[21] durchsetzen oft Gletscherzunge, die gegen Stirn allmählich an Mächtigkeit abnimmt und meist in offenem oder verstürztem Gletschertor endet, in dem subglazialer Schmelzwasserbach eigentlichen Gletscherbereich verläßt.

---

[20] franz. sérac = Firnblock
[21] lat. radius = Stab, Radspeiche; strahlenförmig

2.3.1.2 Deck- und Plateaugletscher

Bedecken als geschlossene Eismassen Hochflächen, meist gehobene Rumpfflächen; entsenden von ihren Rändern Talgletscher oder kleinere Gletscherzungen, Auslaßgletscher (Outlets) genannt.

Rezenter Plateaugletscher des Vatnajökull (Island) bedeckt Fläche von 8000 km², Jostedalsbre (größter Gletscher festländischen Europas) mißt 940 km², entsendet 14–26 km lange Gletscherzungen.

Plateaugletscher können als *Übergangsformen* zwischen Talgletschern und Inlandeismassen aufgefaßt werden. Aus 2 Eisfeldern bestehendes ,,Patagonisches Inlandeis" (18 000 km²) der Gegenwart ist kein echtes Inlandeis, sondern besteht aus mehreren, in großer Längsmulde der Südkordillere zusammenfließenden Gebirgsgletschern. Dieser auch auf Spitzbergen beobachtete Übergangstypus von W. CZAJKA als *intramontane Rahmenvereisung* bezeichnet.

Kargletscher: Gletscher füllen ein Kar aus und haben keine talfüllende Gletscherzunge. Eis schmilzt im Karbodenbereich flächig ab.

2.3.2 Inlandeismassen

Bedecken in polaren Breiten Landschaften unterschiedlicher Reliefgestaltung (Gebirgs- und Flachland) als mächtige Eiskalotten kontinentalen Ausmaßes. Von gegenwärtig vergletscherter Gesamtfläche der Erde (16,3 Mill. km²) entfallen 16 Mill. km² auf Gebiete polarer Eismassen, davon 12,8 Mill. km² allein auf Antarktis, 1,7/1,8 Mill. km² auf Grönland. Eismächtigkeiten in Antarktis bis 4200 m im Mittel 2300 m, in Grönland max. 3400 m, im Mittel 1500 m.

Von grönländischem Inlandeis ziehen Fjordgletscher (Outlets) bis zum Meer herab. Tagesgeschwindigkeiten zwischen 7 und 30 m bedingen lebhaftes *Kalben* der Gletscher; entstehende Eisberge werden durch Meeresströmungen verdriftet.

Antarktisches Inlandeis grenzt in breiter Front ans Meer, teils mit Übergang in Schelfeis. In Ostantarktika bis 100 km ins Meer vorstoßende, schwimmende Gletscherzungen.

Nordisches Inlandeis reichte im Pleistozän von Irland bis Taymir-Halbinsel, bedeckte Mitteleuropa bis Rand der Mittelgebirge und Teile Westsibiriens. Z. Z. maximaler Ausdehnung im Hoch-Würm bedeckte es 8,37 Mill. km², wovon 4,15 Mill. km² auf heutige Meeresgebiete entfielen. Im Kerngebiet war es 2000–3000 m, über norddeutschem Tiefland noch wenige 100 m mächtig (Abb. 16). Inlandeisdecke Nordamerikas lag auf Linie Seattle – Große Seen – New York; nahm 16,75 Mill.

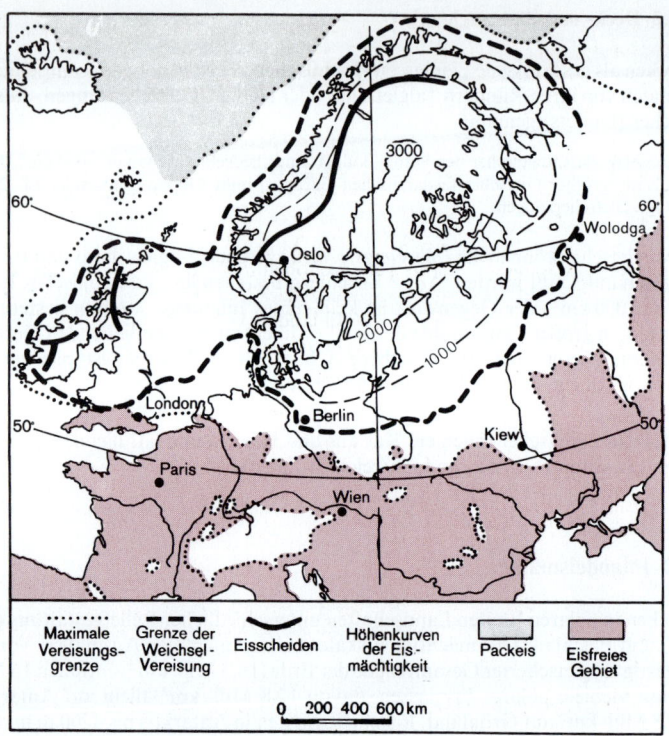

*Abb. 16: Verbreitung und Mächtigkeit des pleistozänen Inlandeises
in Nordeuropa (nach P. WOLDSTEDT)*

Legende:

Symbol	Bedeutung
Maximale Vereisungsgrenze	
Grenze der Weichsel-Vereisung	
Eisscheiden	
Höhenkurven der Eismächtigkeit	
Packeis	
Eisfreies Gebiet	

0   200   400   600 km

km² ein, erreichte bis 3000 m Dicke. Rand der Eiskalotte durch zahlreiche zungen-
förmig weit vorspringende *Gletscherloben*[22] stark gegliedert.

Drift-Theorie, 1835 von CH. LYELL begründet, hielt erratische[23] Blöcke (Findlinge)
in Norddeutschland für Driftsedimente, die nach Abschmelzen von Treibeisschol-
len und Eisbergen auf den Boden eines „Diluvialmeeres" abgesunken seien. Seit
Widerlegung dieser Theorie Ersatz der Bezeichnung Diluvium durch Pleistozän.

---

[22] lat. lobus = Lappen
[23] lat. errare = irren

Inlandeis-Theorie des schwedischen Geologen O. TORELL beruht auf Nachweis (1875) pleistozäner Inlandeisbedeckung Norddeutschlands durch Auffindung von Gletscherschrammen auf anstehendem Muschelkalk bei Rüdersdorf in Brandenburg.

Drift-Theorie heute endgültig von Inlandeis-Theorie abgelöst. Inlandeis verhüllt im Nährgebiet auch Relief von Hochgebirgscharakter nahezu völlig; präglaziale Täler dort von Eis erfüllt, aus dem nur höchste Gebirgskämme und Einzelberge als Nunatakker[24] aufragten. Da geschlossene Eiskalotte auch Wasserscheiden überdeckte und sich Eis unabhängig vom alten Talgefälle ab- und aufwärts bewegen konnte, wurden trennende Bergriegel abgehobelt und alte Höhenpässe zu Talwasserscheiden erniedrigt. Dadurch in Postglazialzeit Entstehung von Durchgangstälern, z. B. in argentinisch-chilenischen Südanden von atlantischer zu pazifischer Seite, und Ausbildung komplizierter Systeme vergitterter Täler (Westpatagonien, Feuerland, Alaska, Schottland, Norwegen).

In Schlußphase pleistozäner Vergletscherung mit Auftauchen der Gebirge aus abschmelzenden Eismassen auch in diesen alten Kerngebieten quartären Inlandeises Übergang zur normalen Hochgebirgsvergletscherung mit deren charakteristischen Formenschatz.

2.3.3 Schelfeis

In Polarmeeren schwimmende Eismassen mit einer heutigen Gesamtfläche von rd. 1,3 Mill. km^2. Schelfeis wird großteils durch Schneeakkumulation ernährt, nur z. T. durch kalbende Landgletscher.

Größte Schelfeise um die Antarktis: Ross Schelfeis (530000 km^2) Filchner Schelfeis (400000 km^2).

2.3.4 Sonderformen der Vergletscherung

Firnkesselgletscher: (Turkestanischer Typ): Das Eis sammelt sich in einem unmittelbar ansetzenden, kesselförmigen Talschluß und schmilzt kurz danach ab.

Firnstromgletscher (Mustagh-Typ): Füllt ein Hochtal aus, das über der Schneegrenze liegt, hat aber kein weitflächiges Firnfeld.

Schlucht- und *Rinnengletscher:* Ziehen in Steilrinnen und -schluchten abwärts, stark in Gletscherbrüche aufgelöst.

---

[24] grönländ., Sing. Nunatak

Wandgletscher, Flankenvereisung: Hängen an Steilwänden, meist in Gletscherbrüche aufgelöst, brechen mit Eislawinen ab, speisen regenerierte Lawinengletscher. *Verbreitung:* Himalaja, Karakorum, Tien-Shan.

Regenerierte Lawinengletscher: Werden durch Eislawinen, welche von hochliegenden Gletschern abbrechen ernährt, regenerieren sich am Fuße von Wandabbrüchen und fließen z. T. weit unter der Schneegrenze talaus; häufig im Himalaja, Karakorum.

Eisstromnetz: Das Eis erfüllt ein Gebirgssystem, greift über Pässe und Kämme hinweg und vereint sich von Haupttal zu Haupttal.

Verbreitung: Küstengebirge Alaskas, Teile Spitzbergens, Teile Südpatagoniens. Die Alpen waren im Eiszeitalter von einem Eisstromnetz erfüllt.

Vorlandgletscher oder Alaskatyp: entsteht aus Vereinigung zahlreicher Talgletscher im Gebirgsvorland. Derartige Vorlandvergletscherung im Pleistozän vor nördlichem und südlichem Alpenrand, rezent in Alaska, z. B. Malaspina-Gletscher (3500 km^2).

Glazioblasten (P. GROEBER): Vorposten eines in Bildung begriffenen Inlandeises auf exponierten Vorlandhöhen. Jungquartäre Vorlandvergletscherung Patagoniens durch Existenz derartiger isolierter Gletschernester auf höheren Mesetas vor östlichem Andenrand gekennzeichnet.

Gegensatz: isolierte Toteisvorkommen – letzte Überbleibsel schwindender Eiskalotte (vgl. Abb. 21).

Eiskappen bedecken polare Inseln, Eis- oder *Firnhauben* einzelne hochauftragende Vulkangipfel tropischer Hochgebirge (Kilimandscharo, Chimborasso, Cotopaxi, Popocatepetl). Von Firnhaube des Mount Rainier (Washington, USA) ziehen radial 26 Tal- und Flankengletscher herab.

Blockgletscher[25] Im allg. keine mit Schutt bedeckten Gletscher, sondern zungenförmige Anhäufungen von kantigem Blockwerk mit Längs- und Querwülsten im ehemals glazialen, jetzt periglazialen Bereich der Hochgebirge (Alaska, Sierra Nevada Kaliforniens, Chilenische Anden, Atlas, Schweiz, Tirol). Scharfkantiger Blockschutt, ursprünglich durch Frostsprengung, örtlich auch durch Insolation, von Kar- und Talwänden gelöst, hat sich in Karen und ehemals von Eisströmen eingenommenen Tälern gesammelt. Inneres jetzt noch aktiver Blockgletscher besteht aus festgefrorenem Schuttkörper, der im unteren Teil plastisch ist und sich durch Schwerkraftwirkung talabwärts bewegt. Auch Gletschereis unter Blockgletschern kann zu aktiver Bewegung führen (E. GRÖTZBACH, G. SCHWEIZER).

---

[25] engl. rock glaciers, rock streams; franz. glaciers rocheux, coulées de blocs

Literatur

AGASSIZ, L.: Untersuchungen über die Gletscher. Solothurn 1841

ANGÉLY, G.: Anciens glaciers roche aux dans l'Est des Pyrénées centrales. Rev. Géogr. Pyrénées et Sud-Ouest, 38, 1967, S. 5–28

BARSCH, D.: Studien und Messungen an Blockgletschern in Macun, Unterengadien. Z. Geomorph., Suppl.-Bd. 8, 1969, S. 11–30

–: Rock Glaciers and Ice-Cored Moraines. Geogr. Ann. 53, Ser. A, 1971, S. 203–213

–: Refraktionsseismische Bestimmung der Obergrenze des gefrorenen Schuttkörpers in verschiedenen Blockgletschern Graubündens. Z. Gletscherkde u. Glazialgeol. 9, 1973, S. 143–167

BECK, H.: Alexander von Humboldt und die Eiszeit. Gesnerus 30, 1973, S. 105–121

CEBOTAREVA, N. S.: Randbereich der Dynamik der Moskau–Inland Eisdecke im Zentrum der russischen Ebene. Peterm. Geogr. Mitt. 1984

CZAJKA, W.: Die Reichweite der pleistozänen Vereisung Patagoniens. Geol. Rdsch. 45, 1957, S. 634–686

DRYGALSKY, E. v.: Die Antarktis und ihre Vereisung. Sitzungsber. Bayer. Akad. Wiss. Math.-phys. Kl., 1919

FINSTERWALDER, R.: Geschwindigkeitsmessungen an Gletschern mittels Photogrammetrie. Z. Gletscherkde 19, 1931

GAMPER, M.: Mikroklima und Solifluktion. Schweizerischer Nationalpark 1975–1985. Aktuelle Feldforschung 1987. Göttinger Geogr. Abh. 84

GERHOLD, N.: Zur Glazialgeologie der westlichen Ötztaler Alpen unter besonderer Berücksichtigung des Blockgletscherproblems. Mus. Ferdinandeum Innsbruck 47, 1967, S. 1–52

GRAHMANN, R.: Form und Entwässerung des nordeuropäischen Inlandeises. Mitt. Ges. f. Erdkde. Leipzig 1934–36, S. 48–70

GRIMMEL, E. u. SCHIPULL, K.: Über Talrichtungen in der nordöstlichen Lüneburger Heide. Eiszeitalter u. Gegenw. 28, 1978, S. 45–50

GRIPP, K.: Glaziologische und geologische Ergebnisse der Hamburgischen Spitzbergen Exkursion 1927. Abh. Naturwiss. Ver. Hamburg 22, 1929, S. 145–249

GRÖTZENBACH, E.: Beobachtungen an Blockströmen im afghanischen Hindukusch und in den Ostalpen. Mitt. Geogr. Ges. München 50, 1965, S. 175–201

GUITER, V.: Une forme montagnarde: le rock-glacier. Rev. Géogr. Alp., 60, 1972, S. 467–487

HEINE, K.: Blockgletscher- und Blockzungen-Generationen am Nevado de Toluca, Mexiko. Die Erde, 107, 1976, S. 330–352

HOINKES, H.: Methoden und Möglichkeiten von Massenhaushaltsstudien auf Gletschern. Z. Gletscherkde u. Glazialgeol. 6, 1970, S. 37–90

HOLLIN, J. T.: On the glacial history of Antarctica. J. Glaciol. 4, 1962, S. 173–195

HURTIG, T.: Zum letztglazialen Abschmelzungsmechanismus im Raume des Baltischen Meeres. Geogr. Z., Beih. 22, Wiesbaden 1969

KAISER, K.: Die Inlandeis-Theorie, seit 100 Jahren fester Bestandteil der Deutschen Quartärforschung. Eisz. u. Gegenw. 26, 1975, S. 1–30

KLEBELSBERG, R. v.: Die Zusammensetzung der Talgletscher. Z. Gletscherkde 26, 1938, S. 22–44

KESSELI, J. E.: Rock Streams in the Sierra Nevada, California. Geogr. Rev. 31, 1941, S. 203–227

KLAER, W.: Kritische Anmerkungen zur neueren Literatur über das Blockgletscherproblem. Heidelberger Geogr. Arb. 40, 1974, S. 275–291

LIEDTKE, H.: Neue Ergebnisse zum Aufbau und zur Struktur des Nordischen Inlandeises. Z. Geomorph. N. F. 22, 1978, S. 230–235

LOEWE, F.: Das Klima des grönländischen Inlandeises. Handb. d. Klimatol. Bd. II K, Berlin 1938

–: Schelfeis oder Eisschelf. Erdkunde 24, 1970, S. 144–145

MESSERLI, B. u. ZURBUCHEN, M.: Blockgletscher im Weißmies und Aletsch und ihre photogrammetrische Kartierung. Die Alpen, 44, 1968, S. 1–13

MORAWETZ, S.: Gletschereinteilungen. Z. Gletscherkde. 26, 1939, S. 286–291

ØSTREM, G.: Rock glaciers and ice–cored moraines, a reply to D. Barsch. Geogr. Ann. 53, Ser. A, 1971, S. 207–213

PILLEWIZER, W.: Der Rakhiotgletscher am Nanga Parbat im Jahre 1954. Z. Gletscherkde u. Glazialgeol. 3, 1956, S. 181–194

–: Untersuchungen an Blockströmen der Oetztaler Alpen. Abh. Geogr. Inst. FU Berlin 5, 1957, S. 37–50

SCHNEIDER, H. J.: Die Gletschertypen. Versuch im Sinne einer einheitlichen Terminologie. Geogr. Taschenb. 1962/63, Wiesbaden. S. 276–283

SCHULZ, W.: Die Entwicklung zur Inlandeistheorie im südl. Ostseeraum. Z. Geol. Wiss. 3, 1975, S. 1023–1035

SCHUMSKII, P. A.: The Antarctic ice sheet. Intern. Assoc. Scientif. Hydrol. Publ. 86, 1970, S. 327–347

SCHWEIZER, G.: Der Formenschatz des Spät– und Postglazials in den Hohen Seealpen. Z. Geomorph., Suppl.-Bd. 6, 1968

–: Der Kuh-e-Sabalan (Nordwestiran). Beiträge zur Gletscherkunde u. Glazialgeomorphologie Vorderasiatischer Hochgebirge. Tübinger Geogr. Stud. 34, 1970, S. 163–178

STÄBLEIN, G.: Polar Geomorphologie. Bremen (Univ. Veröff.) 1989

TORELL, O.: Vortrag über Inlandeis in Norddeutschland. Z. Dt. Geol. Ges. 27, 1875

TROLL, C.: Büßerschnee in den Hochgebirgen der Erde. Peterm. Geogr. Mitt., Erg.-H. 240, 1942

–: Schmelzung und Verdunstung von Eis und Schnee in ihrem Verhältnis zur geographischen Verbreitung der Ablationsformen. Erdkunde 3, 1949, S. 18–29

VIETORIS, L.: Über den Blockgletscher des äußeren Hochebenenkars. Z. Gletscherkde u. Glazialgeol. 8, 1972, S. 169–188

WAHRHAFTIG, C. u. COX, A.: Rockglaciers in the Alaska Range. Bull. Geol. Soc. Amer. 70, 1959, S. 383–436

WOLDSTEDT, P.: Die Vergletscherung Neuseelands und die Frage ihrer Gleichzeitigkeit mit den europäischen Vereisungen. Eisz. u. Gegenw. 12, 1962, S. 18–24

–: Die interglazialen marinen Strände und der Aufbau des antarktischen Inlandeises. Eisz. u. Gegenw. 16, 1965, S. 31–36

WOOD, W. A.: Recent glacier fluctuations in the Sierra Nevada de Santa Marta, Colombia. Geogr. Rev. 60, 1970, S. 374–392

2.4 Glaziale Abtragungs- und Aufschüttungsformen

Bewegtes Gletschereis leistet durch Abschürfung der Gesteinsunterlage Abtragarbeit, transportiert den vom Untergrund oder von den Seiten zugeführten Gesteinsschutt und lagert diesen vor der Gletscherstirn wieder ab. Somit 2 große *Formengruppen* zu unterscheiden:

1) glaziale *Abtragungsformen*,

2) glaziale *Aufschüttungsformen*.

Innerhalb dieser (fallweise) zu differenzieren zwischen
- Formenschatz der Hochgebirgsvergletscherung: entscheidend durch präglaziales Relief vorbestimmt;
- Formenschatz der großen Inlandvereisungen: freie Ausbreitung von Eiskalotten kontinentalen Ausmaßes über (in der Regel) reliefschwachem Untergrund.

Plateauvergletscherung nimmt Zwischenstellung ein.

Unterschiedliches Relief und unterschiedliche Entfernungen zwischen jeweiligen Abtragungs- und Aufschüttungsgebieten bedingen Entstehung z. T. beträchtlich voneinander abweichender Oberflächenformen. Diese überall dort sichtbar, wo im Gebirgsland eiszeitliche Gletscher einst Täler erfüllten oder rezente Gletscher in jüngster Zeit zurückschmolzen, andererseits in Festländern Nordamerikas und großer Teile Europas, wo mächtige glaziale Akkumulationsmassen ehemalige Inlandeisbedeckung bezeugen.

2.4.1 Abtragungsformen

Glazialerosion, d. h. formenschaffende oder umformende Arbeit bewegten Gletschereises, ist übergeordneter Begriff für *3 Teilvorgänge glazialer Abtragung*: Detersion, Detraktion und Exaration.

1) *Detersion*[26]: abschleifende Wirkung des Gletschereises auf den Felsuntergrund. Von groben Gesteinstrümmern (Geschieben) und feinkörnigem Material (Sand, Gesteinsmehl) durchsetztes Gletschereis hobelt vorspringende Felsen ab, glättet und schrammt Gletschersohle. Haupteffekt durch Druckzunahme an Eisstrom stauenden Hindernissen. Eisschurf auch als Korrasion[27] bezeichnet. Dadurch entstehen Gletscherschrammen oder Gletscherschliff am überschliffenen Untergrund, Moränenblöcke werden gekritzt. Gekritzte Geschiebe sind Kennmerkmale für Moränen.

---

[26] lat. deterere = zerreiben

[27] lat. corradere = zusammenkratzen, -scharren

2) **Detraktion**[28]: Herausbrechen und -reißen von Gesteinssplittern und gelockerten Felsteilen aus der vom Gletscher überfahrenen Felsunterlage, bes. auf der dem Eisstau entgegengesetzten Seite.

3) **Exaration**[29]: ausräumende und ausschürfende Wirkung, insbes. Schwächezonen werden ausgeräumt oder Lockersedimente (Zungenbecken, glaziale Wannen). Zusammenschub, Abschub vor dem Gletscherende abgelagerten Schutts durch die erneut frontal vorrückende Gletscherstirn, vergleichbar mit Wirkung eines Schneepfluges oder Straßenhobels.

Ergebnis: abschleifender Wirkung des Gletschereises ist Zurundung aller ursprünglich kantigen Formen, Entstehung von *Rundhöckern* und *Rundbuckeln*[30], bei flächenhaftem Auftreten von Rundhöckerfluren. Angriffsseiten der Rundhöcker infolge Detersion flacher und glatter als durch Detraktion rauhere Leeseiten. Asymmetrie der Rundhöcker bes. gut im norwegischen Schärenhof, einer vom Meer überfluteten Rundhöckerlandschaft, zu beobachten, dazwischen glaziale Wannen durch Exaration ausgeräumt.

Riesige von Seen erfüllte Rundhöcker- und Rundbuckellandschaften Kanadas und Finnlands höchstwahrscheinlich nicht ausschließlich auf Gletscherschurf zurückzuführen; Vorformung infolge chemischer Tiefenverwitterung in tropischem Vorzeitklima. Durch Abschub alter Verwitterungsdecke Freilegung der als untere Einebnungsfläche (→ II, 148) gebildeten Grundhöcker und deren Umformung zu rundgebuckelter Felsfläche. Dabei selektive Ausschürfung in Abhängigkeit von Dichte und Anordnung des Kluftnetzes.

Gerichtete Rundhöckerfluren entsprechen Verlauf der Hauptstromrichtung des Eises; überdies erkennbar an *Gletscherschliffen* und *Gletscherschrammen*. Selbst geradezu poliert erscheinende Felsoberflächen von feinen Kritzern oder einzelnen tiefen Schrammen und Striemen bedeckt, die auf anstehendem Gestein in gleicher Richtung verlaufen, sich aber auf Geschieben häufig kreuzen, da diese beim Transport im Eis ihre Lage verändern können.

Große, vom Eis mit Geschieben als Schleif- und Poliermittel geformte Rundhöckerlandschaften vor allem im Abtragungsgebiet pleistozäner Inlandeismassen (Skandinavien, Finnland, Kanada), kleineren Umfangs auch in Gebieten der Hochgebirgsvergletscherung. Dort treten sich vor allem auf Paßhöhen, Trogschultern, Trogplatten oder Verebnungen auf; nicht dagegen im Trog, wo Eiserosion zu stark war.

---

[28] lat. detrahere = entziehen

[29] lat. exarare = auspflügen, ausschürfen

[30] franz. roches moutonnées, wegen Ähnlichkeit mit Buckeln von Schafen in einer dicht gedrängten Herde

Hochgebirgsgletscher erfüllen Täler in viel stärkerem Maße als Flüsse, deren unmittelbare morphologische Wirksamkeit sich auf Talboden beschränkt. Eisströme im Hochgebirge benutzen stets fluviatil vorgeformte, d. h. ursprünglich oft gewundene Kerbtäler, mit denen sich Nebentäler mit oder ohne Gefällstufe vereinigen.

Typische Umgestaltung der von Flußerosion geschaffenen Kerbtäler durch Gletscherarbeit; im Querprofil: V-Täler sind in U-Täler umgebildet; im Längsprofil: ursprünglich gleichsinniges Gefälle kann durch Einschaltung übertiefter Wannen streckenweise rückläufig geworden oder durch Gefällstufen versteilt worden sein.

Aushobelnde *Schurfkraft* am stärksten in Mittelabschnitten der Gletscher; mit Verringerung des Eisvolumens gegen die Gletscherzunge hin entsprechender Rückgang der Abtragleistung. Haupttalfurchen durch große Gletscher stärker ausgeschürft als Nebentäler durch kleinere Nebengletscher. Dadurch Umwandlung ursprünglich in gleichem Niveau einmündender Nebentäler in *Hängetäler*. Nach Abschmelzen der Gletscher Freilegung der *Konfluenzstufen*[31], über die Wasserfälle ins Haupttal stürzen. Bäche zerschneiden Konfluenzstufen in tiefen, schmalen Klammen (→ II, 90 u. Abb. 19a).

Firnfelder, in denen Gletscher beginnt, in der Regel aus älteren (tertiären) Flachformen hervorgegangen; ehemaligen Quellmulden oder Flächenresten. Über Firnfeldniveau aufragende Berge durch Frostverwitterung in zackige Felstürme und Grate umgestaltet. Haben auch im Pleistozän über Firn- und Gletscheroberflächen aufgeragt und sind durch Frostverwitterung geprägt. Sie werden als *Nunatakker* (Ez. Nunatak, grönländ. Ausdruck) bezeichnet.

Kleinere Firnmulden an Hangleisten heißen Nivationsnischen[32], größere **Kare**. Quelltrichter als Ausgangsform oft noch gut erkennbar. Steilwandige, in festen Fels eingelassene Kare zum Tal hin meist durch Schwelle abgeschlossen, daher von lehnsesselförmiger Gestalt. Bilden Nährgebiet kleiner Kargletscher, die in Nacheiszeit Verbindung zum Hauptgletscher verloren haben bzw. hoch über der Sohle heute gletscherfreier U-Täler enden. Hinter oft mit Moränenschleier bedeckter Karschwelle gelegene ehemalige Firnnischen heute von Wasser erfüllt (*Karseen*, Meeraugen der Tatra) oder Boden und Hänge mit Gesteinsschutt bedeckt (Schuttkare). Steilheit der Wände und Übertiefung der Kare auf starke Frostverwitterung, Eissprengung und Schwarz-Weiß-Effekt zurückzuführen. Durch Verschneidung mehrere Kare an verschiedenen Bergflanken Entstehung scharfkantiger Pyramiden vom Matterhorn-Typ (Karlinge).

Für die Kargenese waren Vorformen von entscheidender Bedeutung. Nach der Vorform können Kare gegliedert werden: *Quelltrichter-, Talschluß-, Hochtal-, Schlucht-, Wandnischenkare*.

---

[31] lat. confluere = zusammenfließen
[32] lat. nix, nivis = Schnee

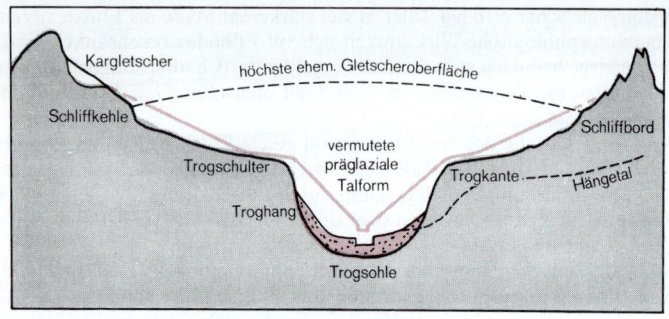

Abb. 17: *Eiszeitliches Trogtal*
(nach H. Louis *und* H. Weber*)*

Nach Ausbildung des Karbodens: *Steil-, Flach-, Wannenkare.*

Zuweilen mehrere Kare übereinander: *Kartreppen.* Seitlich zusammengewachsene Kare bilden *Großkare,* linear zusammengewachsene heißen *Durchgangskare.*

Trogschulter mit *Schliffbord* und *Schliffkehle* (Abb. 17) bildet sich zwischen Karen und eigentlichem Trogtal. Anlage geht meist auf alten Talboden zurück. Gut erkennbare Trogschulter jedoch seltener als meist angenommen. Gewöhnlich nur Einkerbung eines Schliffbords. Im Kaukasus, Himalaya, Karakorum und Norwegen Tröge ganztalig unmittelbar in Altfläche eingesenkt ohne Trogschultern als Reste präglazialer Talböden (L. Distel, Th. Pippan).

Trogform glazialüberprägter Täler von manchen Forschern nicht auf aktive Eisarbeit, sondern auf Behinderung normaler Hangformung infolge Anwesenheit des Eises zurückgeführt. Nachweisbarer Eisschliff wird nur als Politur grundsätzlich bereits vorhandener Form betrachtet.

Zwei extreme Auffassungen über Ausmaß glazialer Erosion:

1) Form und Tiefe der Trogtäler, bes. Übertiefung der Fjorde (→ III, 148), beweisen Fähigkeit der Gletscher zu beträchtlichem Tiefenschurf (A. Penck). 1500 m Gletschereis üben Druck von etwa 130 Atmosphären aus. Alpine Täler und Seen z. T. 300–680 m unter N. N. übertieft.

2) Glaziale Abtragungsformen, bes. Trogtäler und Kare, sind nicht mehr als leicht vom Eis überformtes Flußwerk. Plastisches Gletschereis unfähig zur Leistung nennenswerten Tiefenschurfs: „Mit Butter kann man nicht hobeln" (A. Heim).

Zweifellos von früherer Forschung unmittelbare Abtragleistung der Gletscher *über*schätzt, dabei Anteil der Frostverwitterung und gleichzeitige erosive Wirksamkeit des Schmelzwassers *unter*schätzt. Zwischen Felswand und Gletscherkörper ihren Weg nehmende Schmelzwässer tragen zur Abtragung und Übersteilung der Trogwände wesentlich bei (W. Tietze). Im Lauterbrunner Tal in 40–80 m Höhe über heutigem Talboden noch Serien von Schmelzwasserkolken erhalten. Auch Schliffkehle am oberen Rand des Schliffbords weniger auf Eisschliff als auf laterale Schmelzwassererosion zurückzuführen.

Schmelzwasser, das in Spalten auf Gletschersohle herabstürzt, kolkt in anstehenden Fels Kleinform der *Gletschermühlen* mit oft auf dem Boden erhaltenen Mahlsteinen aus (Gletschergärten von Luzern und Inzell-Reichenhall); leistet überdies, da es auf weiterem Weg unter dem Eis unter hydrostatischem Druck steht, erheblichen Beitrag zur Tiefenerosion am Boden der Tröge.

Früher ausschließlich als Ergebnis *glazialer Übertiefung* (A. Penck, H. Lautensach) gedeutetes unausgeglichenes Gefälle von Trogtalsohlen, Wannen und Riegeln durch *kombinierte Wirkung von Eis und Wasser* besser verständlich. Dafür interessante Bestätigung: ,,kalte" Gletscher in Nordostgrönland (→ III, 79), die auch im Sommer kein Schmelzwasser führen, erfüllen Täler mit unverändert V-förmigem Querprofil (W. Tietze).

Sehr hohe Stufen im Längsprofil von Trogtälern gehen auf glaziale Akzentuierung fluviatil angelegter *Talstufen* zurück (→ II, 104). Gletscher bewegen sich bei höherer Geschwindigkeit als Blockschollen, die am Fuß überfahrener Stufen durch ihr Gewicht erheblich verstärkte Tiefenarbeit zu leisten vermögen (H. Louis). Häufig beginnt Trogtal mit derartiger Steilstufe, dem *Trogschluß*, und endet in flachen Zungenbecken.

Zungenbecken: durch Gletscherschurf gebildete langgestreckte Hohlform, Bett der Gletscherzunge (Abb. 18). *Entstehung* ebenso durch Aushobelung infolge Eisvorstoßes in anstehendem Gestein, wie auch durch Exaration (→ III, 92) älterer Glazialablagerungen möglich. Einem von weit ausholenden Moränenkränzen umgebenden Stammbecken können durch Aufspaltung der Gletscherzungen mehrere Zweigbecken angegliedert sein. Hohlformen nach Eisrückgang von Wasser erfüllt: *Zungenbeckenseen.*

Beispiele: Alpenrandseen, Seen auf argentinischer und chilenischer Seite der Südanden.

Viele der kleineren ehemaligen Zungenbeckenseen im nördlichen Alpenvorland heute vermoort oder trockengelegt. Auch nach Rückzug der Gletscher von Seen eingenommene übertiefte Wannen der Trogtalböden füllen sich durch in der Gegenwart fluviatil umgelagertes Grundmoränenmaterial allmählich auf; bis 200 m übertiefte Wannen im Inntal unterhalb Innsbruck nur noch durch Bohrungen nachweisbar. In Pyrenäen erreichten Gletscherzungen nicht die Talausgänge, daher dort keine Zungenbecken und Zungenbeckenseen.

III, 95

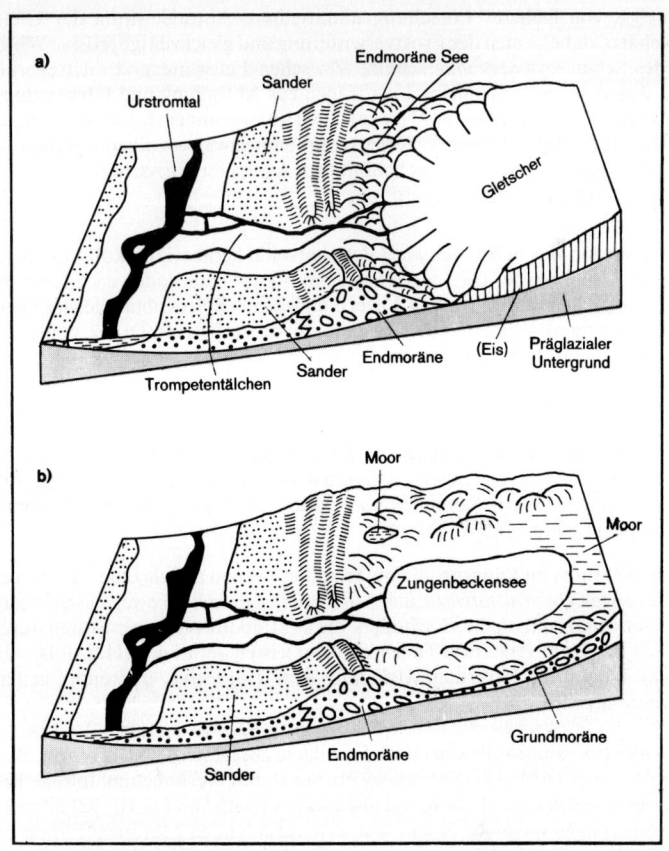

a) von Schmelzwasserbach durchbrochener Endmoränenwall vor der im Rückzug begriffenen Gletscherzunge

b) Grundmoräne, Zungenbeckensee, Endmoräne, Sander und Urstromtal nach Eisrückzug (= glaziale Serie)

Abb. 18: Entstehung einer Glazialen Serie

Als binnenländische Form entsprechen langgestreckte Zungenbeckenseen in ihrem Typus (z. B. Comer See, Luganer See) den aus ertrunkenen Trogtälern hervorgegangenen Fjorden als Küstenform (→ III, 148). Vom Meer überflutete Hudsonbay und Ostseebecken bildeten ebenso wie Bodensee, Genfer See und Große nordamerikanische Seen von riesigen Eismassen erfüllte Stammbecken, sind jedoch tektonische Hohlformen präglazialen Reliefs mit leichter glazialer Überformung.

Literatur

AIGNER, A.: Das Karproblem und seine Bedeutung für die ostalpine Geomorphologie. Z. Geomorph. 5, 1930, S. 201–223

BAKKER, J. P.: A forgotten factor in the interpretation of glacial stairways. Z. Geomorph., N. F. 9, 1965, S. 18–34

BIROT, P.: Les développements récents des théories de l'érosion glaciaire. Ann. Géogr. 77, 1968, S. 1–13

BLUME, H.: Die Schliffe des Schwarzwaldes. Z. Geomorph. 32, 3. Stuttgart 1988

BOESCH, H.: Roches moutonnées – Rundhöcker. Vjschr. Naturforsch. Ges. Zürich 96, 1951, S. 70–72

BÜDEL, J.: Das präquartäre Relief alpiner Tieflagen (glaziale Erosion). Die Erde, 3–4, 1986

COLMAN, S. M.: Inherent factors in the flow of valley glaciers as a possible influence in the formation of stepped glacial valleys. Z. Geomorph., N. F. 20, 1976, S. 297–307

DISTEL, L.: Die Formen alpiner Hochtäler, insbesondere im Hohen–Tauerngebiet. Mitt. Geogr. Ges. München 7, 1912, S. 1–132

–: Zur Entstehung des alpinen Taltroges. Verh. Dt. Geographentag Innsbruck, 1912, S. 141–154

DRYGALSKI, E. v.: Die Entstehung der Trogtäler zur Eiszeit. Peterm. Geogr. Mitt. 2, 1912, S. 8

EBERS, E.: Der Gletschergarten an der deutschen Alpenstraße. Forsch. dt. Landeskde 75, 1954

FELS, E.: Das Problem der Karbildung in den Ostalpen. Peterm. Geogr. Mitt., Erg.-H. 202, 1929

–: Probleme der glazialen Abtragungslandschaft. Ber. 25, Dt. Geographentag 1934, Peterm. Geogr. Mitt. 80, 1934, S. 223

FOERTSCH, O. u. VIDAL, H.: Beiträge zur Erforschung subglazialer Talformen. C. R. Assemble Gén. Toronto 1957, 4, S. 553–562

GERMAN, R.: Die Bedeutung der Schmelzwasserarbeit in früher eisbedeckten Gebieten. Jber. Mitt. oberrhein. geol. Ver. 54, Stuttgart 1972, S. 53–57

GRIPP, K.: Karboden und Zungenbecken. Naturwissenschaften, 1944, S. 207–212

HASERODT, K.: Riesengletschertöpfe am Nordausgang des Kalkhochalpen-Durchbruchstals der Salzach bei Golling (Salzburg). Mitt. Geogr. Ges. München 50, 1965, S. 161–173

HEIM, A.: Vergleichendes über Fluß- und Gletscherwirkung. Geologie der Schweiz, Bd. I, Leipzig 1919, S. 356–379

HÖLLERMANN, P.: Die rezenten Gletscher der Pyrenäen. Geogr. Helvet. 23, 1968, S. 157–168

KELLER, R.: Die Großen Seen Nordamerikas. Erdkunde 13, 1969, S. 319–343

LAUTENSACH, H.: Über alpine Randseen und Erosionsterrassen. Peterm. Geogr. Mitt. 57, 1911, I, S. 9–12

LEWIS, W. V.: Valley steps and glacial valley erosion. Trans. Inst. Brit. Geogr., 1948, S. 19–44

–: Pressure release and glacial erosion. J. Glaciol. 2, 1954, S. 417–422

LOUIS, H.: Die vom Grundrelief bedingten Typen glazialer Erosionslandschaften. Biul. Peryglacjalny 11, Łódź 1962, S. 259–270

MORAWETZ, S.: Zur Frage der Eiserosion. Mitt. Geogr. Ges. Wien 91, 1949, S. 14–20
PENCK, A.: Über glaziale Erosion in den Alpen. C. R. Congr. Intern. de Géol. Stockholm I, 1910
–: Schliffkehle und Taltrog. Peterm. Geogr. Mitt. 58, 1912, II, S. 125
PILLEWIZER, W.: Die Bewegung der Gletscher und ihre Wirkung auf den Untergrund. Z. Geomorph., Suppl.-Bd. 8, 1969, S. 1–10
SCHAEFER, I.: Die diluviale Erosion und Akkumulation. Forsch. dt. Landeskde 49, Landshut 1950
SCHUNKE, E.: Formungsvorgänge an Schneeflocken im isländischen Hochland. Abh. Akad. Wiss. Göttingen, Math.-Phys. Kl., III. Folge, 291, 1974, S. 274–286
SEPPÄLÄ, M.: Influence of Rock Jointing on the Asymmetric Form of the Ptarmigan Glacier Valley, South–Eastern Alaska. Bull. Geol. Soc. Finland 47, 1974, S. 33–44
SOMMERHOFF, G.: Glaziale Gestaltung und marine Überformung der Schelfbänke vor SW-Grönland, Polarforsch. 45, 1975, S. 22–31
STREIFF-BECKER, R.: Pot-holes and glacier mills. Journ. of Glaciology 1, 1951 23, 1979, S. 3–445
Symposium on Glacier Beds, Ottawa 1978. Journal of Glaziologie 23, 1979, S. 3–445
TIETZE, W.: Über subglaziale aquatische Erosion. Diss. Mainz 1958
–: Über die Erosion von unter Eis fließendem Wasser. Mainzer Geogr. Stud., 1961, S. 125–142
WORM, G.: Kare und Schneegrenze. Z. Gletscherkde 14, 1925/26, S. 285–288
–: Kare und Kartreppen in ihrer Abhängigkeit von voreiszeitlichen Reliefresten. Z. Gletscherkde 15, 1926/27, S. 277–285
–: Beiträge zur Geographie und Morphologie der Kare. Mitt. Ver. f. Erdkde. Dresden, 1927, S. 49–97

2.4.2 Aufschüttungsformen

Zwei glaziale Aufschüttungsformen zu unterscheiden: Moränen und fluvioglaziale (glazifluviale) Ablagerungen.

1) **Moränen:** ungeschichtetes, unsortiertes Lockersediment aus kantigen bis kantengerundeten, gestriemten (gekritzten) Gesteinsblöcken unterschiedlicher Größe, Schottern, Sand und Lehm.

Je geringer Entfernung zum Herkunftsort, um so kantiger die Blöcke. Nordische Erratica („Irrläufer", Findlinge) daher im allg. besser zugerundet als alpine Geschiebe.

Erratica: Gesteinsblöcke, die durch Gletscher in Gebiete verfrachtet worden sind, in denen sie als anstehendes Gestein nicht vorkommen, z. B. Findlinge aus Massengesteinen in der Lüneburger Heide aus Skandinavien.

Aus Besonderheiten petrographischer Zusammensetzung der Geschiebe Rückschlüsse auf deren Herkunftsgebiet und Bewegungsrichtung einstiger Eisströme möglich. Vorkommen anstehender Rapakivi-Granite z. B. im südlichen Finnland.

Geschiebelehm oder Blocklehm: feine, von groben Blöcken durchsetzte Grundmasse der Moränen. Anteil des Geschiebelehms in norddeutschen Moränen weitaus größer als in solchen des Alpenvorlands, da vom Inlandeis mitgeführtes Material infolge weiteren Transportweges stärker zerkleinert wurde. Mit in Moräne aufgenommene Schotter, Kiese und Sande meist fluvioglazialer Herkunft.

2) **Fluvioglaziale Ablagerungen:** vom Schmelzwasser weiter beförderte Gletschergeschiebe; daher besser gerundet als in Moräne verbliebene Geschiebe, jedoch weniger gut gerundet als rein fluviatiles Geröll. Ursprüngliche Gletscherschrammen meist durch Wassertransport vernichtet.

Moränen-Typen in heute gletscherfreien Trogtälern: *Grundmoränen, Seitenmoränen* (Ufermoränen), *Endmoränen. Mittelmoränen* – in rezenten Gletschern anzutreffen – sind ehemalige Seitenmoränen von Nebengletschern, die sich mit Hauptgletscher vereinigt haben (Abb. 19). Auf Gletscheroberflächen durch Steinschlag und Lawinenzufuhr angesammelter Schutt (*Obermoränen*) und in Gletscherkörper eingebettete Geschiebe (*Innenmoränen*) gehen wie Mittelmoränen mit Abschmelzen des Eises in Seiten-, Grund- oder Endmoränen ein, sofern sie nicht als Blockgletscher mit oder ohne Eiskern in hochgelegenen Abschnitten gletscherfrei gewordener Trogtäler zurückbleiben (→ III, 87 f.). Ausgeschmolzene Obermoränen als *Ablationsmoränen* bezeichnet.

Grundmoränen: bestehen aus dem vom Gletscher an seiner Sohle abgeschürften und mitgeführten Schutt nebst eingearbeitetem fluvioglazialem Material. Form der in feines lehmiges Gesteinsmehl eingebetteten Gesteinsbrocken schwankt zwischen nur kantenbeschliffenen Geschieben und abgerundeten fluvioglazialen Schottern.

Kuppige Grundmoräne, bes. Norddeutschlands, aus zerfallenden, ausgeschmolzenen Grundspaltenfüllungen des sich zurückziehenden Inlandeises hervorgegangen (K. GRIPP). In Grundspaltennetz gepreßtes Moränenmaterial bildete im Vorfeld zurückweichender Gletscher zunächst Netzwerk wallartiger Erhebungen und

Abb. 19: *Seiten- (S), Mittel- (M), Grund- (G) und Innenmoränen (I) im Querschnitt und Grundriß (nach H. HESS und G. WAGNER)*

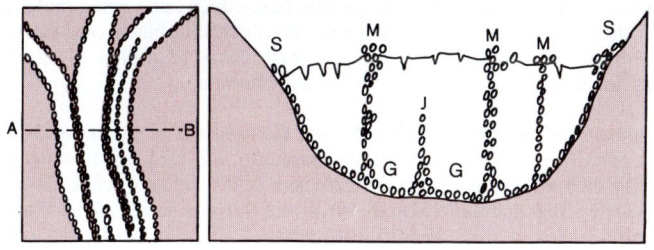

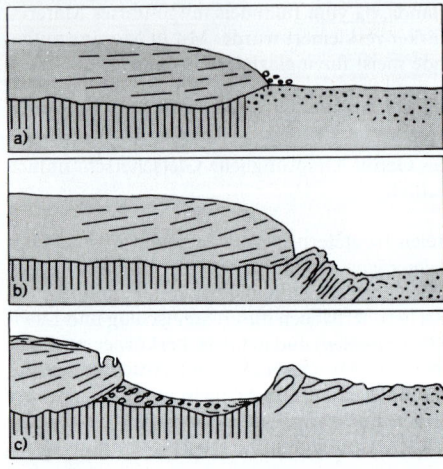

Abb. 20: *Entstehung einer Stauchendmoräne*

a) ausschmelzende Schotter und Sande bei stationärer Eisrandlage

b) Zusammenschub der Vorfeldab- lagerungen durch vorrük- kenden Gletscher

c) Stauchend- moräne nach Gletscherrückzug

geschlossener Hohlformen, das sich unter Einwirkung periglazialer Abtragvorgän- ge in kuppige Grundmoräne verwandelte. Auch durch Abschmelzen von verschüt- tetem Eis, bes. Toteis, Entstehung kuppiger Moränen.

Endmoränen: Zeugnisse kräftiger Gletschervorstöße vor endgültigem Rückzug; nicht Marken ehemaliger Stillstandslagen eines Gletschers, wie früher oft ange- nommen. Vorrückende Gletscherzunge schob Grundmoräne und im Vorfeld abge- lagertes fluvioglaziales Material zu hohen Wällen zusammen, z. B. am Gardasee ein Moränenkranz von 300 m Höhe. Aufschlüsse in derartigen *Stauchendmoränen* (K. GRIPP) zeigen, daß geschichtete fluvioglaziale Ablagerungen (→ III, 99) als gefro- rene Blöcke mit in Geschiebelehm und Blockpackungen der Moränenwälle einge- knetet wurden (Abb. 20). Auch Basismaterial (Grundmoräne) kann örtlich ge- staucht sein: Stauchrücken.

Mehrere, gleich weitgeschwungenen Girlanden hintereinander verlaufende End- moränenwälle beweisen wiederholte Eisvorstöße, jedoch sich verringernder Stärke. Zahlreiche parallel zueinander verlaufende Moränenwälle bilden charakteristische „Waschbrett"-Topographie. Bei kräftigen Vorstößen werden ältere Moränen über- fahren, ihr Material in neue Endmoräne aufgenommen.

Firnmoränen: Moränenwälle, die nicht von Gletschereis, sondern von bewegtem Schnee oder Firn aufgeschüttet sind. *Schneeschuttwälle:* Girlandenförmige Schutt- wälle, die sich am Fuße steiler Schneeflecken bilden, indem Schuttmaterial aus Rückwänden über Schneeflecken abgleitet. Auf Sturzschuttgebiete im Hochgebir- ge beschränkt.

In *Stillstands-* oder *Rückzugsphasen* eines Gletschers keine Endmoränenbildung. Geschiebe aller Größe schmelzen aus zurückweichender Gletscherzunge aus und bedecken als wirre Haufwerke das Gletschervorfeld (*Rückzugsmoränen*). Zwischen ihnen schüttet aus Gletschertor austretender milchig-trüber Schmelzwasserbach (*Gletschermilch*) flache Schuttkegel fluvioglazialer Schotter, Kiese und Sande auf. Vom Gletscher bereits isolierte Eismassen bleiben als Toteis im Vorfeld zurück.

Toteisblöcke, von alten Obermoränen bedeckt oder von fluvioglazialen Ablagerungen verschüttet, schmelzen, dem Einfluß der Lufttemperatur entzogen, nur sehr langsam ab. Kesselartige Einsenkungen spiegeln an Oberfläche endgültiges Verschwinden (Abb. 21). Sie werden als *Toteislöcher, Toteiskessel* oder *Sölle* bezeichnet.

Abb. 21: Entstehung von Toteiskesseln

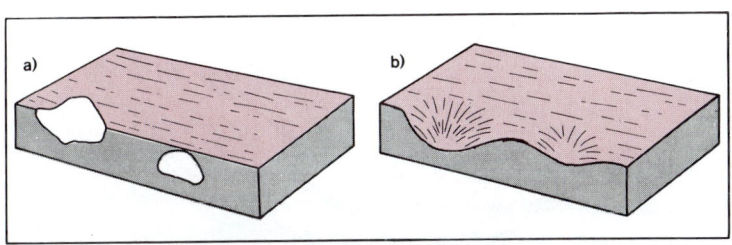

Bei zurückschmelzenden Gletscher zwischen Gletscherende und jüngster Endmoräne häufig Bildung eines *Moränenstausees* mit *Bändertonen*: im jahreszeitlichen Rhythmus abgesetzten feineren und gröberen Sedimenten. Auszählung der Lagen (Warven) erlaubt Bestimmung der Zeitdauer von Gletscherrückzügen (G. DE GEER).

Allmähliche *Entwässerung der Moränenstauseen* durch Entstehung kleiner Überlauf-Durchbruchstälchen (→ II, 109) oder plötzliche Entleerung durch zunehmenden Wasserdruck: Aufreißen der Endmoräne und katastrophale Überschwemmungsfolgen im anschließenden Talgebiet.

Beispiel: Ausbrüche von Moränenstauseen in Weißer Kordillere Perus und Vernichtung von Siedlungen im Santa Tal (H. KINZL).

Vor Endmoräne fluvioglaziale *Schotterplatten* und *Sander*[33]; im Alpenvorland wegen kurzen Transportwegs aus groben Schottern, Übergangskegel genannt, gehen

---

[33] isl. Sandur

talaus in Terrassen über. In Norddeutschland infolge größerer Entfernung des Abtragungsgebietes aus Kies und Sand bestehend. Im Periglazialgebiet gelegene vegetationslose Schotter- und Sanderfelder waren in jeweiligen Hochglazialen, d. h. Zeiten der Gletscherhöchststände, Hauptliefergebiete vom Winde ausgeblasenen und weiter verfrachteten Lößes (→ II, 81). Entsprechend 4 Kaltzeiten 4 in Schotterplatten eingesenkte fluvioglaziale Terrassen (Abb. 22), oft mit Lößschleier aus jeweils jüngerer Kaltzeit; Würmterrasse (= Niederterrasse) lößfrei.

Abb. 22: *Fluvioglaziale Terrassen des Alpenvorlandes*
G = Günz, R = Riß, W = Würm
(nach C. RATHJENS)

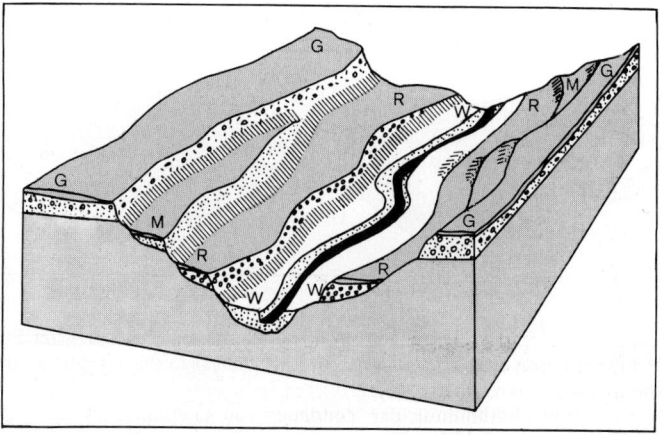

Riesige *Sandschwemmfächer* bes. für Gebiete ehemaliger Inlandeisbedeckung und heutiges Island charakteristisch. Nach Durchbruch durch Endmoränenwall zerfasert sich Schmelzwasserstrom in zahlreiche, oft ihren Lauf verändernde Arme und schüttet so breitflächige Sanderkegel auf, die seitlich miteinander verwachsen (Bornhöveder Sander, Owschlager Sander in Schleswig-Holstein), Vermoorung toter Winkel zwischen Sanderwurzeln.

Trompetentälchen (C. TROLL), eingeschnitten in Schotter- und Sanderflächen, sind junge Erosionsformen: Zwischen Endmoränenwall und Zunge zurückweichender Gletscher bildet sich fluvioglaziale Aufschüttungslandschaft, aus der sich Schmelzwasser mit verstärktem Gefälle in ältere Sandergebiete ergießt und diese durch sich trompetenartig erweiternde Taleinschnitte zergliedert.

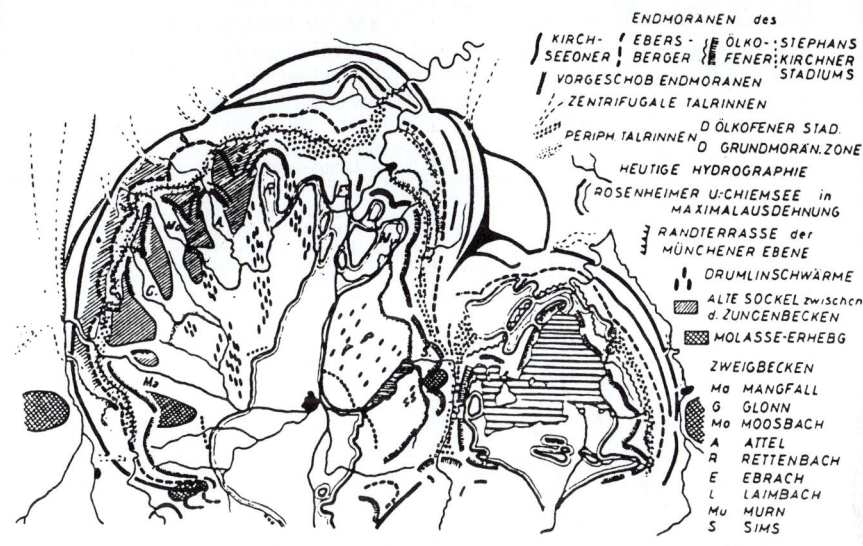

Legend text within figure:

ENDMORANEN des
KIRCH- | EBERS- | ÖLKO-;STEPHANS
SEEONER | BERGER | FENER;KIRCHNER
                                STADIUMS
| VORGESCHOB ENDMORANEN
// ZENTRIFUGALE TALRINNEN
PERIPH TALRINNEN D ÖLKOFENER STAD.
                  D GRUNDMORAN.ZONE
HEUTIGE HYDROGRAPHIE
ROSENHEIMER U-CHIEMSEE in
MAXIMALAUSDEHNUNG
RANDTERRASSE der
MÜNCHENER EBENE
DRUMLINSCHWÄRME
ALTE SOCKEL zwischen
d. ZUNGENBECKEN
MOLASSE-ERHEBG

ZWEIGBECKEN
Ma MANGFALL
G   GLONN
Mo MOOSBACH
A   ATTEL
R   RETTENBACH
E   EBRACH
L   LAIMBACH
Mu MURN
S   SIMS

Abb. 23: *Aufbau und Hydrographie einer Jungmoränenlandschaft.*
Das Gebiet des würmeiszeitlichen Inn-Chiemsee-Gletschers.
(nach C. TROLL, *1924)*

Breite *Urstromtäler* als vermutlich durch subglaziale Erosion und unter Toteisgürtel angelegte Tiefenlinien (E. GRIMMEL) sammelten das den Moränenwall des Inlandeises durchbrechende Schmelzwasser; entstanden dort, wo Schmelzwasser gezwungen war, in Umfließungsrinnen parallel zum Eisrand abzufließen, weil Anstieg des norddeutschen Tieflandes zum Mittelgebirge Abfluß nach S verhinderte. Urstromtäler in Norddeutschland daher von SO nach NW gerichtet. Werden heute von Elbe, Oder, Warthe und Weichsel benutzt, die (außer Elbe) jeweils in markantem Knie aus dieser Richtung abbiegen, wo sie im Gebiet alter Hauptschmelzwasserrinnen entgegen eiszeitlicher Abflußrichtung Weg zur Ostsee fanden.

Im N der Britischen Inseln, wo Rand des Inlandeises und großer Vorlandgletscher gegen wesentlich steilere Gebirgsflanken aufgeschoben wurden als in Norddeutschland, bildeten sich Umfließungsrinnen in anstehendem Fels, dort als *spillways* bezeichnet (H.R. DREHWALD).

Mächtigkeit glazialer Aufschüttungen Norddeutschlands von etwa 350 m in Schleswig-Holstein nach S abnehmend und am Rand der Mittelgebirge auskeilend: Halbinsel Eiderstedt 353 m, Hamburg 288 m, Berlin 126 m, Leipzig 16 m.

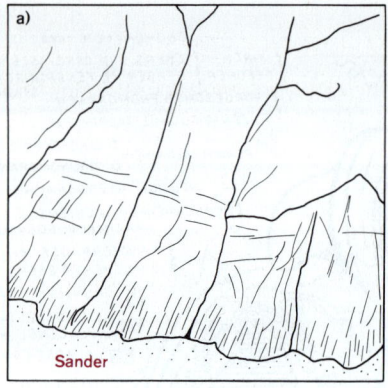

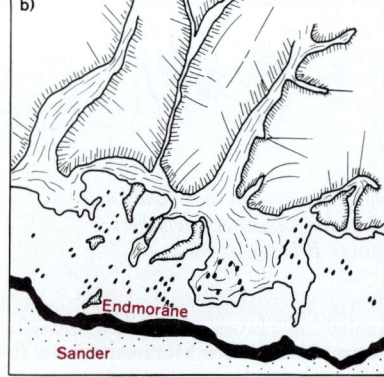

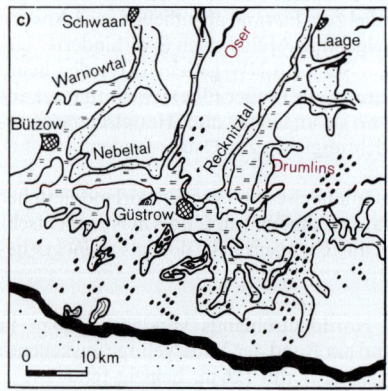

Abb. 24: *Entstehung Mecklenburgischer Rinnenseen (nach K. v. BÜLOW)*

a) Gletscherstirn mit Längs- und Querspalten

b) Eis bis zur großen Querspalte zurückgeschmolzen, Längsspalten zu Schmelzwassertalzügen zwischen den Eisrändern erweitert

c) nach Abschmelzen des Eises anstelle ehemaliger Längsspalten Schmelzwasserrinnen mit Talsanden

Eindrucksvoller *Unterschied* zwischen Alt- und Jungmoränenlandschaft.

Altmoränenlandschaft: vor letzter Kaltzeit durch Gletscher und Schmelzwasser älterer Vereisungen geprägt. Atlmoränen durch periglazialen Bodenfluß (Solifluktion) während nachfolgender Kaltzeiten abgeflacht, ehemals abflußlose Hohlformen verschwunden, Geschiebemergel durch Verwitterung (Entkalkung) in Geschiebelehm verwandelt.

Prototyp: Schleswig-holsteinische *Geest,* bestehend aus hoher Geest (abgeflachten Altmoränen) und niederer Geest (in Senken der Altmoränen geschüttete Sander der Weichsel-Vereisung). Geestböden entkalkt, sandig, daher von geringer natürlicher Ertragsfähigkeit.

Jungmoränenlandschaft: während letzter Kaltzeit durch Gletscher und Schmelzwässer geschaffene Formen in noch weitgehend ursprünglichem Zustand: hohe Endmoränenwälle (Baltischer Höhenrücken), kuppige Grundmoräne, zahllose von Seen erfüllte Wannen und Rinnen („Holsteinische Schweiz", Seenplatten Mecklenburgs, Pommerns und Ostpreußens), ebene Grundmoräne (Fehmarn, dänische Inseln). Noch wenig verwitterter, durch Gesteinsmehl abgeschliffener Kreidevorkommen (Schonen, Dänemark, Rügen) angereicherter Geschiebemergel bedingt Fruchtbarkeit der Böden.

Typisch für Jungmoränenlandschaft: Rinnenseen, Oser, Kames, Drumlins, Sölle.

Rinnenseen: Langgestreckte, durch subglaziale Erosion, d. h. Schmelzwasserabtragung, in subglazialen Tunneltälern entstandene Hohlformen, deren Richtung weitgehend ehemaligen großen Spalten entspricht, in denen Schmelzwässer von Gletscheroberfläche in die Tiefe stürzten (Abb. 24). Bajonettartige Versetzungen im Verlauf von Rinnenseen erklären sich aus entsprechenden winkligen Kreuzungen und Versetzungen im einstigen Spaltennetz. Becken kleinerer Rinnenseen können durch lange, schmale Eisloben unmittelbar ausgeschürft sein.

Oser[34]: Schmale, gewundene, 5–30 m hohe Kiesrücken, die von Schmelzwässern in subglazialen Tunneltälern abgelagert wurden. Im Zuge subglazial entstandener Rinnen wechseln daher häufig Oser mit Rinnenseen (vgl. Abb. 24). Geradlinig gleich Eisenbahndämmen verlaufende Oser sind Füllungen von Gletscherspalten. Ihre Bildung nur in nicht mehr bewegtem Eis, d. h. in zurückschmelzenden Zungen oder Toteis möglich.

Kames[35]: Im Unterschied zu Osern subaerische Bildungen, 10 bis 20 m hohe Wälle oder flache Hügel aus geschichteten Kiesen und Sanden, die zwischen verfallenden pleistozänen Gletscherzungen oder als Eisrandbildungen an Talhängen aufgeschüttet wurden. Dort sind sie oft terrassenartig gestuft.

---

[34] Sing. Os; schwed. Åser, Sing. Ås, gespr. Os; irische und nordamer. Bezeichnung Esker

[35] irisch, engl., gesprochen keimz

Drumlins[36]: elliptische Hügel von Schweins- oder Walrückenform aus Moränen-material oder Schottern (Abb. 25). Entstehen, wenn ältere Grundmoränen oder fluvioglaziale Ablagerungen durch erneut vorrückenden Gletscher überfahren werden. Treten meist schwarmweise, fächerförmig in Eisrichtung eingeregelt und untereinander auf Lücke versetzt auf, erreichen Höhen bis über 30 m, Längen bis 2 km. Aus Form der Hügel, die im Unterschied zu Rundhöckern mit Steilseite gegen das Eis gerichtet waren, Rückschlüsse auf Fließrichtung möglich. Große Drumlinfelder sowohl im voralpinen Vereisungsgebiet (Bodensee) wie auch im norddeutschen Jungmoränenland.

Abb. 25: *Drumlinfeld*

Sölle: Rundliche steilwandige Kuhlen, deren Entstehung bisher nicht befriedigend geklärt ist; werden als subglaziale Strudellöcher oder Toteiskessel gedeutet. Gegen Bildung durch Abschmelzen verschütteter Toteisblöcke spricht auffällig runde oder ovale Form der Sölle gegenüber zerlapptem Umriß sicher nachgewiesener Toteissenken. Möglicherweise sind Sölle Reste periglazialer Eisschwellungshügel (Pingos), die nach Abschmelzen der Eislinsen kraterartige Einsenkungen hinterlassen haben (→ I, Kap. 8). Sölle treten schwarmweise in mecklenburgisch-pommerscher Jungmoränenlandschaft und ebener Grundmoräne Fehmarns auf. Leicht mit künstlich angelegten Mergelgruben zu verwechseln, in denen Bauern frischen Geschiebemergel zur Düngung ihrer Felder gewinnen.

3) **Glaziale Serie:** Begriff (von A. PENCK) faßt regelhafte Abfolge eiszeitlicher Aufschüttungsformen zusammen: Grundmoräne – Zungenbecken – Endmoräne – fluvioglaziales Schotterfeld oder Sander – Urstromtal (Abb. 26). Zwischen Endmoräne und vorgelagertem Schwemmkegel häufig enge Verzahnung; dadurch genetische Zusammengehörigkeit der vielfältigen glazialen und fluvioglazialen Akkumulationsformen erkennbar und zeitliche Gliederung der großen Vereisungsperioden möglich.

---

[36] irisch, engl., gesprochen dramlinz

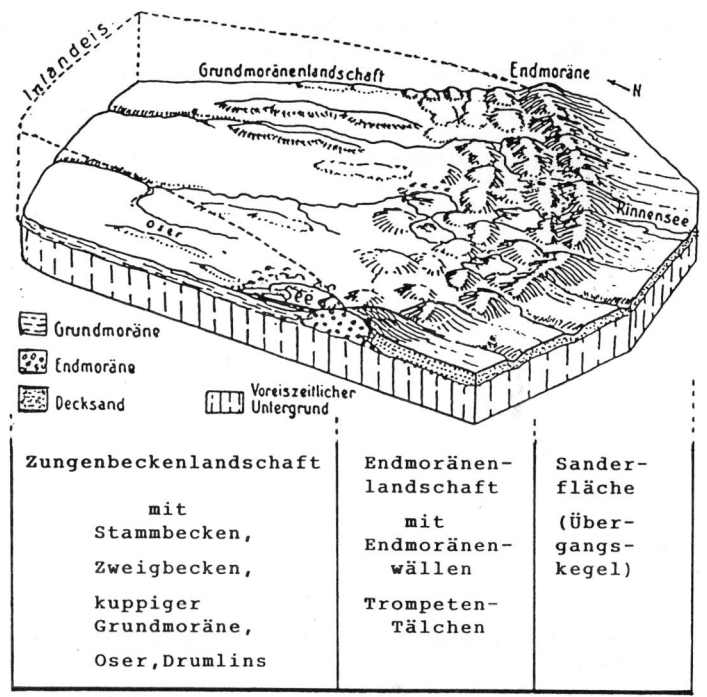

Zungenbeckenlandschaft	Endmoränen-landschaft	Sander-fläche
mit Stammbecken,	mit Endmoränen-wällen	(Über-gangs-kegel)
Zweigbecken,		
kuppiger Grundmoräne,	Trompeten-Tälchen	
Oser,Drumlins		

Abb. 26: *Der eiszeitliche Formenschatz, Glaziale Serie*

Literatur

Böse, M.: Zum Aufbau der Sedimente im Berliner Urstromtal. Z. Geomorph. 27, Stuttgart 1982

Brinkmann, R.: Die Entwässerung der Baltischen Eisrandlagen im mittleren Norddeutschland. Eisz. u. Gegenw. 7, 1956, S. 29–34

Bülow, K. v.: Die Rolle der Toteisbildung beim letzten Eisrückgang in Norddeutschland. Z. Dt. Geol. Ges. 79, 1927, S. 273–283

Davis, W.: Der glaziale Zyklus, in ›Die erklärende Beschreibung der Landformen‹, deutsch von A. Rühl, Leipzig u. Berlin 1912

Drehwald, H. R.: Zur Entstehung der Spillways in Nordengland und Südschottland. Kölner Geogr. Arb. 8, 1955

Ebers, E.: Zur Entstehung der Drumlins als Stromlinienkörper. Zehn Jahre weitere Drumlinforschung (1926–1936). N. Jb. Mineral. etc., Beil.–Bd. 78, Abt. B, 1937

Gareis, J.: Die Toteisfluren des Bayerischen Alpenvorlandes als Zeugnis für die Art des spätwürmeiszeitlichen Eisschwundes. Würzburger Geogr. Arb. H. 46, 1978

Geer, G. de: Geochronologie der letzten 12 000 Jahre. Geol. Rdsch. 3, 1912, S. 457–471

GELLERT, J. F.: Morphologie der Eisrandzonen der letzten skandinavischen Vereisung in Mittel– und Osteuropa. Geogr. Ber. 39, 1966, S. 99–121

GERMAN, R.: Gibt es Grundmoränenlandschaft im Umkreis der Alpen? Regio Basil. 12, 1971, S. 362–376

–: Sedimente und Formen der glazialen Serie. Eisz. u. Gegenw. 23/24, 1973, S. 5–15

GLÜCKERT, G.: Two Large drumlin fields in central Finnland. Fennia 120, Helsinki 1973

GRIMMEL, E. u. SCHIPULL, K.: 100 Jahre Untersuchungen über das Geschehen am Rande des nordeuropäischen Inlandeises. Eisz. u. Gegenw. 26, 1975, S. 31–73

–: Über Talrichtungen in der nordöstlichen Lüneburger Heide. Eiszeitalter u. Gegenw. 28, 1978, S. 45–50

GRIPP, K.: Die Entstehung der ostholsteinischen Seen und ihre Entwässerung. Schr. Geogr. Inst. Univ. Kiel, Sonderbd., Kiel 1953, S. 11–26

HANNES, CHR.: Formenschatz und mutmaßliches Alter einer spätglazialen Moränenabfolge im inneralpinen Trockengebiet der Vanoise (Franz. Nordalpen). Tübinger Geogr. Studien H. 80, 1980, S. 177–193

HEUBERGER, H.: Die Salzburger ›Friedhofterrasse‹ – eine Schlernterrasse? Z. Gletscherkunde u. Glazialgeol. 8, 1972, S. 237–251

JANUS, U.: Löss der südlichen Niederrheinischen Bucht. Diss. Köln 1988

KELLER, G.: Beitrag zur Frage der Oser und Kames. Eisz. u. Gegenw. 2, 1952

LÖSCHER, M. u. LÉGER, M.: Probleme der Pleistozänstratigraphie in der nördlichen Iller-Lech-Platte. Heidelberger Geogr. Arb. 40, 1974, S. 59–76

MARTENS, W.: Glaziale Zungenbecken, Endmoränentore und Kegelsander. Forsch. u. Fortschr. 32, 1958, S. 166–169

MOLLE, H.–G. u. SCHULZ, G.: Zur Datierung der Sande des Grunewaldgebietes in Berlin. Z. Geomorph., N. F. 19, 1975, S. 95–101

ØSTREM, G. u. ARNOLD, K.: Ice-cored moraines in southern British Columbia and Alberta, Canada. Geogr. Ann. 52 A, 1970, S. 120–128

REINHARD, H. u. RICHTER, G.: Zur Genese der Gletscherzungenbecken Norddeutschlands. Z. Geomorph., N. F. 2, 1958, S. 55–74

RICHTER, K.: Gefüge und Zusammensetzung des norddeutschen Jungmoränengebietes. Abh. Geol. paläontol. Inst. Univ. Greifswald 11, 1933

SCHOTT, C.: Zur Formengestaltung der Eisrandlagen Norddeutschlands. Z. Gletscherkde 21, 1933, S. 54–98

SCHREINER, A.: Drumlins oder Schmelzwasserkuppen in der Jungmoräne bei Tettnang (Oberschwaben, Baden–Württemberg). Jh. geol. Landesamt Baden–Württ. 18, 1976, S. 113–120

SCHROEDER–LANZ, H.: Erfahrungen bei der Herstellung von Moränenkatastern im Hochgebirge mit Hilfe der Luftbildauswertung. Z. Bildmessung u. Luftbildwesen. 1970. S. 164–171

SEMMEL, A.: Periglaziale Umlagerungszonen auf Moränen und Schotterterrassen der letzten Eiszeit im deutschen Alpenvorland. Z. Geomorph., Suppl.–Bd. 17, 1973, S. 118–132

SINN, P.: Zur Stratigraphie und Paläogeographie des Präwürm im mittleren und südlichen Illergletschervorland. Heidelberger Geogr. Arb. 37, 1972

SOERGEL, W.: Die Ursachen der diluvialen Aufschotterung und Erosion. Berlin 1921

TRENHAILE, A. S.: Drumlins: their distribution, orientation and morphology. Canad. Geogr., 15, 1971, S. 113–126

TROLL, C.: ›Sölle‹ and ›Mardelles‹. Erdkunde 16, 1962, S. 31–34

WEISSE, R.: Die Entstehung von Kleinsenken. Peterm. Geogr. Mitt. 2, 1982

WOLDSTEDT, P.: Die großen Endmoränenzüge Norddeutschlands. Z. Dt. Geol. Ges. 77, 1925

–: Die Geschichte des Flußnetzes in Norddeutschland und angrenzenden Gebieten. Eisz. u. Gegenw. 7, 1956, S. 5–12

3 Küstenformen

Die Küste ist der mehr oder minder breite Grenzsaum zwischen Land und Meer, welcher sowohl durch marine als auch durch subaerische[1] Prozesse geformt wird. Erscheinungsbild der Küste kann recht unterschiedlich sein, spannt sich von hohen Felskliffs (*Steilküste*) zu flachen Sandstränden (*Flachküste*), von langen, glatten Küstenlinien zum Ein- und Ausspringen von Buchten und Kaps. Manche Küsten verlaufen parallel zu tektonischen Strukturen und werden *Längsküsten* genannt. *Querküsten* ziehen senkrecht zu tektonischen Strukturen und schneiden diese gleichsam ab.

Aufbauend auf Konzept der Plattentektonik sind in globalem Maßstab verschiedene *Küsten-Größttypen* erkennbar. Damit heute Weiterentwicklung des alten Längsküsten/Querküsten-Modells möglich; bisher entstandene Klassifikationen allerdings im Detail noch uneinheitlich. SELBY gibt folgende Einteilung (verwendete plattentektonische Begriffe zu finden in Band I):

– Küsten, die mit Rändern zweier *divergierender Platten* zusammenfallen (z. B. Küste des Roten Meeres), sind in ihrer Gestalt sehr stark durch Merkmale der Bruchtektonik bestimmt.

– Küsten an *konvergierenden Plattengrenzen* werden begleitet von küstenparallelen Großformen wie Inselbögen, Kettengebirgssystemen, Tiefseegräben. Es sind Längsküsten; sie sind tendentiell steil und ihre Konturen sind gerade bis leicht bogenförmig.

– Ebenso zeigen *konservierende Plattengrenzen* meist steile und ungegliederte Küsten (z. B. in Südkalifornien).

– an Küsten *abseits aktiver Plattengrenzen* fehlt die Dominanz der jungen, endogen Formungsprozesse, daher größere Vielfalt möglich. Amerikanische Atlantikküste z. B. von seichten und breiten Kontinentalschelfen begleitet, europäische Atlantikküste auf große Strecken als Querküste ausgebildet.

Küstengestalt im Detail abhängig von

a) *Widerständigkeit des Gesteins*: Widerständige Gesteine fördern z. B. Bildung steiler Kliffe, in leicht erodierbaren Gesteinen dagegen sind Kliffe niedrig und von undeutlicher Form.

b) *Wellenenergie:* Küsten, die Sturmwellen ausgesetzt sind, unterliegen starker Abtragung und Zurückschneidung, geschützte Küsten sind häufig durch Akkumulationsformen gekennzeichnet.

c) *Klima:* bestimmt z. B. die Verbreitung von Eisküsten, Korallenriffen und Mangroveküsten, nimmt indirekten Einfluß auf Verwitterung und über Windsysteme auf Wellenbildung.

---

[1] unter freier Luft entstandene

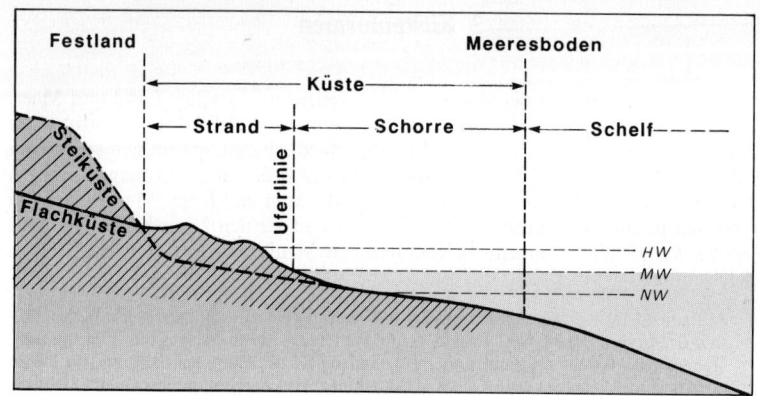

Abb. 27: *Küstenmorphologische Begriffe*

In Abb. 27 sind einige küstenmorphologische Begriffe dargestellt. Durch Gezeiten pendelt Wasserlinie zwischen Hochwasserstand (HW) und Niedrigwasserstand (NW). Mittlerer Wasserstand (MW) bildet eigentliche *Strand-* oder *Uferlinie*. Formschaffende Wirkung der Brandung reicht an Küsten aber noch ein Stück über den Saum zwischen allertiefstem und allerhöchstem Wasserstand hinaus. Küste aus *Strand* und *Schorre* gebildet. Strand erstreckt sich von Uferlinie bis zur äußersten landwärtigen Brandungswirkung. Schorre reicht von Uferlinie bis in Tiefen, in denen Brandungswirkung am Meeresboden aufhört, das ist in maximal − 10 m der Fall. Durch Meeresspiegelschwankungen (→ III, 138) Lage des Küstensaums weder in Vergangenheit noch in Gegenwart unverändert; spezifische Küstenformen können daher auch abseits der aktuellen Küste angetroffen werden.

Literatur

BIRD, E. F. C.: Coasts. Oxford 1984.
−: Coastline changes: a global review. Chichester Wiley 1985
−(Hrsg.): Geomorphology of changing coastlines. Z. Geomorph., Suppl.-Bd. 57, 1985
−: u. SCHWARTZ, M. L. (Hrsg.): The world's coastline. New York 1985.
BLOOM, A. L.: The explanatory description of coasts. Z. Geomorph., N. F. 9, 1965, S. 422−436
COATES, D. R.(Hrsg.): Coastal geomorphology. New York: Binghampton State University 1973
DOLAN, R., HAYDEN, B. u. VINCENT, M.: Classification of coastal landforms of the Americas. Z. Geomorph., Suppl.-Bd. 22, 1975, S. 72−88
FAIRBRIDGE, R. W. (Hrsg.): Beiträge zur Küstenmorphologie. Z. Geomorph., Suppl.-Bd. 22, 1975

GIERLOFF–EMDEN, H. G.: Geographie des Meeres. Ozeane und Küsten. 2 Teile. Berlin 1980

GUILCHER, A.: Coastal and submarine morphology. London 1958

INMAN, D. L. u. NORDSTROM, C. F.: On the tectonic and morphologic classification of coasts. Journ. Geol. 79, 1971, S. 1–21

KAISER, K. (Hrsg.): Küstengeomorphologie – Coastal geomorphology. Z. Geomorph., Suppl.-Bd. 7, 1968

KELLETAT, D.: Physische Geographie der Meere und Küsten. Stuttgart (Teubner) 1989

– u. GASSERT, D.: Quartärmorphologische Untersuchungen im Küstenraum der Mani-Halbinsel, Peloponnes. Z. Geomorph., Suppl.-Bd. 22, 1975, S. 8–56

KING, C. A. M.: Beaches and coasts. London 1972

–: Introduction to physical and biological oceanography. London 1975

KOMAR, P. D.: Beach processes and sedimentation. Englewood Cliffs: Prentice Hall 1976

PETHICK, J.: An introduction to coastal geomorphology. London 1984

RUSSELL, R. J.: River plains and sea coasts. Berkeley 1967

SELBY, M. J.: Earth's Changing Surface. An Introduction to Geomorphology. Oxford 1985

SHEPARD, F. P. u. WANLESS, H. R.: Our changing coastlines. New York 1971

SCHWARTZ, M. L. (Hrsg.): The Encyclopaedia of beaches and coastal environments (–Encyclopedia of earth sciences, Bd. 15), Hutchinson & Ross 1982

STEERS, J. A.: The coastline of England and Wales. Cambridge University Press 1964

–: The coastline of Scotland. Cambridge University Press 1973

THOM, B. G.: Modification of coastal and deltaic terrain subsequent to deposition. Z. Geomorph., Suppl.-Bd. 22, 1975, S. 145–170

VALENTIN, H.: Die Küsten der Erde. Beiträge zur allgemeinen und regionalen Küstenmorphologie. Peterm. Geogr. Mitt., Erg.–H. 246, 1954

–: Eine Klassifikation der Küstenklassifikationen. Göttinger Geogr. Abh. 60, 1972, S. 355–374

ZENKOVITCH, V. P.: Processes of coastal development. Edinburgh 1967

3.1 Marine Abrasion und Akkumulation

3.1.1 Motor der marinen Prozesse: Wellen und Gezeiten

3.1.1.1 Wellen

Die wirksamsten Formungsprozesse im Bereich der Küste beruhen auf der Entstehung von Wellen und deren Umwandlung zur Brandung.

Wind, der über eine spiegelglatte See bläst, verursacht zunächst eine Kräuselung der Wasseroberfläche. Diese Rippeln vergrößeren sich und werden zu Wellen. Die *Wellenhöhe* (Höhenunterschied zwischen Wellenkamm und Wellental) ist abhängig von der *Windstärke*, der *Wirkdauer* (Zeit, während der ein Wind weht) und *Wirklänge* des Windes (Strecke, auf die ein Wind einwirkt).

Wind

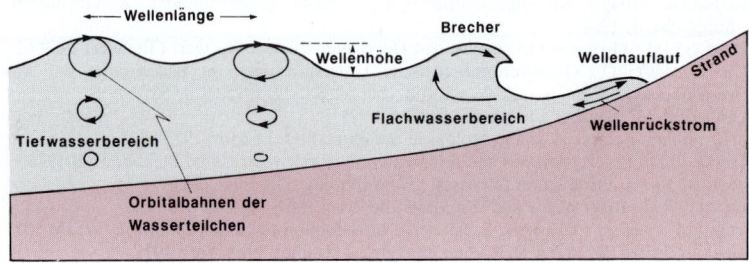

Abb. 28: *Wasserbewegung in Welle und Brandung*

Winderzeugte Wellen bleiben auch bestehen, nachdem der Wind abgeflaut ist, oder sie können aus dem Windgebiet herauslaufen. Der Alterungsprozeß führt zu einem Auslesevorgang und es entsteht die langwellige (Wellenlänge = Distanz zwischen zwei Wellenkämmen) und gleichmäßige *Dünung.* Sie kann große Strecken überwinden und noch an weit entfernten Küsten schwere Brandung verursachen. In Einzelfällen können auch ohne Windeinwirkung große Wellen entstehen. Dazu gehören die seismisch ausgelösten *Tsunamis* (→ Band I).

Umformung der Wellen zur Brandung (→ Abb. 28): Der Durchlauf einer Welle versetzt die Wasserteilchen in Bewegung, sie beschreiben dabei an Ort und Stelle kreisförmige Bahnen (Orbitalbahnen). Wenn die Welle Flachwasser der Küste erreicht, wird ihre Geschwindigkeit durch Reibung am Meeresboden gebremst. Sie spitzt sich zu, steigt auf und bricht zur Strandseite über. In diesen *Brechern* oder *Brandungswellen* Umsetzung der Wasserbewegung in eine landeinwärts gerichtete Verfrachtung von Wassermassen (*Wellenauflauf*) und in ein Zurückströmen des Wassers auf schräger Böschung des Strandes (*Wellenrückstrom*). Dabei gesamte Energie der Welle in Reibung und Arbeit umgesetzt, Brandungszone somit allerwichtigstes geomorphologisches Aktionsfeld der Küste.

Durch Brandung werden *Küstenströmungen* erzeugt: Bei schrägem Wellenauflauf weicht das vom Strand zurückkehrende Wasser beim Wiedereintritt in die Brandungszone seitlich aus, es entsteht eine strandparallele *Längsströmung*. In gewissen Abständen biegt diese seewärts, untertaucht die auflaufenden Brecher und führt als *Ripströmung* zurück ins Meer.

Für Küstengestalt von Bedeutung ist der *strandparallele Materialtransport* durch die Brandung. Neben Verfrachtung von suspendiertem[2] Material in der Längsströ-

---

[2] lat. suspendere = schweben

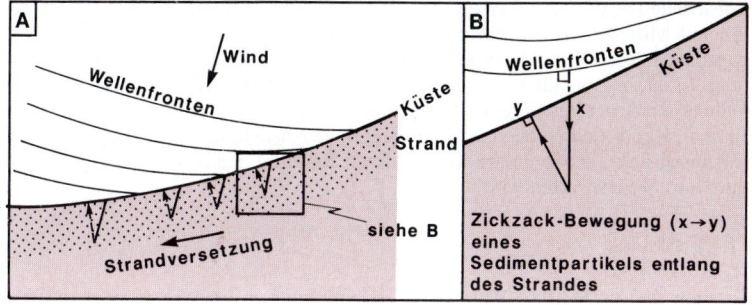

Abb. 29: *Vorgang der Strandversetzung*

mung vor allem Prozeß der *Strandversetzung* oder „*longshore-drift*" wichtig. Wenn Wellenauflauf schräg erfolgt, werden Sedimentpartikel *diagonal* den Strand hinaufbefördert. Der anschließende Wellenrückstrom folgt jedoch größtem Gefälle und führt Wasser und Sedimentfracht *senkrecht* den Strand hinunter. In der resultierenden Zick-Zack Bewegung wird Material den Strand entlang versetzt (siehe Abb. 29). Seitlicher Materialtransport ist wichtige Komponente im Massenhaushalt eines Strandes. Bei relativ konstanter Windrichtung an bestimmter Küste läuft Strandversetzung mehr oder minder immer in gleiche Richtung, an anderen Küsten wechselt sie ab.

Bei schräg auflaufenden Wellen wird küstennäherer Teil des Wellenkammes im flachen Wasser gebremst, während sich küstenfernerer noch mit ursprünglicher Geschwindigkeit bewegt. Dadurch schwenkt gesamter Wellenkamm auf Küste zu; der Vorgang wird *Refraktion* oder *Beugung der Wellen* genannt. Bedeutung der Refraktion liegt in ungleichmäßiger Verteilung der Wellenenergie auf Küste; vor Küstenvorsprüngen führt sie zu verstärkter Brandung, im Inneren von Buchten dagegen zu abgeschwächter.

Wellenenergie so wichtig für Küstenformung, daß *Küsten nach ihrer wellendynamischen Situation typisiert* wurden. Auf der Basis der Brandungsenergie unterscheidet DAVIES fünf Küstensituationen. Sie zeichnen sich aus durch:

– Sturmwellen der Westwindgürtel
– Wirkung tropischer Wirbelstürme
– starke Dünung, vorwiegend aus der Westwindzone stammend
– Wellen und Dünung durch Passat und Monsun
– relative Schutzlage.

Sturmwellen der Tiefdrucksysteme des Westwindgürtels bombardieren Küsten der höheren Mittelbreiten in regelmäßigen Abständen. Im Unterschied dazu haben tropische Wirbelstürme maximale Energie, aber sporadische und kurzzeitige Wirkung. In der Westwindzone erzeugte Dünung ist im allgemeinen energiereicher als Wellensysteme der Passat- und Monsunwinde. Niedrigste Brandungsenergie zeigen Binnen-, Rand- und Nebenmeere, deren geringe Ausdehnung Wirklänge des Windes einschränkt, sowie polare Meere, deren Eis- und Treibeisbedeckung Entstehung von Wellen verhindert.

3.1.1.2 Gezeiten

Gezeiten sind periodische Wasserstandsschwankungen des Meeres im etwa halb- oder eintägigen Rhythmus.

Begriffe: Das Steigen und Fallen des Wassers von einem Tiefststand zum nächsten wird *Tide*[3] genannt. Der höchste Wasserstand einer Tide ist das *Hochwasser* (HW), der niedrigste das *Niedrigwasser* (NW). Die Differenz der Wasserstände zwischen HW und NW ist der *Tidenhub*. Das Steigen des Wassers wird *Flut*, das Fallen wird *Ebbe* genannt. Die Begriffe Ebbe und Niedrigwasser sowie Flut und Hochwasser sind also von unterschiedlicher Bedeutung. *Ursache für Gezeiten* ist Anziehungskraft von Mond und Sonne. Der Mond übt stärkere Wirkung aus, da er der Erde näher ist. Seine Position im Erdumlauf zusammen mit der Rotation der Erde bestimmt die Dauer einer Tide. Sie beträgt bei halbtägigen Gezeiten 12 Stunden und 25 Minuten, das heißt Eintritt der Flut verschiebt sich von Tag zu Tag um 50 Minuten. Bei Vollmond und Neumond, wenn Mond, Erde und Sonne in einer Linie stehen, ist Anziehungskraft und damit Tidenhub am größten, es entsteht das Maximum der *Springtide*. Bei Halbmond ist der Tidenhub am niedrigsten und führt zur sogenannten *Nipptide*.

Verlauf der Gezeiten hängt nicht nur von der Erde-Mond-Sonne Konstellation ab, sondern Ausmaß und Eintreffen an einer bestimmten Küste werden durch weitere Faktoren abgeändert (DEFANT 1973). Regional sind daher große Untrschiede möglich. Tidenhub beträgt z. B. in der Nordsee ungefähr 5 m in der Straße von Dover, weniger als 2 m in Holland und NW-Deutschland und weniger als 1 m in Südnorwegen. Höchsten Tidenhub der Welt hat die Fundy-Bay (Ost-Kanada) mit mittlerem Springtidenhub von 16 m.

Bedeutung der Gezeiten für die Küstenformung: Spezifische Küstenlandschaften, wie z. B. die Watten (→ III, 126) und Ästuare (→ III, 147 u. II, 122) in ihrer Existenz ursächlich an Gezeiten geknüpft. Aber auch im Detail ist Küstenform durch Gezeiten beeinflußt:

---

[3] niederdt. Tide = Zeit

- Bei stärkerer Gezeitenwirkung *regelmäßige Verlagerung des Brandungsangriffes* über einen breiten Saum von Strand und Schorre, bei schwacher Gezeitenwirkung nur geringe Verschiebung.
- Efffekte von Ebbe und Niedrigwasser: *Periodisches Trockenfallen eines Küstenstreifens* fördert bei anstehendem Fels die Verwitterung, bei Lockermaterial die Sandauswehung zur Bildung von Küstendünen.
- Gezeiten erzeugen mit ihren Wasserstandsschwankungen starke Strömungen. *Flut-* und *Ebbstrom* haben am küstennahen Meeresboden durch Erosion, Materialtransport und Akkumulation große morphologische Wirkung.

Gezeitenströmungen sind aber auch für den Wassermassenaustausch (und dessen Folgen, wie z. B. Salzgehalte und Verschmutzung) in Buchten, Ästuaren und Lagunen von Bedeutung.

Sturmfluten sind anomale Wasserstandserhöhungen. Starke auflandige Winde können Wasserstand an einer Küste bis zu 7 m anheben; gleiche, wenn auch schwächere Wirkung übt sehr tiefer Luftdruck aus. Treffen Windstau, verbunden mit einem ausgeprägten Tiefdrucksystem, und Tidenhochwasser zusammen, so entsteht eine Sturmflut. Kann an Tieflandküsten zu verheerenden Deichbrüchen und Überschwemmungen führen, wie z. B. in Holland und Ost-England am 1.2.1953. Ähnliche Naturkatastrophen in Verbindung mit tropischen Wirbelstürmen bedrohen tiefliegende tropische Küstenländer wie z. B. Bengalenbucht.

Literatur

BRUNS, E.: Handbuch der Wellen der Meere und Ozeane. Berlin 1955

CARR, A. P.: Experiments on longshore transport and sorting of pebbles. Journ. Sedimentary Petrology 41, 1971, S. 1084–1104

CLARK, M. W.: Marine processes. In: Process in geomorphology. (Hrsg. v. C. Embleton u. J. B. Thornes. London) 1979, S. 352–377

COKELETT, E. D.: Breaking waves. Nature 267, London 1977, S. 769–774

DAVIES, J. L.: Geographical variation in coastal development. London 1980

DEFANT, A.: Ebbe und Flut des Meeres, der Atmosphäre und der Erdfeste. Verständl. Wissenschaft 49, Berlin 1953 (Neuaufl. 1973)

DIETRICH, G., KALLE, K., KRAUSS, W. u. SIEDLER, G.: Allgemeine Meereskunde. Eine Einführung in die Ozeanographie. Berlin, Stuttgart 1975

HAGEL, J.: Sturmfluten. Die Kosmos–Bibliothek Bd. 236, Stuttgart 1962

HORN, W.: Die Gezeiten an der deutschen Nordseeküste. Geogr. Taschenb. 1951, S. 188–192

INMAN, D. L. u. BAGNOLD, R. A.: Littoral processes. In: The Sea. Hrsg. v. M. N. Hill, Bd. 3. New York 1963, S. 507–525

KEELEY, J. R. u. BOWEN, A. J.: Longshore variations in longshore currents. Canadian Journ. Earth science 14, 1977, S. 1897–1903

MEYER, R. E. (Hrsg.): Waves on beaches. Academic Press 1972

SIEFERT, W.: Über Formen, Längen und Fortschrittseinrichtungen von Wellen in küstennahen Flachwassergebieten. Hamburger Küstenforschung 1972

3.1.2 Marine Abrasion und ihre Formen

Unter *mariner Abrasion* versteht man die **Abtragung durch die Brandung.** Zu den *Sedimenttransporten* in der Brandungszone (→ III, 113), die an Lockergesteinsküsten zu Materialverlusten führen können, tritt die *mechanische Zerstörung* von Festgestein an Felsküsten. Größte Auswirkungen dort, wo Lockermaterialstreu *Angriffswaffen* liefert. Im ständigen Hin und Her des brandungsbewegten Wassers werden Gerölle gegen festen Fels geschleudert, feine Sedimente wirken als Schleifmittel. Zweite Wirkkomponente ist *Druckschlag* der Wellen auf Gestein: wenn Wasser-Luft-Gemisch der Brecher auf Oberfläche und in Spalten, Klüfte und Risse des Gesteins eingepreßt wird, entstehen erhebliche Druckschwankungen; führen schließlich zu einer Lockerung des Gesteinsgefüges und zu einem Herausbrechen von Einzelstücken.

Mechanische Abrasion äußerst wirkungsvoller, aber nicht alleiniger Abtragungsprozeß an der Küste: In strahlungsreichen Klimaten ruft Überflutung und Abtrocknung der Schorre im Wechsel der Gezeiten starke Verwitterung durch Salzsprengung hervor; dieser Prozeß als „*water layer weathering*" bezeichnet. Wo lösliche Gesteine, wie Kalke und Salzgesteine vorliegen *karstartige Lösungsprozesse.* Am Küstenkarst mitbeteiligt ist die sogenannte *Bioerosion*, das ist die Zerstörung des festen Felses durch verschiedenartige Organismen (Pflanzen oder Tiere), wobei sowohl biochemische Wirkung durch Abscheiden aggressiver Körpersubstanzen als auch mechanische Wirkung durch Bohren, Graben und Fressen vorkommt.

In winterkalten Gebieten *Frostverwitterung* bedeutend. *Meereis an Küsten* kann zu einer Erosion durch Eisschurf und zu einem Abtransport von Schutt in abgebrochenen und davontreibenden Schollen des *Eisfußes* (→ III, 122) führen.

Leitformen der marinen Abrasion sind *Kliff* und *Abrasionsplattform* (vgl. Abb. 30). Ein Kliff entsteht durch fortschreitenden Abbruch einer Steilküste. Zurück bleibt eine immer breiter werdende als Kappungsfläche im festen Fels ausgebildete Schorre oder Abrasionsplattform.

3.1.2.1 Kliffe

Ursache für Abbruch von Kliffen ist ein Geflecht von Prozessen, die vom Land und vom Meer her angreifen. Wichtigste Einflußgrößen auf augenblickliche Gestalt und Entwicklungstrend eines Kliffes sind:

a) Stärke der Brandung am Kliff-Fuß: Durch ständigen Angriff der Brecher Unterminierung des Kliffes, Abbruch der Überhänge, entstandener Schutt wird in der Brandungszone abgeräumt, zerkleinert, liefert neue Wurfgeschosse. Zur mechanischen Bearbeitung des Kliff-Fußes tritt starke Verwitterung im Spritzwasserbereich der Brandung.

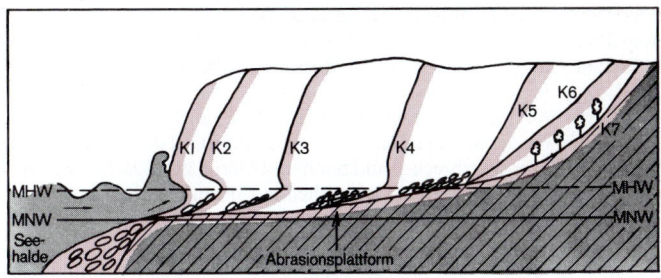

Durch Rückverlegung wird aktives Kliff (K_1–K_5) zu totem Kliff (K_5–K_6) (nach O. Maull)

Abb. 30: *Kliffküste mit Brandungshohlkehle, Abrasionsplattform und Seehalde*

b) Beschaffenheit des Gesteins: Sowohl Gesteinsart als auch Gesteinsstruktur nehmen Einfluß. *Gesteinsart:* Bei Vorliegen von mergelig-tonigen Gesteinen Kliff-Entwicklung nicht nur durch marine Prozesse sondern auch durch Rutschungen und Sackungen gesteuert. Rückverlegung erfolgt in „morphologisch weichem" Gestein schneller als in „morphologisch hartem".

> *Beispiel:* Mittlerer Teil 37 km langer Westküste der Insel Sylt besteht aus 2 angeschnittenen pleistozänen Geestkernen. 53 m hohes Rotes Kliff hat sich in 85 Jahren trotz Buhnensicherung um 95 m ostwärts verlagert, d. h. im Jahresdurchschnitt um 1,1 m. Älteste Kliffküste Sylts lag etwa 15 km westlich.

Gesteinsstruktur: Klüftung und tektonische Störungen sowie Schichtung, Bankung und Schieferungsflächen werden zu bevorzugten Abtragungsfronten, Kliffreihe dadurch im Grundrißmuster und auch im Profil von stark wechselnder Gestalt.

c) Relief der Küste: Höhe und Gestalt des aktiven Kliffes abhängig von angeschnittener Relieform des Festlandes. Meerwärts an Kliff anschließendes Relief bestimmt Stärke der Brandungswirkung auf Kliff-Fuß. Wenn Ufer fehlt, das heißt, wenn Kliffwände unmittelbar zu größerer Wassertiefe abtauchen, keine Brandungswirkung. Sie ist am stärksten bei schmalen Abrasionsplattformen, verbreitern sich diese, entfernt sich Brandungszone vom Kliff-Fuß und verliert daher wieder an Bedeutung.

Im Hinblick auf Profil und Formungsdynamik sind 3 Grundtypen von Kliffen zu unterscheiden:

Brandungskliff: steil, Formung vom Meer her durch Brandung.

Zusammengesetztes Kliff: unterer Teil der Kliff-Wand steil, oberer Teil abgerundet, Formung des unteren Teiles vom Meer her, der oberen Partien vom Land her. Tritt besonders dann auf, wenn Gestein für Massenselbstbewegung anfällig ist.

Abtauchendes Kliff (engl.: Plunging cliff): Kliffwände tauchen in das Meer ein und setzen sich unter Wasser bis in größere Tiefe fort. Aufgrund der großen Wassertiefe entstehen keine Brandungsbrecher und Sand und Geröll zur Bearbeitung der unteren Wand-Teile fehlen. Es herrscht weitgehende Formungsruhe.

Zu großer Breite angewachsene Abrasionsplattformen, Meeresspiegelschwankungen oder auch Eingriffe des Menschen können bewirken, daß Brandung Kliff-Fuß nicht mehr erreicht. Aktives Kliff wird zu *inaktivem* oder *totem Kliff* (→ Abb. 30). Ist nicht länger als Abbruchsform einzustufen: marine Unterschneidung fehlt, Entwicklung ist von rein terrestrischer, abflachender Hangdenudation gesteuert.

Detailausformung einer Kliff-Front durch Brandungshohlkehlen (eventuell Lösungshohlkehlen), Brandungshöhlen, Brandungstore, Brandungsgassen und isolierte Pfeiler möglich (Abb. 31). *Brandungshohlkehle* mit überhängendem Dach und halbrunder Rückwand ist sichtbarer Ausdruck der ständigen Unterminierung des Kliffs durch Wellenangriff (Kalkgesteinsküsten mit niedriger Brandungsenergie können Hohlkehlen durch Lösung und Bioerosion aufweisen). An tektonischen Schwächezonen greift marine Abrasion besonders tief ins Gestein und schafft Halbhöhlen. *Brandungshöhlen* können schmale vorspringende Felssporne völlig durchnagen: Entstehung von *Brandungstoren* und nach deren Einbruch von *Brandungsgassen. Isolierte Pfeiler* vor Steilküste sind häufig Überreste eingestürzter Brandungstore.

Beispiele: „Lange Anna" vor Buntsandsteinkliff Helgolands 1838 durch Einsturz eines Brandungstores entstanden, weitere Zerstörung dort durch Schutzmauer unterbunden. 200 m vor französischer Küste zwischen Le Havre und Fécamp 70 m hohes Brandungstor.

Abb. 31: *Entstehung von Brandungshöhlen und Brandungstoren*

3.1.2.2 Abrasionsplattformen

Sind meerwärt bis zu 3° geneigte, gleichmäßig abgedachte Felsrampen, die der marinen Abrasion bis maximal 10 m Wassertiefe (→ III, 110) unterliegen. Können bis zu 1 km breit werden, sind aber gewöhnlich schmäler. Steilste Neigungswinkel meist in harten Gesteinen, größte Breitenentwicklung meist bei hoher Wellenenergie und hohem Tidenhub. Bemerkenswert flache bis horizontale Abrasionsplattformen wurden in Milieus beobachtet, die durch Küstenkarst und „water layer weathering" gekennzeichnet sind. Solche auffallenden Plattformen können meerwärts durch eine kleine zweite, im Zuge der Wellentätigkeit bei Niedrigwasser entstandene Kliffstufe begrenzt sein.

Auf dem bei Ebbe trockenfallenden Teil der Abrasionsplattform eine *Reihe von Kleinformen* zu beobachten: Herausarbeiten von Schwächezonen des Gesteins z. B. in Form von kleinen Schichttrippen; Küstenkarst kann zu bizarren karrenähnlichen Gebilden führen; Bioerosion zu Felswannen und Felstümpeln.

Eine große Rolle in der Entwicklungsgeschichte von Abrasionsplattformen kommt häufig den Meeresspiegelschwankungen zu. Durch Transgression (→ III, 138) eine Verbreiterung der Kappungsfläche über 500–1000 m hinaus möglich. Morphodynamisch aktive Abrasionsplattformen der Gegenwart können in ihrer Uranlage viel älter sein, da Meer durch postglazialen Meeresspiegelanstieg in eine Position zurückkehrte, die es schon einmal inne hatte. Zu alten Abrasionsplattformen im Binnenland → II, 132.

Literatur

BRADLEY, W. C.: Submarine abrasion and wave–cut platforms. Bull. Geol. Soc. America 69, 1958, S. 967–974

BRUNSDEN, D.: The degradation of a coastal slope, Dorset, England. In: Progress in Geomorphology, Hrsg. Brown, E. H. u. Waters, R. S.: Institute of British Geographers Special Publication No. 7, 1974, S. 79–98

BÜLOW, K. v.: Allgemeine Küstendynamik und Küstenschutz an der südlichen Ostsee zwischen Trave und Swine. Beih. Z. Geol. 10, 1954

–: Wesen und Wirken der Abrasion. Geogr. Rdsch. 12, 1960, S. 9–14

CLARK, M. W.: Marine processes. In: Process in Geomorphology, (hrsgg. v. C. Embleton & J. B. Thornes). London 1979, S. 352–377

COTTON, C. A.: Levels of planation of marine benches. Z. Geomorph. N. F. 7, 1963, S. 97–110

DAVIES, R. (Hrsg.): Coastal sedimentary environments. Berlin 1978

EDWARDS, A. B.: Wave action in shore platform formation. Geological Magazine 88, 1951, S. 41–49

ELLENBERG, L. u. STURM, M.: Kliffs – Geomorphologie aktiver Steilküsten. Braunschweig 1986

EMERY, K. O. u. KUHN, G. G.: Sea cliffs: their processes, profiles and classification. Bulletin of the Geological Society of America 93, 1982, S. 644

FISCHER, R.: Bioerosion, ein gesteinsunabhängiger küstenmorphologischer Prozeß. Essener Geogr. Arb. 6, 1983, S. 251–263

GILL, E. D.: The relationship of present shore platforms to past sea levels. Boreas 1, 1972, S. 1–25

GRIPP, K.: Ursachen und Verhinderung des Abbruches der Insel Sylt. Die Küste 14, 1966, S. 170–182

HILLS, E. S.: A study of cliffy coastal profiles based on examples in Victoria, Australia. Z. Geomorph. N. F. 15, 1971, S. 137–180

HUTCHINSON, J. N.: Various forms of cliff instability arising from coast erosion in south-east England. Fjellsprengningsteknikk Bergmekanikk/Geoteknikk (Trondheim, Norway) 1980, S. 19.1–19.32

KELLETAT, D.: Quantitative Investigations on coastal bioerosion in higher latitudes: An example from northern Scotland. Geoökodynamik 9, 1988, S. 41–51

–: Zonality of rocky shores. Essener Geogr. Arb. 18, 1989, S. 1–29

KIDSON, C.: Coastal cliffs – report of a symposium. Geogr. Journ. 128, 1962, S. 303–320

KING, C. A. M.: Some problems concerning marine planation and the formation of erosion surfaces. Transactions of the Institute of British Geographers 33, 1963, S. 29–43

KIRKBY, M. J.: Modelling cliff development in South Wales. Z. Geomorph. N. F. 28, 1984, S. 405–426

NIELSEN, N.: Ice–foot processes. Observations of erosion on a rocky coast, Disko, West Greenland. Z. Geomorph. N. F. 23, 1979, S. 321–331

NORRMAN, J. O.: Coast erosion and slope development in Surtsey Island, Iceland. Z. Geomorph., Suppl.-Bd. 34, 1980, S. 20–38

PANZER, W.: Brandungshöhlen und Brandungskehlen. Erdkunde 3, 1949, S. 29–41

REINHARD, H.: Kliffranddünen und Brandungshöhlen der Insel Hiddensee. Wiss. Z. Univ. Greifswald 3, 1954

ROBINSON, L. A.: Marine erosive processes at the cliff foot. Marine Geology 23, 1977, S. 257–271

SHEPARD, F. P. u. KUHN, G. G.: History of sea arches and remnant stacks of La Jolla, California, and their bearing on similar features elsewhere. Marine Geology 51, 1983, S. 139–161

SUNAMURA, T.: A laboratory study of wave-cut platform formation. Journ. of Geology 83, 1975, S. 389–397

SWAN, S. B. ST. C.: Coastal geomorphology in a humid tropical low energy environment: the islands of Singapore. Journ. of Tropical Geography 33, 1971, S. 43–61

TJIA, H. D.: Notching by abrasion on a limestone coast. Z. Geomorph. N. F. 29, 1985, S. 367–372

TRENHAILE, A. S.: Shore platforms: a neglected coastal feature. Progress in Physical Geography, 4 (1), 1980, S. 1–23

–: The geomorphology of rock coasts. Clarendon Press, Oxford 1987

WELLMAN, H. W. u. WILSON, A. T.: Salt weathering, a neglected geological erosive agent in coastal and arid environments. Nature, London, 205, 1965, S. 1097–1098

WRIGHT, L. W.: Some charcteristics of the shore platforms of the English Channel coast and the northern part of North Island, New Zealand. Z. Geomorph. N. F. 11, 1967, S. 36–46

3.1.3 Marine Akkumulation und ihre Formen

3.1.3.1 Strände

Verbreitetste Küstenform ist der *Strand*, ein *Akkumulationskörper aus Sedimenten, die durch Wellen und in Küstenlängsströmungen angeliefert* wurden. Setzt sich normalerweise entweder aus Sand oder aus Geröllen zusammen.

III, 120

Herkunftsgebiete des Materials können sein: in Abbruch liegende, benachbarte Kliffküsten, vorgelagerte Schorre, auf welcher Brandung Lockersedimente bis in ca. 10 m Wassertiefe in Bewegung versetzt und Flußmündungen sedimentreicher Flüsse. Untermengt in anorganische Strandkomponenten sind organische Bestandteile wie z. B. Muschel- und Korallenbruchstücke oder angeschwemmtes Treibholz.

Profil des Strandes abhängig von der Korngröße des Materials (Geröllstrände sind steiler als Sandstrände) und von den Wellen- und Gezeitenverhältnissen. Formveränderungen können sich sehr rasch, sogar innerhalb weniger Tage vollziehen; häufig große Unterschiede zwischen Sommer- und Wintergestalt des Strandes.

Strandwälle werden entlang der Uferlinie durch auflaufende Wellen aufgeworfen (Abb. 32): asymmetrische Sedimentkörper, bis zu einigen Metern hoch, die steilere Flanke schaut meerwärts, die landwärtige Flanke ist flach geneigt oder sogar eben. Sturmwellen können leicht den vorhandenen Strandwall zerstören, den Strand versteilen und hoch über den normalen Ende der Brandungswirkung einen neuen Strandwall aus gröberen Geröllen aufwerfen.

Beispiele: Winterstürme an der Ostsee führen dazu, daß sich Strand im Sommer meist mit zwei Strandwällen präsentiert: mit oberem, in der Regel besser erhaltenem, winterlichen und mit tieferem sommerlichen. Alleroberste Strandwälle stammen von ungewöhnlich hohen Wintersturmfluten, z. B. der „Heilige Damm" an mecklenburgischer Küste. Bekanntes Beispiel für Sturmstrand auch „Chesil Beach" in Süd-England, wo Brandungsgerölle bis zu 14 m über die Hochwassermarke hochgeschleudert wurden.

Sandriffe sind niedrige Unterwasserwälle (Abb. 32) im Bereich der Schorre; entstehen durch aufgewirbelte Sedimente wo Welle vor der Küste bricht. Sandriffe überragen Meeresboden bis zu maximal einem Drittel der Wassertiefe an dieser Stelle, verlaufen im Abstand weniger Dekameter mehr oder weniger parallel zur Küste; an der Ostsee als *Gründe* (Adler-Grund) oder *Schare* bezeichnet. Von höheren Standorten aus an heller Farbe der seichten Wassers gut zu erkennen; bei bewegter See bilden sie Brandungszonen, bei niedrigem Wasser fallen sie trocken. Trennung vom Strande durch Streifen tieferen Wassers (*Strandpriel*).

Abb. 32: Strandwälle und Sandriff

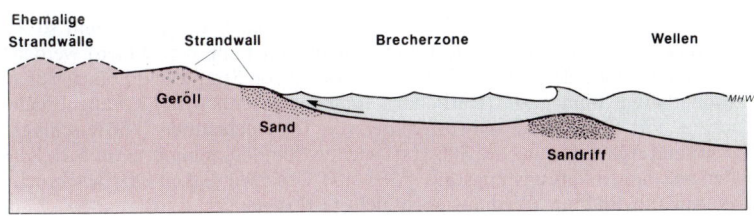

Die Uferlinie des Strandes ist meist bogenförmig, sowohl an der freien Küstenlinie als auch im Inneren von kleinen und großen Felsbuchten. Ursache ist bogenförmige Deformation der Wellenkämme bei Annäherung an die Küste (vgl. „Refraktion der Wellen" (→ III, 113) und Verlauf der Wellenfronten in Abb. 33). Strand paßt sich im Laufe der Zeit dieser Krümmung an, so daß Wellen senkrecht auflaufen und nicht mehr schräg. Schräg auflaufende Wellen führen zu seitlichen Materialtransporten (→ III, 112f.). Dadurch wird Uferlinie umgestaltet, bis schließlich jedes Segment des Strandes normal zu Wellenfronten ausgerichtet ist.

In viel kleinerem Maßstab wiederholt sich bogenförmige Gestaltung beim Phänomen der *Strandhörner*: das sind auf dem Strand liegende, aneinandergereihte Sandbögen mit seewärts vorspringenden Spitzen; Die Formen sind kurzlebig, ihre Entstehung noch nicht restlos geklärt.

Küstendünen gehören zum Inventar des höheren Strandes, formen sich aus Sand, der bei Ebbe aus trockengefallenen Strand- und Schorreflächen ausgeblasen wird. Zeigen deutliche Formunterschiede zu Wüstendünen, da in humiden Klimaten erster, grober Dünenkörper sehr schnell durch Vegetationsdecke befestigt wird. Manche Pflanzen sind in der Lage mit Düne hochzuwachsen, tragen so zu ihrer Vergrößerung bei. Vor neuerlicher Mobilisierung des Dünensandes durch starke Stürme schützt allerdings nur Baumbestand. Beste Vorbeugungsmaßnahme bei drohender Entwicklung von Wanderdünen daher Aufforstung (meist mit Kiefernarten).

Spezialvorgänge und Spezialformen an **polaren Stränden**, an denen Brandungswirkung wegen langer Meereisbedeckung die meiste Zeit des Jahres fehlt. Im untergeordneten Ausmaß tritt an deren Stelle eine *formschaffende Wirkung des Eises:* Wenn Land im Herbst bereits stark abgekühlt ist, bevor Treibeis und Packeis die Küste blockieren, gefrieren Gischt, Schaum und Sprühwasser an der Oberfläche des Strandes. Es entsteht der sogenannte *Eisfuß*, das sind abwechselnde Lagen aus angefrorenem Meerwasser und Strandsedimenten. Eisfuß verbreitert sich im Laufe des Winters seewärts. Im Frühling können durch Austauen größerer Eisansammlungen inmitten des Strandsediments *kurzfristig* „Toteiskessel" (→ III, 101) entstehen, werden später durch Brandung wieder zerstört.

Weitere Gestaltelemente polarer Strände sind von landeinwärts gepeitschten Eisschollen zusammengeschobene *Eisschubwälle* und *Schleifspuren* größerer, im bewegten Eis festgefrorener Felsblöcke.

Lockermaterial des Strandes und der Küstendünen *kann versteinern* und so zu *Beachrock* (im Falle des Strandes) und *Äolianit* (im Falle der Dünen) werden. Aneinanderkittung der ursprünglich losen Körner von Strand und Dünen durch karbonathältige Bindemittel (Karbonat stammt aus Muschel- und Korallenbruchstücken). Für den Prozeß selbst Wechsel von Durchfeuchtung (Niederschläge, Gischt) und Austrocknung des Substrats wichtig; somit Dominanz in warmen Klimaten mit hoher Verdunstungsrate. Alter und Geschwindigkeit der Beachrock- bzw. Äolianit-Bildung allerdings noch nicht restlos geklärt.

3.1.3.2 Nehrungsinseln und Strandhaken

Oftmalige starke Brandung an einem Sandriff (z. B. im Zuge der Wasserspiegelschwankungen an Gezeitenküsten) kann bewirken, daß Sandriff bis über den Meeresspiegel hinaus zu einer langgestreckten *Nehrungsinsel* aufgehöht wird. Sturmwellen können Material von Außenküste der Insel über diese hinweg zur Innenküste transportieren, dadurch langsame Annäherung des gesamten Sedimentkörpers an das Festland. Weltweit rund 13 % der Küsten mit vorgelagerten Nehrungsinseln ausgestattet; diese meist im Verlauf des postglazialen Meeresspiegelanstieges entstanden.

Beispiele: Atlantikküste im Südosten der USA: um Kap Hatteras Nehrungsinseln mit Längen von 100 km und mehr und einigen km Breite. Ostfriesische Inseln vor norddeutscher Küste; in ihrem Schutz hat sich breiter Wattengürtel gebildet.

Bei starkem strandparallelen Materialtransport wird sich Strand an Punkt, wo Küste ein oder ausspringt, vom Festland lösen und als länglicher Akkumulationskörper ins Meer vorstoßen: es entsteht ein ***Strandhaken***. Durch Wellenrefraktion und durch gelegentlich aus anderen Sektoren anlaufende Wellen ist Hakenspitze häufig scharf zurückgebogen (Abb. 34). Insgesamt aber recht unterschiedliche Formen möglich (Abb. 33), auch Anwachsen zu breiteren, hochkomplexen Strandwallebenen. Für manche Sonderformen eigene Bezeichnungen: Beim *Tombolo* (Abb. 36) durch fortgeschrittenes Längenwachstum des Hakens Verbindung zu einer Insel entstanden. *Höftland* meint eine dem Land dreieckförmig vorgebaute Ebene, gebildet aus einem System von Strandhaken und -wällen.

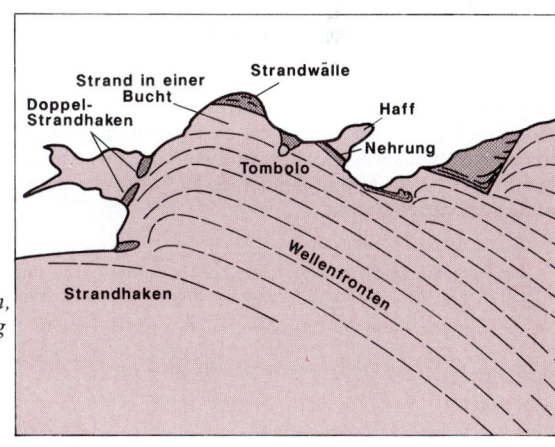

Abb. 33:
Strände, Strandhaken, Nehrung, Ausrichtung der Strandkörper in Anpassung an das Muster der Wellenrefraktion

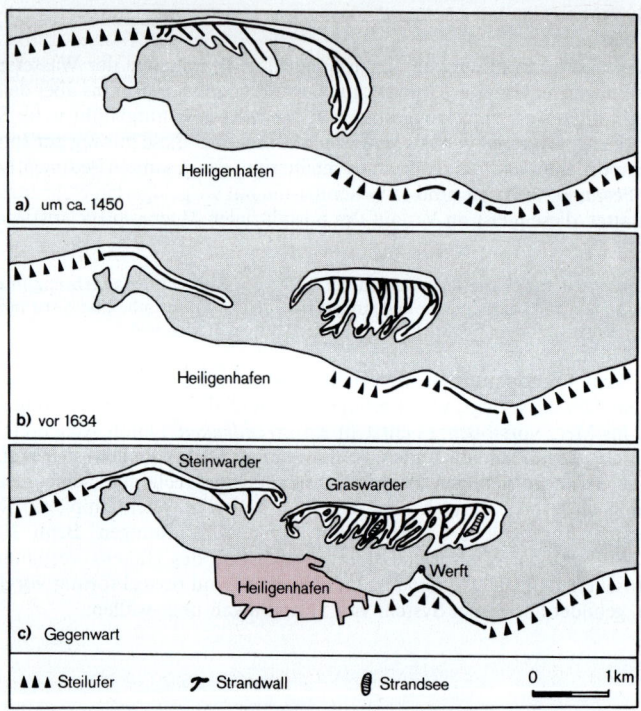

Abb. 34: Strandhaken und Strandwälle

Liegt eine mehr oder minder geschlossene Barriere vor einer Bucht, so spricht man
von *Nehrung*[4]. Nehrungen meist aus Haken entstanden, manchmal aber auch
durch senkrecht auf Küste zugewanderte Sandriffe. Abgeschnürter Meeresteil wird
zum *Haff*[5], das für Abfluß einmündender Flüsse gewöhnlich noch schmale Verbindung zur offenen See hat.

Beispiele: 1620 km² großes Kurisches Haff mit 120 km langer, 2–3 km breiter Kurischer
Nehrung, durch 600 m breite Rinne bei Memel mit Ostsee verbunden; Frisches Haff mit
Öffnung in der Nehrung bei Pillau (= Pregel-Mündung, Abb. 35).

---

[4] ital. lido

[5] ital. laguna; franz. étang; span. estero

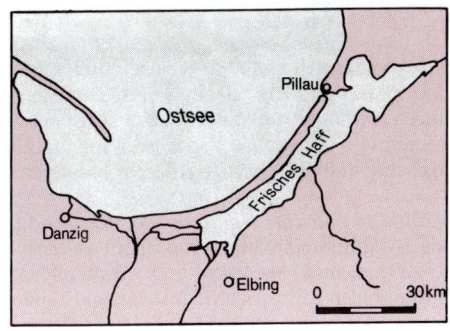

Abb. 35: *Haffküste an der Ostsee*

Völlig vom Meer abgeschnürte Haffs unterliegen allmählicher Aussüßung und Verlandung. An hinterpommerscher Küste Entstehung zahlreicher *Strandseen* aus einstigen Buchten erkennbar.

Bildung von Nehrungen, zusammen mit Abrasion der Küstenvorsprünge zwischen den Nehrungsbuchten führt zur Begradigung der Küstenlinie. Im Endzustand liegt eine sogenannte *Ausgleichsküste* vor (wie z. B. in Mecklenburg und Pommern).

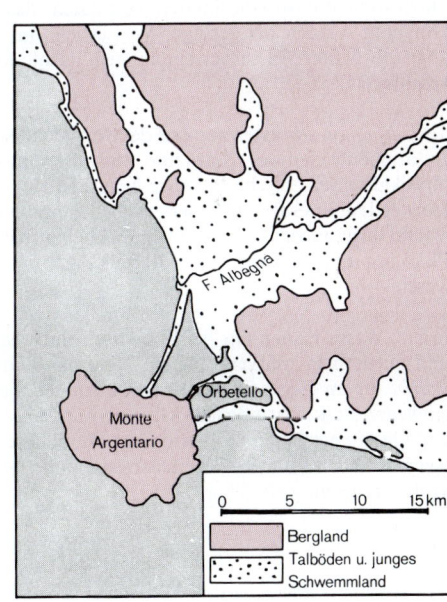

Abb. 36: *Tombola-Bildung zum Monte Argentario vor toskanischer Küste*

III, 125

3.1.3.3 Watten

Flachlandküsten kann ein breiter, durch Gezeiten abwechselnd wasserbedeckter und trockengefallener Saum vorgelagert sein. Hier entsteht im Wechsel von Ein- und Ausströmen der Wassermassen, getrennt durch kurze Ruhepause des Stromkenterns (= Zeitspanne, in der sich Flut- und Ebbstrom ablösen) ein in sedimentologischer und biologischer Hinsicht besonderes amphibisches Milieu: *das Watt*.

Watten an deutscher Nordseeküste bedecken Fläche von 3400 km² (Abb. 37). Vor schleswig-holsteinischer Westküste gelegener Wattengürtel durchschnittlich 15–20 km, max. bis 40 km breit. Wattenkörper 10–20 m mächtig, im Zuge des postglazialen Meeresspiegelanstieges entstanden, liegt den älteren Glazialablagerungen des Nordseebodens auf. Material stammt vorwiegend aus umgelagerten und aufgearbeiteten Eiszeitsedimenten der tieferen Nordsee und aus in Abbruch befindlichen Küstengebieten.

> *Watten* nicht nur an Nordseeküste, sondern *weltweit zu finden* (Beispiele: kanadische Westküste, Küste von Texas und Lousiana). *Tropischer Wattenküste* ist durch den *Baumbestand der Mangrove* eine verstärkte organische Wirkkomponente eigen, sie werden daher in eigenem Kapitel „Mangroveküste" behandelt.

Im tieferen, äußeren Wattbereich wegen starker Strömung und Wellenbewegung nur Sedimentation von Sanden, es entsteht das *Sandwatt* (Außensände, Platen). Hingegen werden bei geringer Wassertiefe, im sogenannten *Schlickwatt* infolge abgeschwächter Wasserbewegung auch leichte tonige Schwebstoffpartikel niedergeschlagen.

Schlickfall am stärksten zur Zeit des Stromkenterns. Daneben Begünstigung durch Zusammentreffen von Salz- und Süßwasser in Küstennähe: elektrolytische und physikalisch-chemische Prozesse bewirken Koagulation[6] und Ausflockung selbst feinster Trübe des Brackwassers. Neben anorganischen sind organische Bestandteile und organogene Prozesse am Schlickaufbau beteiligt: *Schlick* enthält totes Plankton und Stoffwechselprodukte kleiner und kleinster schlickfressender Lebewesen.

Priele, Wasserrinnen mit bei Ebbe und Flut wechselnder Strömung, durchziehen und gliedern in weitverzweigtem Netz das Watt, münden seewärts in größeren *Baljen*, die im Gegensatz zu Prielen auch bei Niedrigwasser schiffbar sind. Baljen entweder direkt mit offenem Meer verbunden oder durch *Seegatten* (Tiefs): tiefe, von Gezeitenströmen erodierte enge Durchlässe zwischen den Inseln im Wattenmeer; in ihnen können Gezeitenströme hohe Geschwindigkeiten und Transportkraft erreichen.

---

[6] lat. coagulare = gerinnen machen

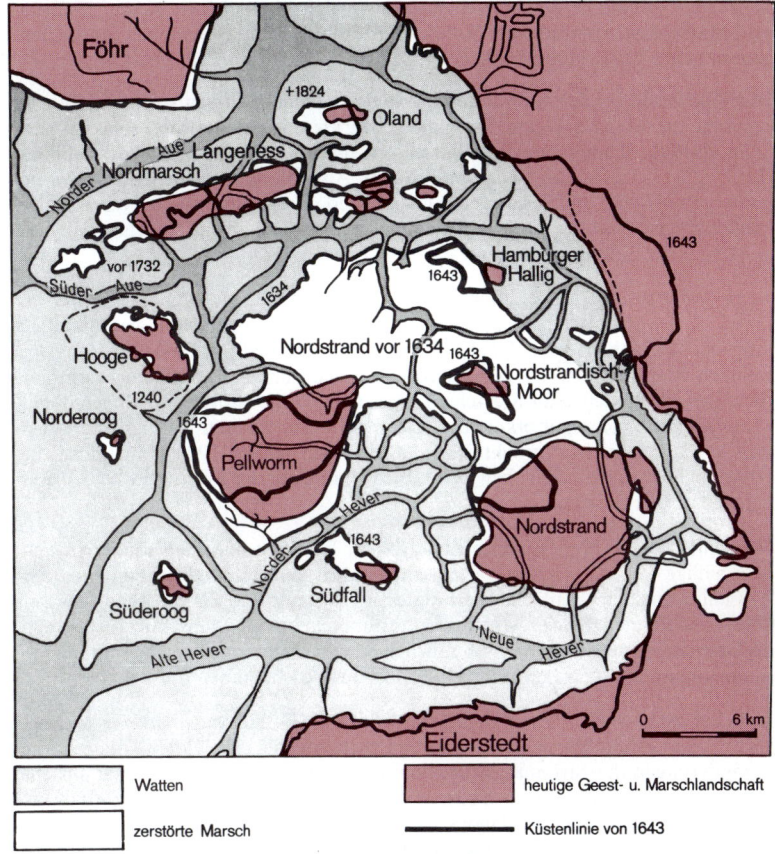

	Watten		heutige Geest- u. Marschlandschaft
	zerstörte Marsch		Küstenlinie von 1643

Abb. 37: Halligen und Marschinseln im nordfriesischen Wattenmeer heute und früher

Im „flachen Watt" wechseln Sedimentationsbedingungen von Ort zu Ort. Von Strömungsverhältnissen abhängig stehen Anlandungsgebiete solchen der Abtragung gegenüber.

Im flachsten, küstennahen Teil des Wattenmeeres oder im Schutz von Sandbänken kann Sedimentation Aufhöhung der Böden über das mittlere Hochwasserniveau (MHW) bewirken, das Watt wird so zur **Marsch.** Marsch überzogen von Salzwiesen, welche eine gelegentliche Überflutung bei besonders hohen Wasserständen vertragen. *Vorland* ist der Marschensaum vor der eingedeichten Küste, *Halligen* sind Marschinseln inmitten der Wattenfläche. In den Schutz von hohen Seedeichen genommenes Marschland heißt *Koog, Polder* oder *Groden*.

Wichtige Rolle bei der Aufhöhung der Wattbänke zur Marsch spielt *Vegetation*: beruhigt die Strömung und führt zu verstärkter Sedimentation, befestigt den Schlickboden. Schon im tieferen Wasser stellenweise „Auskämmung" des Schlicks durch Seegraswiesen. Ab 30 cm unter MHW Ansiedlung des Quellers (*Salicornia herbacea*). Dank dickfleischiger Stengel und Verästelungen hervorragender Schlickfänger. Nach weiterem Aufwachsen zieht schließlich das Andelgas (*Atropis maritima*) der Salzwiesen ein.

Stärkste morphologische Auswirkungen auf Watt und Marsch nehmen *Sturmfluten*; durch sie sowohl katastrophale Zerstörungen als auch bedeutende Aufhöhungen möglich. Verfrachten etwa 70mal mehr Sand als normale Flut, Gesamtleistung der wenigen Sturmfluten etwa 20mal größer als die aller Normaltiden. Sturmflut-schichten im Watten- und Marschenkörper anhand der gröberen Sedimente und Muschelbänke meist gut erkennbar. Gefahr der Sturmfluten bezeugt durch den weit in die Geschichte zurückreichenden Bau von *Wurten* (Warften): künstliche Hügel, auf denen die Küstenbewohner ihre Gehöfte aus der Reichweite des Meeres herauszuheben suchten.

Marschflächen an Nordseeküste zum größten Teil nicht natürlich sondern durch planmäßige *Landgewinnungsarbeiten* entstanden: verschiedene Maßnahmen zur Aufschlickung der Wattflächen, zur weiteren Erhöhung und Entwässerung des Bodens, Deichbauten. Solche Arbeiten heute nur mehr zum Küstenschutz fortgesetzt, da Gewinnung neuer landwirtschaftlicher Nutzflächen zu kostspielig und im Zusammenhang mit dem Agrarmarkt der EG auch nicht sinnvoll.

Jeglicher *anthroponer Eingriff* in das spezielle ökologische System des Wattenmeeres erfordert größte Vorsicht, denn durch Eindeichungen und Dammbauten starke Veränderungen der Strömungsverhältnisse. Seit Bau des Hindenburgdamms zur Insel Sylt (1927) an dessen Südseite jährliche Ablagerungen von 500 000 m³ Schlick. Vorrücken des Grünlandes um jährlich 50 m. Zuvor lag festländische Küste im Abbruch, seit 1927 Sedimentation von über 1 m Mächtigkeit (C. SCHOTT).

Literatur

BASCOM, W.: Waves and beaches. New York 1980

CARR, A. P.: Shingle spit and river mouth: short-term dynamics. Transactions Inst. British Geographers 36, 1965, S. 117–129

DAVIS, R. A. (Hrsg.): Coastal sedimentary environments. Berlin 1978

DEUTSCHE FORSCHUNGSGEMEINSCHAFT: Sandbewegung im Küstenraum. Forschungsbericht der DFG, Wiesbaden 1971

DUBOIS, R. N.: Beach topography and beach cusps. Bull. Geol. Soc. America 89, 1978, S. 1133–1139

EHLERS, J. C.: The Morphodynamics of the Wadden Sea. Rotterdam 1988

FORBES, D. L.: Coastal geomorphology and sediments of Newfoundland. Geol. Survey of Canada, Paper 84–1B, 1984, S. 11–24

GIERLOFF-EMDEN, H.-G.: Luftbild und Küstengeographie am Beispiel der deutschen Nordseeküste. Landeskundliche Luftbildauswertung im mitteleuropäischen Raum. Schriftenfolge Inst. Landeskde 4, Bad Godesberg 1961

–: Nehrungen und Lagunen. Gesetzmäßigkeiten ihrer Formenbildung und Verbreitung. Peterm. Geogr. Mitt. 105, 1961, S. 81–92, 161–176

GRIPP, K.: Winter-Phänomene am Meeresstrand. Z. Geomorph. N. F., Bd. 7, 1963, S. 326–331

HAILS, J. R. u. CARR, A. P. (Hrsg.): Nearshore sediment dynamics and sedimentation. New York 1975

HEMPEL, L.: Zur Genese von Dünengenerationen an Flachküsten. Beobachtungen auf den Nordseeinseln Wangerooge und Spiekeroog. Z. Geomorph., N. F., Bd. 24, 1980, S. 428–447

HINE, A. C.: Mechanisms of berm development and beach growth along a barrier spit complex. Sedimentology 26, 1979, S. 333–351

HOPLEY, D.: Beachrock as a sea-level indicator. In: Sea–level research: a manual for the collection and evaluation of data. (Hrsgg. v. O. v. d. Plassche), Geo Books Norwich, 1986, S. 157–173

HOYT, J. H.: Barrier island formation. Bull. Geol. Soc. America 78, 1967, S. 1125–1136

INGLE, J. C.: The movement of beach sand. Amsterdam 1966

KELLETAT, D.: Geomorphologische Studien an den Küsten Kretas. Beiträge zur regionalen Küstenmorphologie. Abh. Akad. Wiss. in Göttingen. Math.-Phys. Klasse, III, Nr. 32, 1979

KIDSON, C.: The growth of sand and shingle spits across estuaries. Z. Geomorph., N. F. Bd. 7, S. 1–22

KOMAR, P. D.: Beach processes and sedimentation. Prentice-hall, Engelwood Cliffs, 1976

KREMER, J. N.: Coastal marine ecosystems. New York 1978

LEATHERMAN, S. P. (Hrsg.): Barrier islands from the Gulf of St. Lawrence to the Gulf of Mexico. New York 1979

PYE, K.: Coastal dunes. Progress in Physical Geography 7, 1983, S. 531–557

REINECK, H.-E. (Hrsg.): Das Watt. Ablagerungs- und Lebensraum. Frankfurt 1970

RIECKEN, G.: Die Halligen im Wandel. Husum 1982

SAGEBARTH, J.: Strandwälle, Haken und Nehrungen im Süden der Insel Poel. Wiss. Z. Univ. Rostock, Math. Nat. R. 7–8, 1966, S. 905–922

SCHIPULL, K.: Zur Grundrißentwicklung von Strandwallebenen an Küsten der westlichen Ostsee. Berliner Geogr. Stud. 25, 1987, S. 179–191

SCHLENGER, H., PAFFEN, K. H. u. STEWIG, R.: Schleswig–Holstein, ein geographisch-landeskundlicher Exkursionsführer. Festschr. 37. Dt. Geographentag, Kiel 1969

SCHOTT, C.: Die Westküste Schleswig-Holsteins. Probleme der Küstensenkung. Schr. Geogr. Inst. Univ. Kiel 13, H. 4, 1950

SINDOWSKI, K.-H.: Das ostfriesische Küstengebiet, Inseln, Watten und Marschen. (– Sammlung geologischer Führer 57), Berlin, Stuttgart 1973

STÄBLEIN, G.: Geomorphodynamik und Geomorphogenese an arktischen Küsten. Berliner Geogr. Stud. 7, 1980, S. 217–231

STANLEY, D. J. u. SWIFT, D. J. P. (Hrsg): Marine sediment transport and environmental management. New York 1976

TAUBERT, A.: Morphogenese und Morphodynamik des nordfriesischen Wattenmeeres. Hamburger Geogr. Stud. 42, 1986

Wattenmeer. Ein Naturraum der Niederlande, Deutschlands und Dänemarks. Neumünster 1976

YASSO, W. E.: Plan geometry of headland-bay beaches. Journ. Geol. 73, 1965, S. 702–714

3.2 Organisch aufgebaute Küsten

3.2.1 Mangroveküsten

Wattenküste in tropischen Gezeitenmeeren als Mangroveküste ausgebildet. Saum eines gewöhnlich nicht über 10 m hohen Mangrovewaldes verbirgt hinter Flachlandküste gelegenes Festland. Labyrinth von Prielen und Kanälen durchzieht Mangrove und dient Küstenbewohnern als Zugang zum offenen Meer.

Mangrove: halophytische[7] Vegetationsformation, die viel Wärme braucht, aber im Prinzip unabhängig von jährlichen Niederschlagsmengen ist. Daher ebenso Vorkommen an extrem regenreichen Küsten (westliches Kolumbien) wie auch an hochariden Küsten (Rotes Meer).

Klimaeinfluß im Detail folgendermaßen zu charakterisieren:

Temperatur: Kerngebiet der Mangrove in den Innertropen; in Australien reicht Mangrove jedoch bis fast 39° südl. Br. Bestände nehmen dabei an Wuchskraft, Höhe und Artenzahl ab.

Niederschlag: Abfolge der dominanten Arten vom Meer Richtung Land in immerfeuchten Gebieten anders als in Klimaten mit ariden Monaten. Verdunstung führt zu landeinwärts steigenden Salzkonzentrationen der Bodenlösung, welche schließlich Entstehung vegetationsloser Sand- und Salztonebenen hervorrufen, die Mangrove ablösen oder unterbrechen. Eine solche Abfolge aber auch in relativ humiden Bereichen beobachtet, das heißt, sie kann nicht ausschließlich auf klimatische Wirkkomponenten zurückzuführen sein.

Arten der Gattungen Rhizophora, Avicennia und Sonneratia dominierend. Artenarmer „*westlicher Mangrove*" in Amerika und Westafrika steht sehr viel artenreichere „*östliche Mangrove*" an den Küsten Ostafrikas, Südasiens, Australiens und Ozeaniens gegenüber.

Als *Pioniervegetation* tropischer Watten durch mehrere Eigenschaften gekennzeichnet: breit ausladende elastische Stelzwurzeln verankern Bäume im weichen Schlick; bilden undurchdringliches Gewirr, in dem sich bei auf- und ablaufendem Wasser mitgeführte Schwebstoffe verfangen; Stelzwurzeln bei Flut völlig vom Wasser bedeckt, bei Ebbe bezeichnet horizontale Linie des grünen Blattwerks höchsten Wasserstand; auch Luftwurzeln und Atemkniee (Pneumatophoren) wirken als Schlickfänger.

---

[7] griech. halos = Salz, phyton = Pflanze

Vorkommen auch an Rändern brackwasserführender Lagunen (Haffs); dringt beiderseits breiter Flußmündungstrichter soweit flußaufwärts vor, wie Unterstrom salzigen oder brackigen Wassers reicht (am Amazonas 100 km).

Bevorzugte Verbreitungsgebiete: vor kräftig bewegtem Wasser geschützte Innensäume breiter Watten und ruhige Buchten hinter Sandbänken und Landzungen.

Mangrove zwar nicht primäre Ursache der Wattenbildung, beschleunigt jedoch Prozeß des Landzuwachses. Neugebildete Watten werden schnell von Mangrove erobert, im SW Floridas z. B. von 1900–1940 Fläche von 600 ha. Rasche Ausbreitung durch weitgehende Entwicklung der Sämlinge an Mutterpflanze (Viviparie[8]), von der sie während Ebbezeit abfallen und sich in Schlick bohren. Zerstörungen des Neulandes durch das Meer vermag Mangrove aber nicht aufzuhalten; fällt im weichen Schlick leicht der Unterspülung zum Opfer. Örtlich auch Vernichtung der Mangrovebestände durch holzfressende Krebstierchen und durch Menschen infolge Gewinnung des gerbsäurehaltigen, termitenfesten Holzes.

Literatur

BALTZER, F. u. LAFOND, L. R.: Marais Maritimes Tropicaux. Rev. Géogr. Phys. et Geol. Dyn. 13, 1971, S. 173–196

BIRD, E. C. F.: Mangroves and coastal morphology in Cairns Bay, north Queensland. Journ. Tropical Geogr. 35, 1972, S. 11–16

BOLAY, E. u. SCHEDLER, J.: Mangrovewälder im Bereich der Gezeiten. In: Biologie in unserer Zeit, 8, Weinheim 1978, S. 8–16

CHAPMAN, V. J. (Hrsg.): Wet-coastal ecosystems. (Ecosystems of the World, hrsgg. v. D. W. Goodall, Bd. 1), 1977

GREWE, F.: Afrikanische Mangrovelandschaften. Wiss. Veröff. Dt. Museum Länderkde. Leipzig, N. F. 9, 1941, S. 103–177

KELLETAT, D.: Beobachtungen an Landschaftsmustern der Mangrovewatten im Norden und Osten Australiens. Geoökodynamik Bd. 7, 1986, S. 405–424

KÜCHLER, A. W.: The mangrove in New Zealand. New Zealand Geogr. 28, 1972, S. 113–129

THOM, B. G.: Mangrove ecology and deltaic geomorphology: Tabasco, Mexico. J. Ecology 55, 1967, S. 301–343

WEST, R. C.: Mangrove-Swamps of the Pacific Coast of Colombia. Ann. Assoc. Amer. Geogr. 46, 1956, S. 98–121

WEYL, R.: Lithogenetische Studien in den Mangroven der Pazifikküste. N. Jb. Mineral. etc., 1953, S. 202–218

–: In den Mangroven El Salvadors. Natur u. Volk 83, 1953, S. 120–130

VALENTIN, H.: Untersuchungen zur Morphodynamik tropisch-subtropischer Küsten. I. Klimabedingte Typen tropischer Watten insbesondere in Nordaustralien. Würzburger Geogr. Arb. 43, 1975, S. 9–24.

---

[8] neulat. vivipar = lebendig gebärend

3.2.2 Korallenriffküsten

Anderer Typ organogen gestalteter tropischer Küsten ist Werk riffbildender Korallen.

Hauptverbreitung der Korallenriffe im Indopazifik. Dort Vorkommen aller Rifftypen in engem räumlichem Nebeneinander. Zweites Verbreitungszentrum in der Karabik.

Lebensraum der riffbildenden Korallen auf warme, tropische Meere beschränkt; reicht an Ostküsten der Kontinente weiter polwärts (bis ca. 32° nördl. und südl. Breite) als an Westküsten mit kalten Meeresströmungen. Optimale Wassertemperatur: 25–30 °C, Temperaturen über 34 °C ebenso wie solche unter 18 °C für Korallen tödlich.

Leben der Korallen an sauerstoff- und nährstoffreiches klares Salzwasser gebunden; daher Meidung von Flußmündungsgebieten und schlickigen Flachlandküsten, an denen Mangrove (→ III, 130) ihre Stelle einnimmt. Bindung an geringe Wassertiefe, da riffbildende Korallen in Symbiose mit einzelligen grünen Augen (*Zooxanthellen*) leben, die Licht zur Photosynthese benötigen. Lichteinfall in klarem Wasser der Tropen durchschnittlich bis 50 m Tiefe ausreichend. Nichttropische Meere wesentlich reicher an Plankton, hier neben Temperatur auch Lichtfaktor einschränkend. In den Bermudas Korallenwachstum auf oberste 30 m des warmen Golfstromes beschränkt.

Obergrenze des Riffwachstums ist Niveau des normalen Niedrigwassers. Korallen können mehr als zwei Stunden an der Luft nicht überleben. Durch Krustenbewegungen oder eustatische Meeresspiegelabsenkung aufgetauchte Riffbauten unterliegen schneller, kräftiger Verkarstung.

Korallen gehören Tierstamm der Nesseltiere (*Cnidaria*) an und treten in zahllosen Arten auf. Einzelriff Lebensgemeinschaft aus vielen Arten, unter denen Gruppe der schnellwüchsigen und gerüstbildenden Steinkorallen (Ordnung *Madreporia*, bzw. *Scleractinia*) eigentlicher Riffbaumeister ist.

Steinkoralle: millimetergroße Polypen. Durch Knospung Entstehung großer Kolonien (Korallenstöcke). Äußere Körperwand jedes Einzeltieres ist Skelett aus kohlensaurem Kalk, der in gelöster Form (Calciumbikarbonat) dem Meer entnommen wird. Tropische Meere mit kohlensaurem Kalk geradezu übersättigt. Von Polypen verlassene untere Teile der Kalkskelette werden durch quergerichtete Platten abgegrenzt, so daß Korallenstock unter dauernder Kalkablagerung immer weiter in die Höhe wächst, bis er Ebbeniveau des Meeres erreicht. Weitere wichtige Riffbewohner sind *Kalkalgen*. Sie scheiden dicke, zementharte Kalkkrusten ab, mit denen sie das Riffdach verfestigen und längs des Riffrandes einen Algenrücken aufbauen können.

Wachstumsgeschwindigkeit abhängig von Qualität der Umweltfaktoren, außerdem für einzelne Korallenarten unterschiedlich. Auf Wrack eines 1963 in die Lagune von Tahiti gestürzten Flugzeuges 1966 bereits 6 cm hohe Korallenstöcke; jährliche Zuwachsrate somit 2-3 cm. Einzelne Korallenstöcke wachsen jedoch schneller als gesamtes Riff, da auch Zerstörung durch Wellenschlag und Bioerosion erfolgt. Für Gesamtriff aus ^{14}C-Datierungen von Bohrkernen Maximalwachstumsraten von 1–1,2 cm pro Jahr errechnet, Durchschnittsraten jedoch viel niedriger.

4 Typen von Korallenriffen nach Lage und Gestalt zu unterscheiden: Saumriffe, Wallriffe, Atolle und Plattformriffe (früher als Krustenriffe bezeichnet).

1) Saumriffe und **Strandriffe:** häufigster Rifftyp; eng an Festlandküste oder Inseln angelehnt (Abb. 38a). Oberseite des Riffes wird als *Riffdach* bezeichnet, geht seewärts am *Riffrand* in den *Riffhang* über. Riffdach setzt am Strand mit leicht eingetiefter Senke, dem *Uferkanal* ein. Breite des Saumriffs abhängig vom Böschungswinkel des Küstenabfalls; übersteigt selten 100–300 m. Längste Saumriffe der Welt begleiten Küste des Roten Meeres.

2) Wallriffe oder **Barriereriffe:** in unterschiedlicher Entfernung vor der Küste. Umgeben höhere Inseln oder begleiten Festlandränder. Folgen Umrissen der von ihnen umschlossenen Inseln oder gesäumten Küsten teils geradlinig, teils gebogen oder zerstückelt (Abb. 38b). 200–1800 m breites Großes Barriereriff erstreckt sich an NO-Küste Australiens im Abstand von 30–140 km über Länge von fast 2000 km. Ist allerdings kein einheitliches Riffgebilde, sondern eine Ansammlung von Saum-, Plattform- und Barriereriffen.

Wallriff von Festland oder Insel durch Lagune getrennt. Boden mit Korallenschlamm und Kalksand bedeckt. Durch schmale Durchlässe im Riff gewöhnlich Verbindung der Lagune mit offenem Meer. Riffkrone liegt bei Ebbe trocken, bei Flut steht außen am Riff die Brandung.

An Außenseite des Riffs, im schäumenden, sauerstoff- und nährstoffreichen frischen Salzwasser, optimale Lebensbedingungen für Korallen, so daß Riffe horizontal der Brandung entgegenwachsen und sich ständig verbreitern. Steilem Außenriffhang steht sanft zur Lagune abfallender Innenriffhang gegenüber. Im ruhigen, sauerstoffärmeren Wasser der Lagune allmähliches Absterben der Korallen am Innenrand des Riffs wegen Nahrungsmangel.

3) Atolle: meist kreisförmige bis elliptische Riffkränze mit flacher Lagune im Zentrum, jedoch ohne Inselkern (Abb. 38c). Atollringe selten breiter als 1 km. Lagunendurchmesser schwankt zwischen 0,5 und 100 km. *Größtes Atoll:* Suvadiva in Gruppe der Malediven (2100 km², davon $^9/_{10}$ von Lagune eingenommen).

Atollringe sind *Kranzriffe;* ragen etwa 2–3 m über Flutniveau auf und senken sich sanft gegen Lagune ab. Diese im allg. wie Lagune der Wallriffe durch Lücken mit

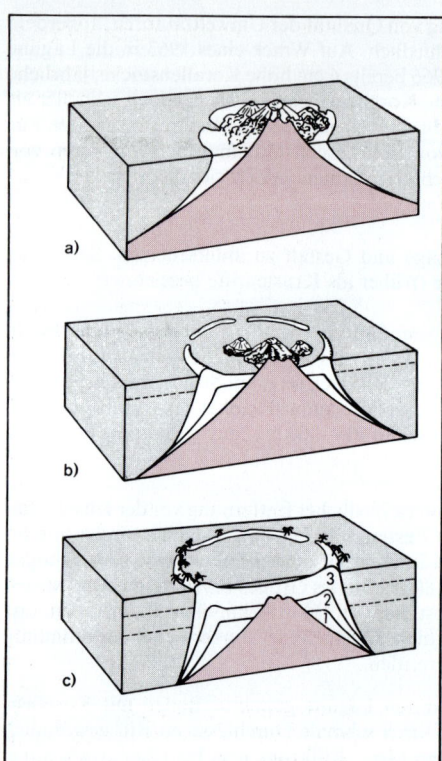

Abb. 38:
Genese der Korallenriffe
(nach Theorie von
CH. DARWIN)

a) *Vulkaninsel im*
   Saumriff
b) *absinkender Inselkern*
   mit Wallriff
c) *Atoll*
   1–3: Untertauchungs-
   phasen, denen die ange-
   deuteten Korallenmäntel
   zuzuordnen sind

offenem Meer verbunden, daher unter Einwirkung der Gezeiten. Atolle treten einzeln oder in Schwärmen auf.

4) Plattformriffe: Korallenbänke von länglicher bis ovaler oder unregelmäßiger Gestalt; bilden sich auf Flachseeböden ohne unmittelbare Anlehnung an Festland oder Insel. Zwergform des Plattformriffs wird *Fleckenriff* genannt.

Unterschiedliche Rifftypen bereits von CHARLES DARWIN auf Weltreise mit der „Beagle" (1831–1836) beobachtet, beschrieben und in genetische Verbindung miteinander gebracht (1842).

DARWIN sah in 3 Haupttypen Saumriff, Wallriff, Atoll eine Entwicklungsreihe (Abb. 38 a bis c) als Ergebnis des Korallenwachstums an Senkungsküsten; schloß aus räumlichem Nebeneinander der Rifformen auf zeitliches Nacheinander ihrer

Entstehung. Dabei Annahme sehr langsamer tektonischer Senkungsvorgänge, so daß Korallenwachstum Schritt halten konnte.

Bei Absenkung des Landes geraten küstennahe, älteste Teile des Riffs unter Wasser, während seewärtiger Korallenrand dank bester Frischwasserversorgung an Außenseite des Riffs weiter emporwächst. Ausbildung eines zunächst schmalen Kanals, dann immer breiter werdender Lagune zwischen Land und Riff: Saumriff wird zum Wallriff. Bei Andauer der Landessenkung und Untertauchen des ganzen Inselkerns wird Wallriff zum Atoll.

DARWINS „*Senkungstheorie*" in z. T. recht heftiger wissenschaftlicher Fehde zu einer der berühmtesten geomorphologischen Theorien geworden. Existenz gehobener Korallenriffe bildete von Anfang an scheinbare Schwierigkeit. Die Gegenthese erwuchs mit Aufkommen der Lehre eustatischer Meeresspiegelschwankungen (→ III, 138). Postglazialer eustatischer Meeresspiegelanstieg mußte theoretisch zum gleichen Effekt führen wie von DARWIN angenommene tektonische Land- und Meeresbodenabsenkung.

R. A. DALY versuchte (1910, 1915) verschiedenartige Rifftypen durch Meeresspiegelanstieg zu erklären: durch würmeiszeitliche Absenkung Enstehung untermeerischer Abrasionsplattformen, die im Postglazial als Basisflächen für Höhenwachstum der Riffkorallen dienten. Er nahm an, daß Kalkablagerungen unter Böden der Lagunen ziemlich einheitlich in 100 m Tiefe auf solchen Abrasionsplattformen lägen. Abkühlung des Wassers habe im Pleistozän Korallenwachstum verhindert, so daß marine Abtragung überwog. Neubelebung des Korallenwachstums erst im Postglazial.

Entscheidende Hinweise für *Richtigkeit der* DARWIN'*schen Auffassung* durch Tiefbohrungen und geophysikalische Untersuchungen auf Atollen im Pazifik und in Indonesien. Ansatztiefen dieser Atolle liegen weit unter DALY's hypothetischem Niveau von 100 m Tiefe, können nur durch lang andauernde tektonische Senkung erklärt werden. Am besten untersucht: Mururoa (Tuamotu-Inseln) mit Riffansatz in 438 m Tiefe und Wachstumsbeginn Ende Miozän; Eniwetok (Marschall-Inseln) mit Riffansatz in 1400 m Tiefe und Wachstumsbeginn im Eozän.

Zudem kann Senkungstheorie in größeren Erklärungszusammenhang der Plattentektonik gestellt werden. Die meisten Atolle der Welt gehören Inselreihen auf pazifischer Platte an. Entstehung dieser Vulkan- bzw. Inselreihen durch NW-Bewegung der pazifischen Platte über lagestabile „*Hot Spots*" (→ III, 156). Durch fortschreitende Abkühlung senkt sich Platte während Drift vom mittelozeanischen Rücken zur Subduktionszone. Gemeinsam mit Meeresboden sinken über „Hot Spot" gebildete Vulkane.

Ergibt typisches Erscheinungsbild pazifischer Inselketten: SO-Ende gekennzeichnet durch aktive Vulkane und junge Rifftypen, NW-Ende durch erloschene, ge- bis versunkene Vulkane und ältere Rifftypen. *Beispiel:* 800 km lange Reihe der Gesellschaftsinseln: beginnt im SO mit Mehetia auf einem aktiven Vulkan (Lage über „Hot Spot"), setzt sich gegen NW über Tahiti nach Maupiti fort, das sind Inseln mit erloschenen Vulkanen, Saum und Barriereriffen, und endet in den Atollen Mopelia, Scilly und Bellingshausen. Häufig folgt auf Atolle Kette von Guyots (→ III, 156), z. B. Fortsetzung der Hawaii-Inseln in den submarinen Imperatorkuppen. In vier Bohrungen nachgewiesen, daß diese vor Versinken Korallenfels-Kappen erhielten.

Generelle Absenkung pazifischer Platte während Drift überlagert von isostatischen Ausgleichsbewegungen, die nach Aufbau einer neuen Vulkaninsel einsetzen. Ringförmige Einwalmung des Ozeanbodens rings um die neugebildete Insel geht nach außen in Aufwölbung über. Erklärung für manche gehobene Atolle im Pazifik. Nach Erreichen des isostatischen Gleichgewichts setzt wieder normale Absenkung mit Platte ein.

Um 1945 Aufkommen der *Karst-Schüssel-Theorie*. Etwas abweichende Deutung für Ringform von Atollen und Barriereriffen, sonst kein Widerspruch zur Senkungstheorie. Geht von subaerischer Verkarstung zeitweilig trockengefallener, mehr oder minder horizontaler Riffe aus. Durch Verkarstung entstehe Gestalt einer Schüssel mit erhöhtem Rand. Diese sei Ausgangsbasis für ringförmiges Korallenwachstum. Karst-Schüssel-Theorie scheint fallweise zutreffend für Inseln der Fidschi-Gruppe, Austral-Cook Kette (Mangaia) und Karibik.

DALY's Theorie heute im Kern widerlegt, *eustatische Meeresspiegelschwankungen* haben aber zweifellos Korallenriffe mitgeprägt. Während kaltzeitlicher Tiefstände unterlagen trockengefallene Riffe Verkarstung und Zerschneidung. Bei den Tiefbohrungen im Pazifik entsprechende Unterbrechungen im Oberteil der Riffbauten gefunden. Entwicklungsgeschichte vieler Riffe (z. B. des Großen Barriereriffes) wesentlich kürzer als die der pazifischen Inselwelt und daher von Meeresspiegelschwankungen dominiert. Sichtbarer morphologischer Ausdruck an Hebungsküsten: Hebung führte dazu, daß die nacheinander während verschiedener pleistozäner Meeresspiegelstände entstandenen Saumriffe als Terrassen untereinander angeordnet sind. Berühmteste Terrassentreppe an Nordküste Papuas bis 600 m hoch, Riffterrassen begleiten auch Küste des Roten Meeres.

Literatur

AGASSIZ, C.: The coral reefs of the tropical Pacific. Bull. Mus. Comp. Zool. Harvard Coll. 38, 1903, S. 1–409
BATTISTINI, R. et. al: Eléments de terminologie récifale indopacifique. Téthys Bd. 7/1, 1975
BIEWALD, D.: Zum Problem der Ansatztiefe tropischer Korallenriffe. Mitt. Österr. Geogr. Ges. 116, 1974, S. 291–317
DALY, R. A.: Coral Reefs. Rev. Amer. J. Sci. 246, 1948, S. 193–207
–: The Changing World of the Ice Age. New Haven 1934
DANA, J. D.: Corals and Coral Islands. New York 1890

DARWIN, CH.: The structure and distribution of coral reefs. London 1842

DAVIS, W. M.: Die Entstehung von Korallenriffen. Z. Ges. f. Erdkde. Berlin 1928, S. 359–391

EINSELE, G., GENSER, H. u. WERNER, F.: Horizontal wachsende Riffplatten am Süd-Ausgang des Roten Meeres. Senckenbergiana 48, 1967, S. 359–379

FAIRBRIDGE, R. W.: Recent and pleistocene coral reefs of Australia. J. Geol. 58, 1950, S. 330–401

– u. TEICHERT, C.: The low isles of the Great Barrier Reef. Geogr. J. 111, 1948, S. 67–88

FOCKE, J. W.: Limestone Cliff Morphology on Curaçao (Netherlands Antilles), with Special Attention to the Origin of Notches and Vermetid/Coralline Algal Surf Benches. Z. Geomorph. N. F. 22, 1978, S. 329–349

GARDINER, J. S.: Coral reefs and atolls. London 1931

GILLET, K.: The Great Barrier Reef. Sydney 1959

GUILCHER, A.: Quelques caractères des récifs-barrieres et de leurs lagons. Bull. Assoc. Géogr. Francais 314/315, 1963, S. 2–15

–: Coral Reef Geomorphology. John Wiley & Sons, 1988

HOPLEY, D.: The Geomorphology of the Great Barrier Reef: Quaternary Development of Coral Reefs. London, New York 1982

HORI, N.: Raised Coral Reefs along the Southeastern Coast of Kenya, East Africa. Geogr. Rep., Tokyo Metropolitan Univ. 5, 1970, S. 25–47

LADD, H. S.: Reef Building. Sci. 134, 1961, S. 703–715

–: u.HOFFMEISTER, I. E.: The Antecedent-Platform Theory. J. Geol. 52, 1944, S. 388–402

ROTH-KIM, J.: Vom Großen Barriere Riff in Australien. Geogr. Helvet. 17, 1962, S. 57–59

SCHMID, R.: Das Große Barriere-Riff. Naturwiss. Rdsch. 28, 1975, S. 440–442

SCHROEDER, J. H. u. NASR, D. H.: The Fringing Reefs of Port Sudan, Sudan. I. Morpholo-gy-Sedimentology-Zonation. Essener Geogr. Arb. 6, 1983, S. 29–44

SCHUMACHER, H.: Korallenriffe. Ihre Verbreitung, Tierwelt und Ökologie. München 1976

SCOTT, G. A. J. u. ROTONDO, G. M.: A Model for the development of types of atolls and volcanic islands on the Pacific lithosphere plate. Atoll Research Bulletin 260, Washington 1983

SEIBOLD, E.: Das Korallenriff als geologisches Problem. Naturwiss. Rdsch. 15, 1962, S. 357–363

STEARNS, H. T.: An Integration of Coral–Reef Hypotheses. Amer. J. Sci. 244, 1946, S. 245–262

– u. MAC NEIL, F.: The Shape of Atolls: an inheritance from subaerial erosion forms. Amer. J. Sci. 252, 1954, S. 402–427

STEERS, J. A.: The coral islands and associated features of the Great Barrier Reefs. Geogr. J. 89, 1937, S. 1–28, 119–146

STODDART, D. R.: Ecology and morphology of recent coral reefs. Biological Rev., vol. 44, 1969, S. 433–498

–, SPENCER, T. u. SCOFFIN, T. P.: Reef growth and karst erosion on Mangaia, Cook Islands: A reinterpretation. Z. Geomorph., N. F., Suppl.-Bd. 57, 1985, S. 121–140

TEICHERT, C.: Fossile Riffe als Klimazeugen in Australien. Geol. Rdsch. 40, 1952, S. 33–38

VERSTAPPEN, H. T.: The influence of climatic changes on the formation of coral islands. Amer. J. Sci. 252, 1954, S. 428–435

–: On the geomorphology of raised coral reefs and its tectonic significance. Z. Geomorph., N. F. 4, 1960, S. 1–28

WEYL, R.: Korallenriffe, Riffkalke und Nehrungen an den Küsten Jamaicas. Natur und Museum 96, 1966, S. 301–310

3.3 Auswirkungen von Tektonik und Meeresspiegelschwankungen

Zeugnisse alter Uferlinien weit von heutiger Küste entfernt im Binnenland anzutreffen (→ II, Abb. 36): andererseits aber auch unter heutigem Meeresspiegel gelegen. Solche Verschiebungen der Küstenlinie entweder durch Anstieg/Absinken des Meeresspiegels oder durch Hebung/Senkung des Küstensaums hervorgerufen.

Meist schwer entscheidbar, ob Niveauveränderung des Meeresspiegels oder Vertikalbewegung der Küste stattgefunden hat, in vielen Fällen wirkte beides gleichzeitig. Daher spricht man rein beschreibend von:

positiver Strandverschiebung oder **Transgression**: Verlagerung der Wasserlinie landeinwärts.

negativer Strandverschiebung oder **Regression**: Verschiebung der Strandlinie seewärts.

3.3.1 Ursachen für Veränderungen des Meeresspiegelniveaus

In der geologischen Vergangenheit Verschiebungen der Position des Meeresniveaus im Ausmaß von einigen hundert Metern. Ursachen entweder *eustatisch* (Anstieg oder Absinken des Meeresspiegels durch Veränderungen in Wassermenge oder Kapazität der Ozeanbecken), *isostatisch* (Senkung oder Hebung der Küste durch gewichtsmäßige Be- oder Entlastung der Erdkruste) oder Vertikalbewegungen der Küste durch *andere tektonische Prozesse*[9].

3.3.1.1 Eustatische Meeresspiegelschwankungen

Glazial-Eustasie: Während Kaltzeiten waren große Wassermassen als Eis gebunden, damit dem Weltmeer entzogen. In jeder Kaltzeit daher Absinken, umgekehrt durch abschmelzende Eismassen in jeder Warmzeit Ansteigen des Meeresspiegels. Das in heutigen Eisschilden und Gletschern gebundene Wasser würde Meeresspiegel um 60–70 m anheben.

Geoid-Eustasie: Die Gestalt des Geoids ist bestimmt durch eine Äquipotentialfläche des Schwerefelds der Erde. Sie fällt mit der mittleren Oberfläche der Ozeane zusammen, da der Wasserspiegel auf Massendefizite oder Massenüberschüsse im Inneren der Erde frei reagieren kann. Die Meeresoberfläche zeigt dementsprechend im Einzelnen großräumige Aufwölbungen oder Depressionen (Geoidundulationen), wobei die Höhendifferenz zwischen den maximalen Abweichungen rund 180 m beträgt. Man nimmt an, daß die Geoidundulationen im Verlauf der geologischen Vergangenheit nicht ortsfest waren und daher lokale Meeresspiegelschwan-

---

[9] griech. éu = gut, stásis = Stand; îsos = gleich, stásis = Stand

kungen hervorriefen. Die Form des Geoids wird weiters durch Luftdruck, Windstau und Gezeiten regional umgestaltet.

Tektono-Eustasie: Jede Veränderung in der dreidimensionalen Form der Ozeanbecken (ausgelöst zum Beispiel durch plattentektonische Prozesse) beeinflußt die Wasserhalte-Kapazität und damit die Lage des Meeresspiegels.

Eustatischer Meeresspiegelanstieg durch *Sedimentakkumulation* und *submarinen Vulkanismus:* Wasserverdrängung durch neugebildete Sedimentlagen und Laven resultiert in Anhebung des Wasserspiegels.

Weiters nehmen Temperaturschwankungen einen geringfügigen Einfluß auf Meeresspiegelniveau, da warmes Wasser geringere Dichte als kaltes hat.

3.3.1.2 Isostatische Vertikalbewegungen der Küste

Glazial-Isostasie: Auflast von mächtigen Eisschilden führt zu einem Absinken der Erdkruste, dadurch zum Beispiel subglaziale Oberfläche des antarktischen Kontinents zu einem großen Teil unter das Meeresspiegelniveau gedrückt. Abschmelzen der Eismassen löst umgekehrt ein Aufsteigen der Erdkruste aus. Dabei Zeitverzögerung: obwohl skandinavischer Eisschild schon lange verschwunden ist, Ostseeraum heute noch immer mit Rate von fast 1 cm pro Jahr in Hebung begriffen.

Hydro-Isostasie: Erdkruste der Ozeane ist durch das Gewicht des Wassers niedergedrückt. Jede Veränderung in Wassermenge der Ozeanbecken ruft entsprechende Ausgleichsbewegung des Meeresbodens hervor. Glazial-eustatische Effekte somit durch hydro-isostatische zum Teil aufgehoben: durch abschmelzende Eismassen vorerst rascher Anstieg des Meeresspiegels, zugleich führt aber Gewicht der vermehrten Wassermenge zur Senkung des Meeresbodens und damit zur langsamen Absenkung des Meeresspiegels um ungefähr $^1/_3$ seines ursprünglichen Anstiegs.

Isostatische Ausgleichsbewegungen durch *Sedimentakkumulation* und *submarinen Vulkanismus.* Ablagerungen von mächtigen Sedimentpaketen führt lokal zu einer isostatischen Absenkung des Meeresbodens, insbesondere trifft dies für Kontinentalschelf im Mündungsbereich großer Flüsse zu. (Belastung des Ozeanbodens durch neugebildete Vulkanbauten → III, 135f.).

3.3.1.3 Andere tektonische Ursachen für Landhebungen und -senkungen

Viele tektonische Bewegungen haben eine Vertikal-Komponente. Auf der Erde befinden sich wahrscheinlich nur sehr wenige Gebiete und damit Küsten in absoluter tektonischer Ruhe. Gelegentlich tektonische Stabilität vorgetäuscht, wenn eustatische Meeresspiegelschwankungen und isostatische bzw. tektonische Landbewegungen mit ungefähr gleicher Geschwindigkeit ablaufen.

3.3.2 Pleistozäne und holozäne Meeresspiegelschwankungen

Heutige Kenntnisse über quartäre Meeresspiegelstände gründen hauptsächlich auf:

- Untersuchungen aufgetauchter Küstenlinien (→ III, 141 f.) und Korallenriffe
- beschränkte Zahl von Untersuchungen untergetauchter Küstenlinien
- der Sauerstoffisotopenkurve

Probleme der marinen Quartärforschung: Eine Abfolge alter Küstenlinien bedarf vorerst der Datierung. Heute radiometrische Datierungsmethoden [10](^{14}C, Th/U- und seit ca. 1980 Elektronenspin-Resonanz Methode) zur Altersbestimmung der Strandsedimente und Korallen eingesetzt. Schwierigkeit durch Limitierung dieser Methoden auf bestimmte Altersbereiche, daher Wissen über relative Meeresspiegelveränderungen am besten für die letzten 50 000 Jahre, relativ dünn für die vorangegangenen 400 000 Jahre und äußerst spekulativ für alle früheren Zeiträume. Datierung ergibt Altersabfolge der übereinander angeordneten Palöo-Küstenlinien; aus der Höhendifferenz zwischen ihnen kann jedoch wegen Zusammenwirkens von Eustasie, Isostasie und Tektonik nicht unmittelbar der Betrag der glazial-eustatischen Meeresspiegelschwankung abgelesen werden. Daher Zusammenführung der Ergebnisse mit der Sauerstoffisotopenkurve notwendig. Sauerstoffisotopenkurve seit den 50er Jahren aus den Sauerstoff-Isotopenverhältnissen in Tiefseebohrkernen erstellt, liefert ein unabhängiges Bild von Ablauf und Größenordnung der glazial-eustatischen Meeresspiegelschwankungen.

Rund 20 markanten Tiefständen des Meeresspiegels während des Pleistozäns stehen mehrere Zeitabschnitte gegenüber, in denen Meeresspiegel heutige oder etwas höhere Position einnahm. Im letzten Interglazial wahrscheinlich 1–10 m höher als heute, in Würm-Glazial Absenkung auf − 120 m, in früheren Glazialen vermutlich noch tiefer (bis − 200 m).

„*Klassische eustatische Theorie*": Ältere Untersuchungen konzentrierten sich auf die verschieden hoch über heutigem Meeresniveau liegenden Strandterrassen des Mittelmeerraums. Aus ihnen die folgenden Stufen des marinen Quartärs abgeleitet (ZEUNER, 1952):

Kalabrien	+ 180 m
Sizil	+ 100 m
Milazzo	+ 60 m
Tyrrhen	+ 30 bis 35 m
Monastir I und II	+ 7 bis 18 m

---

[10] Methoden zur Altersbestimmung auf der Basis des radioaktiven Zerfalls von Isotopen

Zeitlich wurden die einzelnen Stufen dieser Treppe den aufeinanderfolgenden Interglazialen zugeordnet; daraus entstand Idee einer kontinuierlichen Meeresspiegelerniedrigung von ca. 200 m seit dem Oberpliozän/Altpleistozän. Problematik des klassischen eustatischen Modells: Strandterrassen wurden hauptsächlich aufgrund ihrer Höhenlage eingestuft (absolute Datierungsmethoden standen noch nicht zur Verfügung). Mittelmeerraum jedoch ein tektonisch hoch aktives Gebiet – viele dieser Terrassen sind verbogen. Sizil – Terrasse am Ätna in 800 m Höhenlage! Heute außerdem größere Anzahl quartärer Strandterrassen bekannt. Bezeichnungen wie Kalabrien, Sizil usw. haben sich aber in umfangreichem Schrifttum etabliert und sind daher in heutigen Diskussionen um das marine Quartär nicht zu umgehen.

Holozäne Meeresspiegelgeschichte durch [14]C Datierungen, Pollenanalysen und archäoloische Befunde viel genauer faßbar. Postglazialer Meeresspiegelanstieg oder „*Flandrische Transgression*" begann mit Abschmelzen der Laurentinischen und Fennoskandinavischen Eisschilde um ungefähr 17000 BP[11]. Dabei Überflutung ehemaliger Landbrücken, welche für Menschen und Tierformen die Eiszeitalters wichtige Ausbreitungsrouten waren. Verbindung zwischen Alaska und Sibirien wurde unterbrochen, desgleichen zwischen Japan und China; britische Inseln durch Bildung des Ärmelkanals vom europäischen Kontinent isoliert. Flandrische Transgression erfolgte eingangs mit hoher Geschwindigkeit, später langsamer.

Meeresspiegel erreichte an *Nordseeküste* um 9000 BP Höhe von − 20 bis − 25 m und überflutete Untiefe der Dogger Bank, ungefähr heutige Position wurde um 3000 BP erlangt. Seither kleinere Schwankungen aufgrund von eustatischen, isostatischen und tektonischen Bewegungen. Diese allerdings für die historische Bevölkerung der Küstentiefebenen von bedrohlichen Auswirkungen. Zeiten einer besonderen Gefährdung durch Beginn von speziellen Schutzbauten gekennzeichnet, z. Bsp. Anfänge des Wurtenbaus um 1800–1900 BP und des Deichbaus um 1000 BP. Sturmfluten waren besonders gefürchtet und führten im Spät-Mittelalter zu großen Landverlusten (→ Abb. 37).

Zur Zeit weltweit ein Ansteigen des Meeresspiegels im Ausmaß von 1–2 mm pro Jahr feststellbar.

3.3.3 Formen aufgetauchter Küstenlinien

Aufgetauchte Paläo-Küstenlinien können das ganze Spektrum der marinen Abrasions- und Akkumulationsformen zeigen. Die letztgenannten unterliegen allerdings relativ leicht der Zerstörung, wenn sie nicht durch kalkige oder andere Bindemittel verfestigt wurden. In manchen Gebieten ganze Treppen von alten Abrasions-

---

[11] engl. before present = vor heute

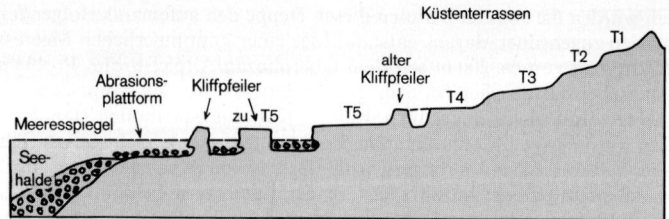

Abb. 39: *Schema der Kalifornischen Küstenterrassen mit Kliff-Pfeilern*

plattformen und/oder Strandterrassen akkumulativer Entstehung erhalten. Andernorts Formen bereits stark abgetragen und zerschnitten oder kolluvial[12] verschüttet. Gelegentlich sogar durch eine nochmalige positive Strandverschiebung unter jüngeren marinen Ablagerungen begraben.

Beispielhaft ausgebildete Abrasionsterrassentreppe begleitet über hunderte von Kilometern Küste Kaliforniens (Abb. 39). Durch jeweils jüngere Abrasionsplattform ist nächstältere, höher gelegene, in Küstenterrasse verwandelte Plattform zurückgeschnitten, verschmälert oder auch gänzlich aufgezehrt worden. Isolierte Felsklötze mit horizontaler Oberfläche (Kliff-Pfeiler, sea stacks) auf aktiver Abrasionsplattform vor rezentem Kliff sind letzte meerwärtige Reste zurückverlegter gehobener Terrasse.

Gut ausgebildete alte Abrasionsplattformen und Kliffe zeigen an, daß der Meeresspiegel sehr lange im gleichen Niveau blieb. Knick zwischen Plattform und Kliff sowie alte Brandungshohlkehlen wichtige Merkmale zur Abschätzung der ehemaligen Meeresspiegelhöhe. Für Rekonstruktion der Meeresspiegelschwankungen am günstigsten sind Akkumulationsterrassen, da sie an Hand ihres Fossilgehaltes datiert werden können.

Literatur

ANDREWS, J.T.: A geomorphological study of post-glacial uplift with particular reference to Arctic Canada. Inst. of Brit. Geographers, Spec. Publ. Nr. 2, 1970

BLOOM, A.L. u.a.: Quaternary sea-level fluctuations on a tectonic coast: new $^{230}Th/^{234}U$ dates from the Huon Peninsula, New Guinea. Quaternary Research 4, 1974, S. 185–205

BRADLEY, W.C. u. GRIPPS, G.B.: Form, genesis and deformation of central California wave-cut platforms. Bull. Geol. Soc. America 87, 1976, S. 433–449

BRÜCKNER, H.: Marine Terrassen in Süditalien. Eine quartärmorphologische Studie über das Küstentiefland von Metapont. Düsseldorfer Geogr. Schr. 14, 1980

BUTZER, K. W.: Pleistocene littoral-sedimentary cycles of the Mediterranean basin: a Mallorquin view. In: After the Australopithecines (hrsgg. v. K. W. Butzer u. G. L. Isaac), Den Haag 1975, S. 25–71

---

[12] lat. colluvere = bespülen, ausspülen; Kolluvium = am Fuß von Hängen zusammengeschwemmtes Verwitterungsmaterial

CHAPPELL, J.: A revised sea-level record for the last 300 000 years from Papua New Guinea. Search 14, 1983, S. 99–101

–, u. POLACH, H. A.: Holocene sea-level change and coral-reef growth at Huon Peninsula, Papua New Guinea. Bull. Geol. Soc. America 87, 1976, S. 235–240

CLARK, J. A., FARRELL, W. E. u. PELTIER, W. R.: Global changes in post-glacial sea level: a numerical calculation. Quaternary Research 9, 1978, S. 265–287

CLINE, R. M. u. HAYS, J. D. (Hrsg.): Investigations of Late Quaternary Palaeo-oceanography and Palaeoclimatology (Geol. Soc. America, Memoir 145), 1976

CRONIN, T. M.: Biostratigraphic correlation of Pleistocene marine deposits and sea levels, Atlantic coastal plain of the south-eastern United States. Quaternary Research 13, 1980, S. 213–229

DECHEND, W.: Krustenbewegungen und Meeresspiegelschwankungen im Küstenbereich der südlichen Nordsee. Geol. Jb. 79, 1961, S. 23–60

DEVOY, R. J. N.: Analysis of the geological evidence for Holocene sea-level movements in south-east England. Proc. of the Geologists' Association 93, 1982, S. 65–90

DITTMER, E.: Neue Beobachtungen und kritische Bemerkungen zur Frage der Küstensenkung. Die Küste 8, 1960, S. 29–44

EMERY, K. O.: Submerged Marine Terraces and their Sediments. Z. Geomorph., Suppl.-Bd. 3, 1961, S. 17–29

FAIRBANKS, R. G.: A 17 000-year glacio-eustatic sea-level record: influence of glacial melting rates on the Younger Dryas event and deep-ocean circulation. In: Nature, Bd. 342, 1989, S. 637–642

FAIRBRIDGE, R. W.: Eustatic changes in sea-level. In: Physics and Chemistry of the Earth (hrsgg. v. L. H. Ahrens u. a.), Bd. 4, London 1961, S. 99–185

–: World Sea-Level and Climate changes. Quaternaria 6, 1962, S. 111–134

–: Quaternary shoreline problems. Quaternaria 15, 1971, S. 1–18

FLEMMING, N. C.: Archaeological evidence for eustatic change of sea level and Earth movements in the western Mediterranean during the last 2000 years. Geol. Soc. of America, Spec. Paper 109, 1969

– u. ROBERTS, D. G.: Tectono-eustatic changes in sea level and sea-floor spreading. Nature (London) 243, 1973, S. 19–22

GIERLOFF-EMDEN, H.-G., SCHRÖDER-LANZ, H. u. WIENEKE, F.: Beiträge zur Morphologie des Schelfes und der Küste bei Kap Sines (Portugal). Meteor-Forschungserg., R, C, H. 3, Stuttgart 1970, S. 65–84

GILL, E. D.: The Paris symposium on world sea levels of the past 11 000 years. Quaternaria 14, 1971, S. 1–6

GRAUL, H.: Der Verlauf des glazialeustatischen Meeresspiegelanstieges, berechnet an Hand von C^{14}-Datierungen. Wiss. Abh. Dt. Geographentag 1959, Wiesbaden 1960, S. 232–242

GRÜN, R. u. BRUNNACKER, K.: Absolutes Alter jungpleistozäner Meeresterrassen und deren Korrelation mit der terrestischen Entwicklung. Z. Geomorph. N. F. 27, 1983, S. 257–264

HAFEMANN, D.: Die Frage des eustatischen Meeresspiegelanstiegs in historischer Zeit. Verh. Dt. Geographentag Berlin 1959, Wiesbaden 1960, S. 218–231

JELGERSMA, S.: Holocene sea level changes in the Netherlands. Maastricht 1961

–: Sea-level changes during the last 10 000 years. In: Proceedings of the International Symposium on World Climate, 8000 – 0 B. C., Royal Meteorological Society of London, 1966, S. 54–71

KELLETAT, D.: Eine eustatische Kurve für das jüngere Holozän, konstruiert nach Zeugnissen früherer Meeresspiegelstände im östlichen Mittelmeergebiet. N. Jb. Geol. Paläontol. Mh. 6, 1975, S. 360–374

– u. GASSERT, D.: Quartärmorphologische Untersuchungen im Küstenraum der Mani-Halbinsel, Peloponnes. Z. Geomorph. N. F., Suppl.-Bd. 22, 1975, S. 8–56

KLAMMER, G.: Alte Meeresstände an Küsten des atlantischen Typs und die Meeresspiegelkurve seit dem oberen Miozän. Würzburger Geogr. Arb. 56, 1982, S. 131–150

KLAUS, D.: Verzahnung von Kalkkrusten mit Fluß- und Strandterrassen auf Fuerteventura/Kanarische Inseln. Essener Geogr. Arb. 6, 1983, S. 93–127

KLUG, H.: Der Anstieg des Ostseespiegels im deutschen Küstenraum seit dem Mittelatlantikum. Eisz. u. Gegenw. 30, 1980, S. 237–252

KLUG, H., ERLENKEUSER, H., ERNST, T. u. WILLKOMM, H.: Sedimentationsabfolge und Transgressionsverlauf im Küstenraum der östlichen Kieler Außenförde während der letzten 5000 Jahre. Offa 31, 1974, S. 5–18

MCINTIRE, W. G.: Mauritius: river–mouth terraces and present eustatic sea stand. Z. Geomorph., Suppl.–Bd. 3, 1961, S. 39–47

MÖRNER, N.-A.: Eustasy and geoid changes. Journ. of Geol. 84, 1976, S. 123–151

–: Relative sea level, tectono–eustasy, geoidal-eustasy and geodynamics during the Cretaceous. Cretaceous Research 1, 1980, S. 329–340

– (Hrsg.): Earth Rheology, Isostasy and Eustasy. Chichester 1980

OZER, A. u. VITA-FINZI, C. (Hrsg.): Dating Mediterranean Shorelines. Z. Geomorph., N. F., Suppl.-Bd. 62, 1986

PIRAZZOLI, P. A.: Sea–level relative variations in the world during the last 2000 years. Z. Geomorph., N. F. 21, 1977, S. 284–296

PITMAN, W. C.: The effects of eustatic sea-level changes on stratigraphic sequences at Atlantic margins. In: Geological and Geophysical Investigations of Continental Margins, (American Ass. of Petroleum Geol., Memoir 29), 1979, S. 453–460

PONGRATZ, E.: Historische Bauwerke als Indikatoren für küstenmorphologische Veränderungen in Latium. Münchener Geogr. Abh. 4, 1972

RADTKE, U.: Marine Terrassen und Korallenriffe – das Problem der quartären Meeresspiegelschwankungen erläutert an Fallstudien aus Chile, Argentinien und Barbados. Düsseldorfer Geogr. Schr. H. 27, 1989

SHACKLETON, N. J.: The oxygen isotope stratigraphic record of the late Pleistocene. Philosophical Transactions of the Royal Society of London 280, B, 1977, S. 169–182

–u. OPDYKE, N. D.: Oxygen isotope and paleomagnetic stratigraphy of equatorial Pacific core V28–238: oxygen isotope temperatures and ice volumes on a 10^5 year and 10^6 year scale. Quaternary Research 3, 1973, S. 39–55

SHEPARD, F. P.: Sea level rise during the past 20000 years. Z. Geomorph., Suppl.-Bd. 3, 1961, S. 30–35

SMITH, D. E. u. DAWSON, A. G. (Hrsg.): Shorelines and isostasy. London 1983

STEARNS, H. T.: Quarternary shorelines in the Hawaian islands. Bull. of the B. P. Bishop Museum, Honolulu, 237, 1978, S. 1–57

STEPHENS, N. u. SYNGE, F. M.: Pleistocene shorelines. In: DURY, G. H., Essays in Geomorphology, 1966, S. 1–51

THOM, B. G. u. CHAPPELL, J.: Holocene sea-level change: an interpretation. Philosophical Transactions of the Royal Society of London, 291, A, 1978, S. 187–194

TJIA, H. D.: Holocene eustatic sea levels and glacio-isostatic rebound. Z. Geomorph., Suppl.-Bd. 22, 1975, S. 57–71

TOOLEY, M. J.: Sea-level changes during the last 9000 years in north-west England. Geograph. Journ. 140, 1974, S. 18–42

VALENTIN, H.: Gegenwärtige Vertikalbewegungen der Britischen Inseln und des Meeresspiegels. Verh. 29. Dt. Geographentag Essen 1953, Wiesbaden 1955, S. 148–153

VÖLK, H.: Die holozäne Entwicklung der südlichen Nordseeküste nach dem Stand der gegenwärtigen Forschung im Lichte neuerer C^{14}-Daten und Kartierungen. Heidelberger Geogr. Arb. 40, 1974, S. 309–330

III, 144

Voss, F.: Der Einfluß des jüngsten Transgressionsablaufes auf die Küstenentwicklung der Geltinger Birck im Nordteil der westlichen Ostsee. Die Küste 20, 1970, S. 101–113

–: Neue Ergebnisse zur relativen Verschiebung zwischen Land und Meer im Raum der westlichen Ostsee. Z. Geomorph., N. F., Supp.-Bd. 14, 1972, S. 150–168

Walton, K. (Hrsg.): The vertical displacement of shorelines in Highland Britain. Transactions of the Inst. of Brit. Geogr., Nr. 39, 1966

Wieneke, F. u. Rust, U.: Zur relativen und absoluten Geochronologie der Reliefentwicklung an der Küste des mittleren Südwestafrika. Eisz. u. Gegenw. 26, 1975, S. 241–150

Worsley, T. R., Nance, D. u. Moody, J. B.: Global tectonics and eustasy for the past 2 billion years. Marine Geology 58, 1984, S. 373–400

Zeuner, F.: Pleistocene shore-lines. Geol. Rdsch. 40, 1952, S. 39–50

3.4 Typen der Ingressionsküste

Ingressionsküsten[13] sind Küsten, an denen das Meer durch Meeresspiegelanstieg oder Landsenkung, in ein differenziertes, festländisches Relief eindrang und dieses noch nicht oder nur wenig überformte. Durch den jungen, nacheiszeitlichen Meeresspiegelanstieg sind Ingressionsküsten auf der Erde weit verbreitet. Da prinzipiell jede Form des Festlandes partiell ertrunken sein kann, gibt es entsprechend viele Küstentypen. Durch fluviatile oder glaziale Prozesse gestaltete Ingressionsküsten sind aber am häufigsten.

Fluviatil gestaltete Küstentypen: Rias und Calanquen, Ästuare, Limane und Canale-Küste.

Rias: durch den nacheiszeitlichen Meeresspiegelanstieg ertrunkene Flußunterläufe. Rias-Begriff ursprünglich durch einzelne Zusätze viel enger gefaßt, erfuhr schrittweise Ausweitung auf pure Aussage über Grundanlage der Form. Durch Vielfalt der möglichen Talgrößen, -querschnitte, -verzweigungen und durch das Überflutungsausmaß große Spannbreite in Erscheinungsbild und Größenordnung der Rias-Buchten (Übersicht bei H. Schülke).

Ausdruck „Ria" geht zurück auf die spanische Bezeichnung für eine schlauchförmige, tief ins Land zurückgreifende Meeresbucht, wie sie den Flußmündungen Spanisch-Galiciens eigen ist (Abb. 40). Diese klassischen Rias sind durch flaches Längsprofil der Ausgangstalung bei gleichzeitig steilem Querprofil und hohen Talflanken eindrucksvoll lange und enge Landschafteinschnitte. Bei Flut entsteht das Bild mächtiger Flußtäler; bei Ebbe bleiben nur kümmerliche Rinnsale, die zwischen ausgedehnten Wattflächen hinfließen.

Entstehungszusammenhang dieses Prototyps mit quartären Meeresspiegelschwankungen durch H. Mensching aufgezeigt. Kaltzeitliche Meeresregression belebte die Tiefenerosion, Rias wurden in jeder Kaltzeit durch Eintiefung schmäler. In den

---

[13] lat. ingressio = Eintritt

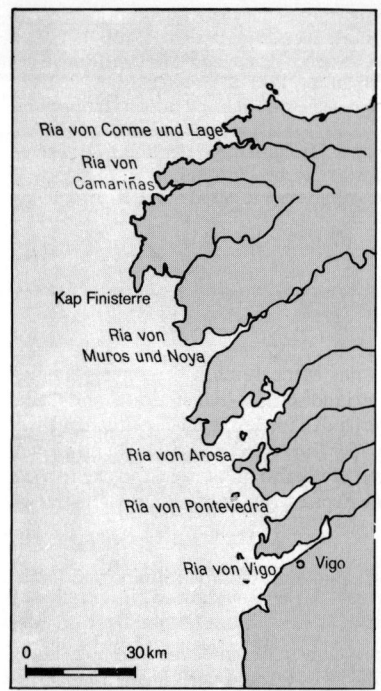

Abb. 40:
Rias-Küste
Spanisch Galiciens

Ria von Corme und Lage

Ria von Camariñas

Kap Finisterre

Ria von Muros und Noya

Ria von Arosa

Ria von Pontevedra

Ria von Vigo   o Vigo

0   30 km

Interglazialen Überflutung. Zugleich relative Heraushebung des Landes im Verlauf des Quartärs, d. h. Küstenlinie Spanisch-Galiciens wurde meerwärts verschoben. Daher traten ihre Rias mit jedem Interglazial nicht nur schmäler sondern auch in größerer Längenerstreckung in Erscheinung.

Sondertypus der Rias sind die an Kalkgesteine gebundenen *Calanquen*; das sind überflutete Unterläufe von Trockentälchen. Sie treten geschart an der provencalischen Mittelmeerküste entgegen, von wo auch die Bezeichnung stammt. Entstehung auf pleistozäne Talbildungs- und Kalklösungsprozesse zurückzuführen. Heute kräftige marine Überformung. Im Hochwasserniveau greifen Brandungshohlkehlen bis zu 2 m tief in den Fels ein. Sie unterminieren die höheren Felspartien, welche schließlich nachstürzen. Dies führt zur typischen Flankenversteilung im Buchtbereich der Calanquen.

Ästuare, Limane und *Canale-Küste* früher den Rias-Küsten als eigenständige Typen gleichgestellt. Durch ihre fluviatil-erosive Grundanlage mit folgender Überflutung müssen sie heute als Formen im Umfeld der Rias angesehen werden.

Ästuare: Begriff hat in anglo-amerikanischer, französischer und deutscher Geomorphologie unterschiedliche Bedeutung. In deutscher Geomorphologie versteht man unter Ästuaren (→ II, 122) durch nacheiszeitlichen Meeresspiegel überflutete Mündungstrichter großer Tieflandflüsse, welche unter starkem Gezeiteneinfluß stehen. Vom Prototyp der Rias unterscheiden sie sich durch flache, niedrige Uferböschungen und durch starkes Ausmaß der marinen Überformung.

Limane der russischen Schwarzmeerküste sind zu Strandseen (→ III, 125) verwandelte Flußmündungen, die durch eustatischen Meeresspiegelanstieg überflutet und durch Strandwall infolge küstenparalleler Strömung abgeschlossen worden sind (Abb. 41).

Canale- oder **Valone-Küste** (Abb. 42): In jungem Faltenrelief, in dem Bergrücken tektonischen Antiklinalen, die großen Talungen tektonischen Synklinalen entsprechen, werden Synklinalen überflutet, Antiklinalen ragen als langgestreckte Inseln oder Halbinseln aus dem Wasser. Ertrunkene Längstäler bilden lange Meeresschläuche, Kanäle, wie an dalmatinischer Küste.

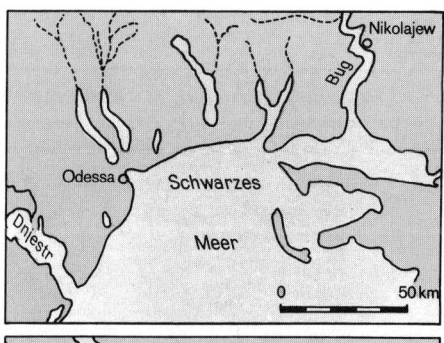

Abb. 41:
Limanküste,
südrussische Limane

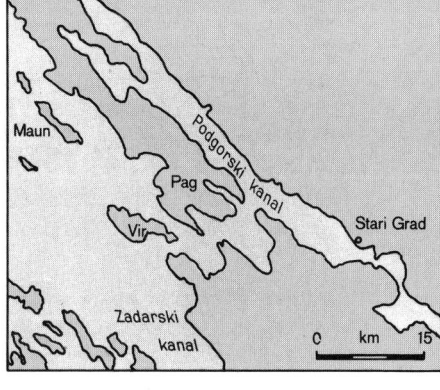

Abb. 42:
Dalmatinische
Canale-Küste

III, 147

Küstentypen in glazialgestaltetem Relief: Fjord-, Fjärden- und Schärenküsten im anstehenden Gestein, Förden- und Boddenküsten im Bereich eiszeitlicher Aufschüttungen.

Fjord, Fjärde, Firth und Förde bedeuten in nordischen Sprachen „Fahrwasser für Küstenschiffe"; ursprünglich also keine spezifischen Formenbezeichnungen, Übernahme linguistisch verwandter Bezeichnungen als wissenschaftliche Termini jedoch unter Zugrundelegung bestimmter genetischer Vorstellungen.

Fjorde (Abb. 43): ertrunkene, vom Gletschereis überarbeitete Trogtäler; reichen meist mehrere 100 bis 1500 m unter heutigen Meeresspiegel. In Antarktis sogar Tiefen bis 2000 m ausgelotet. Haben gleiches Längs- und Querprofil wie alpine U-Täler, sind lang, schmal, steilwandig, in ihrem inneren Teil vielfach verästelt und in mehrere Becken oder Wannen mit rückläufigem Gefälle gegliedert. Meerwärts endet Fjord gewöhnlich mit submariner Schwelle, die blanker oder mit Moränenschutt bedeckter Felsriegel sein kann.

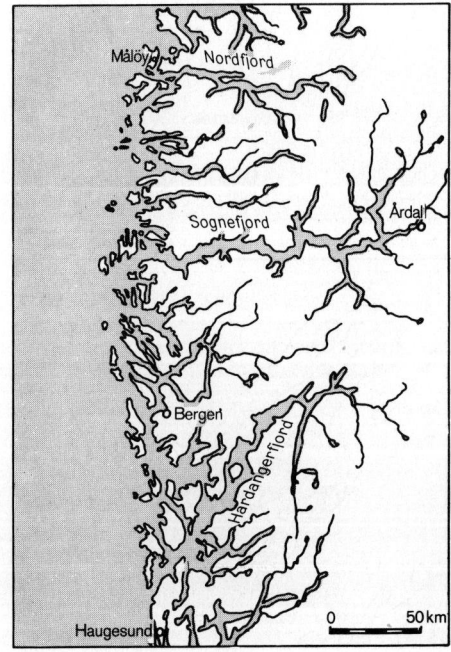

Abb. 43:
Norwegische
Fjordküste

Beispiel: Sognefjord als größter und tiefster der norwegischen Fjorde 160 km lang. Längsprofil senkt sich vom Fjordende meerwärts auf – 1300 m. Boden eigentlicher Felswanne noch tiefer, da Breite und Glätte des ausgeloteten Grundes auf Sedimentfüllung hinweisen. Im Mündungsbereich folgt rasches Seichterwerden. Eingang des großen Sognefjordes nur 3 km breit und weniger als 200 m tief. Position dieser Mündungsschwelle durch zahlreiche kleine Felsinseln markiert.

Forschung konzentrierte sich bis in die 60er Jahre auf die im Vergleich zu alpinen U-Tälern ungewöhnliche Übertiefung. Großes Einzugsgebiet und steiles Gefälle der von Inlandvereisung ausgesandten Talgletscher führten in Fjorden zu hohen Erosionsleistungen bis ausdünnende Gletscherzunge Kontakt zum Boden verlor und zu schwimmen begann. In jüngerer Zeit Forschungsschwerpunkt auf gegenwärtige Auffüllung der submarinen Felswannen und isostatische Heraushebung der Fjordküsten verlagert.

Fjorde überall dort, wo vergletschert gewesene oder noch heute vergletschte Hochgebirgslandschaften ans Meer grenzen: Norwegen, Island, Spitzbergen, Grönland, Alaska, British Columbia; auf Südhalbkugel Westpatagonien, Südinsel von Neuseeland und Antarktis.

Fjärde: Bezeichnung für genetisch gleichartige, jedoch mit sanfter geneigten Talhängen in stark abgetragenes Mittelgebirgsrelief eingesenkte und vom Meer überflutete Täler.

Typische Beispiele an südnorwegisch-schwedischer Küste, im N der Britischen Inseln (Firth of Forth, Firth of Clyde u. a.), Küste Neuenglands, Neufundlands, Labradors.

Strandflate: Erosionsplattformen, die glazial geformter Küste vorgelagert sind; treten zum Teil ertrunken und zum Teil als niedrige Felsinseln und Küstenflächen in Erscheinung. Prototyp der Strandflate begleitet norwegische Küste von Stavanger bis zum Nordkap, erreicht bis zu 50 km Breite und zieht als schmales Band auch ins Innere mancher Fjorde. Entstehung der Strandflate auf jeden Fall polygenetisch. Gewicht der einzelnen Formungsprozesse jedoch nicht geklärt. Diskutiert werden: Altanlage (tertiäre Einebnung), marine Abrasion, Frostverwitterung im Brandungsbereich, glaziale Erosion und Erosion durch driftendes Schelfeis.

Schären: durch Inlandeis überformte, abgeschliffene, flachbuckelige kleine Felseninseln; sind vom Meer überflutete Rundhöckerlandschaften (→ III, 92). Infolge andauernder isostatischer Landhebung Skandinaviens rücken Schären nach und nach in festländischen Bereich.

Prototyp einer Schärenküste: schwedisch-finnische Ostseeküste; große Schärenhöfe vor Stockholm und im „Schärenmeer" am Eingang des Bottnischen Meerbusens. Schären auch in Binnenseen, z. B. des glazial überformten Kanadischen Schildes.

III, 149

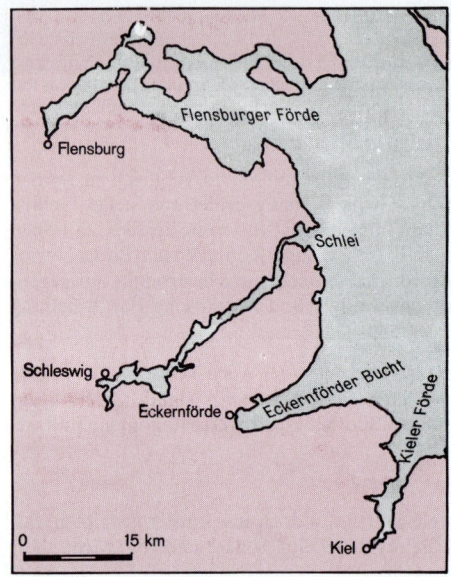

Abb. 44:
Schleswig-Holsteinische
Fördenküste

Förden (Abb. 44): schmale, langgestreckte Meeresbuchten oder plumpe, breite Buchten im glazialen *Aufschüttungsbereich*. Charakteristisch für Ostseeküste Schleswig-Holsteins und Jütlands sowie Ostküste Nordamerikas (Long Island). Schmale talähnliche Formen (z. B. Schlei) sind ertrunkene subglaziale Schmelzwasserrinnen; plumpe, breitere Buchten (z. B. Eckernförder Bucht, Kieler Förde) waren Zungenbecken, in denen meist Lobus des Inlandeises gelegen hat. 57 m hoher

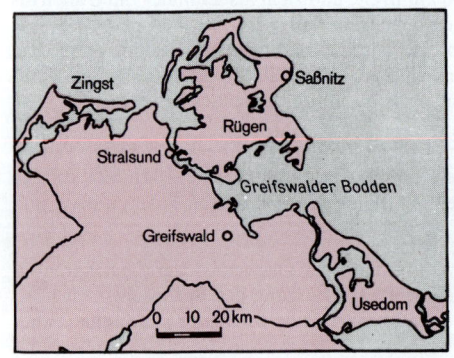

Abb. 45:
Pommersche
Boddenküste

Moränenwall der Kieler Förde bildet heute Wasserscheide zwischen Ost- und Nordsee.

Boddenküste (Abb. 45): durch postglazialen Meeresspiegelanstieg der Ostsee (Litorinatransgression) überflutetes sanftwelliges Relief kuppiger Grundmoränenlandschaft. Küstenlinie stark zerlappt, rundliche Buchten zwischen aus dem Wasser aufragenden Moränenkuppen. Charakteristisch für die Ostseeufer Mecklenburgs, Pommerns und der dänischen Inseln.

Literatur

BRENNER, M. u. KAISER, K. H.: Entwicklungen von Küstengestaltstypen an der schleswig-holsteinischen Fördenküste zwischen Schlei und Eckenförder Bucht. Berliner Geogr. Stud. 25, 1987, S. 193–218

DIONNE, J. C. u. BRODEUR, D.: Erosion des plates-formes rocheuses littorales par affouillement glaciel. Z. Geomorph. N. F. Bd. 32, 1988, S. 101–115

EMBLETON, C. u. KING, C. A. M.: Glacial Geomorphology. 2. Aufl., 1. Bd., London 1975

GALAS, D.: Die Calanquen der provencalischen Küste zwischen Cap Croisette und Cassis. Geogr. Rdsch., Bd. 11, 1969, S. 420–423

GRANÖ, O.: Die südfinnische Schärenküste als Übergangsraum zwischen Festland und offenem Meer. Stuttgarter Geogr. Stud. 69, 1957, S. 34–49

GRIPP, K.: Über die Entstehung der Fjorde. Untersucht am Bokna-Fjord, SW–Norwegen. Eisz. u. Gegenw. 22, 1971, S. 131–147

HOLTEDAHL, H.: Notes on the formation of fjords and fjord-valleys. Geogr. Annaler 49 A, 1967, S. 188–203

KLUG, H.: Küstenformen der Ostsee. In: Die Ostsee. Natur und Kulturraum. Husum 1985, S. 70–78

MENSCHING, H.: Die Rias der galicisch-asturischen Küste Spaniens. Beobachtungen und Bemerkungen zu ihrer Entstehung. Erdkunde 15, 1961, S. 210–224

NANSEN, F.: The strandflat and isostasy. Vidensk. Skrifter I. Math.-Naturwiss. Kl. 1921 no. 11, Oslo 1922

PASKOFF, R. u. SANLAVILLE, P.: Observations gémorphologiques sur les côtes de l'archipel maltais. Z. Geomorph., N. F. Bd. 22, 1978, S. 310–328

SCHÜLKE, H.: Morphologische Untersuchungen an bretonischen, vergleichsweise auch an korsischen Meeresküsten. Ein Beitrag zum Riasproblem. Arb. Geogr. Inst. Univ. d. Saarlandes Bd. 11, 1968

–: Bestimmungsversuch des Rias-Begriffes durch das Kriterium der Fluvialität (mit einem Ausblick auf das Ästuarproblem). Erdkunde 23, 1969, S. 264–280

SHOEMAKER, E. M.: The formation of fjord thresholds. Journ. Glaciology vol. 32, No. 110, 1986, S. 65–71

SYVITSKY, J. P. M., BURRELL, D. C. u. SKEI, J. M.: Fjords. Berlin 1987

TIETZE, W.: Ein Beitrag zum geomorphologischen Problem der Strandflate. Peterm. Geogr. Mitt. 106, 1962, S. 1–20

VORNDRAN, G. u. SOMMERHOF, G.: Glaziologisch – glazialmorphologische Untersuchungen im Gebiet des Qôrqup-Auslaßgletschers (Südwest-Grönland). Polarforschung Jg. 44, 1974, S. 137–147

4 Submarine Formen

Klassifikation der submarinen Formen durch B. HEEZEN, M. THARP und M. EWING (1959) in leicht abgeänderter Form heute international anerkannt. Großgliederung in drei Hauptformen: den *Kontinentalrändern* stehen als rein ozeanische Formen die *Tiefseebecken* und die *Mittelozeanischen Rücken* gegenüber.

Abb. 46: Typen von Kontinentalrändern
(aus D. KELLETAT 1989, nach E. SEIBOLD 1974)

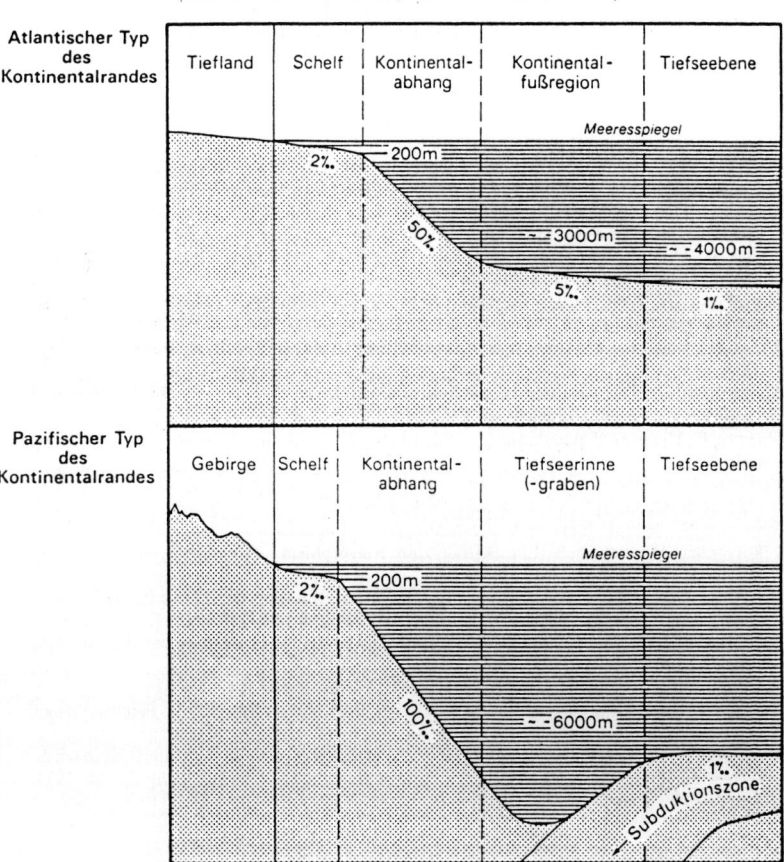

Kontinentalrändern in dieser Klassifikation neben *Schelf, Kontinentalabhang* und *Kontinentalfuß* auch die Tiefseegräben zugerechnet. Diesen Formen gemeinsam, daß sie wegen der Nähe des Festlandes mehr Sedimentzufuhr als die Tiefseebecken und die Mittelozeanischen Rücken erhalten. Zu unterscheiden zwischen *„atlantischen" oder (tektonisch) „passiven"* Kontinentalrändern und *„pazifischen" oder (tektonisch) „aktiven"* Kontinentalrändern. Beim passiven Typ folgt auf meist recht breite, überwiegend durch Akkumulation entstandene Schelfregion Kontinentalabhang, welcher in Kontinentalfuß übergeht. Beim aktiven Typ steht anstelle des Kontinentalfußes ein Tiefseegraben. Der Schelf der aktiven Kontinentalränder ist schmäler, oft im anstehenden Fels ausgebildet und häufig durch Erosionsprozesse geprägt (Abb. 46).

Tiefseekuppen sind weiteres auffälliges Element der submarinen Formen. Besetzen in großer Zahl die Tiefseebecken, kommen jedoch auch am Kontinentalfuß und auf Mittelozeanischen Rücken vor.

Zur Schlüsselposition der Mittelozeanischen Rücken und der Tiefseegräben im geotektonischen Geschehen (→ Band I u. Geologie in Stichworten, S. 44 ff.). Schelf, Kontinentalabhang, Tiefseebecken und Tiefseegräben kommen als Großformen der Erdoberfläche auch in der Hypsographischen Kurve der Erde gut zum Ausdruck (→ Band I).

Schelf: flaches Gesimse, das in wechselnder Breite um Kontinente herumläuft und sehr geringes Gefälle von 0,2 % aufweist. Konventionell auf Atlaskarten mit 200 m Tiefenlinie und eigenem Farbton eingetragener ist nicht identisch mit morphologischem Schelf. Dessen Rand liegt im weltweiten Mittel 130 m tief, kann aber auch in 100 m oder gelegentlich sogar 500 m Tiefe angetroffen werden.

Schelffläche sowohl durch marine wie subaerische Formen charakterisiert. Durch Stürme oder Tsunamis (→ Band I) entstandene Riesenwellen sowie Strömungen führen zu Materialverlagerungsprozessen selbst in tieferen Schelfbereichen und schaffen Formen wie z. Bsp. Rippelfelder. Subaerische Formen während kaltzeitlicher Meeresspiegelabsenkung entstanden: Flußläufe setzten sich bis zu damaligen mehr oder weniger weit vorgeschobenen Küstenlinien fort. Alte Stromrinnen noch gut erhalten: submarine Nil-Rinnen 120 km weit bis zur 90 m-Tiefenlinie, altes Donau-Bett bis − 80 m verfolgbar. Landnahe Teile dieser Rinnen unter rezenten Deltaablagerungen beider Ströme begraben. Starke Reliefierung zeigen Schelfe, die während des Pleistozäns der Eiseinwirkung ausgesetzt waren; sind durch eine Fülle von glazialen Erosions- und Akkumulationsformen gegliedert. Im Prinzip kann in Schelfregion gesamtes Formenspektrum des festländischen- und des Küsten-Reliefs als Erbe pleistozäner Kaltzeiten erhalten sein.

Kontinentalabhang 20–120 km breite Region mit mittleren Hangneigungen von 2–10 %. Abfall ist nicht glatt, sondern durch Schüttungskegel, Rutschungen und Submarine Cañons reliefiert.

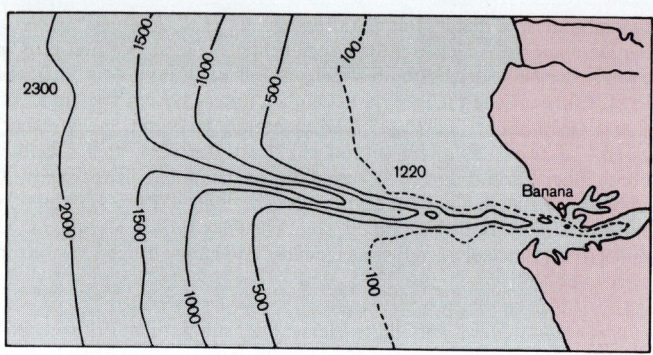

Abb. 47: *Submarine Cañons vor der Kongo-Mündung*

Submarine Cañons bilden lange, ungewöhnlich tiefe und steile Schluchten von meist V-förmigem Querschnitt im Kontinentalabhang; beginnen auf dem Schelf, einige schließen an heutige oder frühere Hauptmündungen großer Ströme an, wie Kongo, Indus und Ganges, im allg. jedoch keine Beziehung zu festländischen Flußläufen.

> *Beispiele:* Cañon vor der Kongo-Mündung (Abb. 47) läßt sich nach jüngeren Lotungen fast 800 km weit bis in über 4000 m Tiefe verfolgen. – Hudson-Rinne bis 4300 m Tiefe nachweisbar. – Indus- und Ganges-Rinne im Vergleich zu anderen Cañons mit geringerem Gefälle und breiteren Böden ausgestattet. – Monterey-Cañon vor kalifornischer Küste südlich San Francisco, der an keinen größeren Stromlauf anschließt, in Dimensionen dem Grand Canyon vergleichbar.

Submarine Cañons in überwiegender Zahl durch Turbidity Currents (deutsche Übersetzungen nicht einheitlich: Suspensions-, Dichte-, Schlamm-, Trübeströme) entstanden oder offengehalten. Entstehung der *Turbidity Currents:* Ausgelöst z. B. durch Hochwasserzufuhr eines Flusses oder durch Rutschungen im Gefolge von Erdbeben können am Schelfrand oder in oberen Partien des Kontinentalabhanges größere Sedimentmassen aufgewirbelt werden und in Suspension gehen. Die entstandene Wasser-Sediment-Mischung besitzt ein höheres spezifisches Gewicht als das umgebende Meerwasser und beginnt den Kontinentalabhang hinabzugleiten. Dabei können sehr hohe Geschwindigkeiten erreicht werden.

An die meisten Cañons schließt eine Ablagerung der Sedimentmassen in Form von *Tiefseefächern* an; diese zählen als Teil des Kontinentalfußes.

Kontinentalfuß ist ein riesiger, seewärts ausdünnender Keil von Sedimenten, welche ursprünglich durch Turbidity Currents und Rutschungen in Bewegung versetzt und durch Strömungen neu verteilt wurden.

Tiefseegräben liegen in der Mehrzahl im pazifischen Ozean und sind dort entweder dem Kontinentalrand (z. Bsp. Westküste Südamerikas, daher „*andiner Typ*" der Tiefseegräben) oder Inselbögen („*Inselbogentyp*") vorgelagert.

Charakteristisch die langgestreckte Gestalt – bei Breiten um 100 km sind einige der Tiefseegräben über 2000 km lang – und die oft bogenförmigen Konturen. Sie besitzen V-förmigen, z. T. auch asymmetrischen Querschnitt mit relativ steilen Flanken und erreichen Tiefen von 7000 bis über 11 000 m. Die größten Tiefen findet man im Pazifik und dort wiederum bei den Tiefseegräben des Inselbogentyps (tiefster: Marianengraben), da hier die Sedimentanlieferung geringer als am Kontinentalrand ist.

Mittelozeanische Rücken verlaufen etwa in der Mitte des Atlantischen und Indischen Ozeans. Im Pazifischen Ozean ist ein solcher Rücken an die Ostseite verlagert. Sind mit über 70 000 km Länge, einer Breite von meist über 1500 km und einer Erhebung von 2500–3000 m die weitaus bedeutendsten Gebirge unseres Planeten. Kammregion gekennzeichnet durch *Zentralgraben:* eine 30–50 km breite Einsenkung um 1000–1800 m. Flanken der Rücken sinken, durch Bruchtektonik in Schollenstreifen gegliedert, zu den Tiefseebecken ab. Senkrecht zu den ozeanischen Rücken verlaufende *Transformstörungen* trennen den Rückenzug in einzelne, gegeneinander versetzte Abschnitte.

Tiefseebecken: Morphologische Gliederung in *Tiefsee-Ebenen, Tiefsee-Hügelzonen, Bruchzonen* und *Tiefseeschwellen.*

Tiefsee-Ebenen gehören zu den vollkommensten Ebenen, die man sich vorstellen kann. Deutung heute meist als Aufschüttungsebenen, wobei die Sedimente zum Teil durch Turbidity-Currents zugeführt werden. Dazu paßt bevorzugte Lage in randlichen Bereichen der Ozeane, meist unmittelbar an den Kontinentalfuß anschließend, und die Häufung im Atlantischen Ozean. Im Pazifik werden Turbidity Currents generell von randlichen Tiefseegräben aufgefangen. Gegen Mitte der Ozeane dünnt die ausgleichende Sedimentdecke aus und die Tiefsee-Ebenen gehen in die mit lebhafterem Relief ausgestatteten Tiefsee-Hügelzonen über. In Bruchzonen knüpften sich an die einzelnen Störungslinien Geländestufen von mehreren 100 m bis über 1000 m Höhe; am besten dokumentiert sich diese im Nordostpazifischen Becken. Tiefseeschwellen durchziehen Tiefseebecken oder trennen sie voneinander ab und dürfen aufgrund ihrer tektonischen Ruhe nicht mit Mittelozeanischen Rücken verwechselt werden; *Beispiel:* Rio Grande Schwelle.

Sonderformen der Tiefseebecken sind *Tiefseetalungen* (engl. Mid Ocean Canyons); flache, gewöhnlich mehrere km breite Hohlformen von großer Länge. Am besten untersucht ist ein Mid Ocean Canyon im Labrador- und Neufundland-Becken des Nordwestatlantik mit 3200 km Länge.

Tiefseekuppen: Einzelberge, die isoliert, in Gruppen oder in Reihen vom Meeresboden mit relativ steilen Wänden aufragen und elliptischen bis kreisförmigen Grundriß haben. Tafelbergartige Sonderformen werden nach einem schweizerischen Naturforscher *Guyots* genannt.

Tiefseekuppen sind zum großen Teil vulkanischen Ursprungs. Entstehung reihenförmig angeordneter Tiefseekuppen wird auf die Wanderung ozeanischer Lithosphärenplatten über einen „*Hot spot*" zurückgeführt. Hot spots sind punktförmige Magma-Aufstiegszonen aus dem Erdmantel (→ Geologie in Stichworten, S. 58). Guyots befanden sich offensichtlich einmal im Meeresspiegelniveau, da auf ihren krönenden Plateaus abgestorbene Korallen und Strandsedimente gefunden wurden. Sind erst später in ihre gegenwärtige Position abgesunken (zur Ursache des Absinken und den gleichzeitig stattfindenden isostatischen Ausgleichsbewegungen → III, 135 f.).

Die Mehrzahl der Tiefseekuppen befindet sich im pazifischen Ozean. Der deutsche Beitrag zur topographischen Aufnahme und Erforschung der Tiefseekuppen konzentriert sich auf den Atlantik und lieferte wesentliche Ergebnisse.

Beispiel: 1958 Entdeckung der „Anton-Dohrn-Kuppe" nordwestlich von Irland durch das deutsche Forschungsschiff „Gauß"; Kuppe besitzt kreisförmigen Grundriß. Ihre Basisbreite in 2000 m Tiefe beträgt rund 50 km, ihr Plateaudurchmesser in 800 m Tiefe über 30 km. Durch isostatische Ausgleichsbewegungen entstandene Ringmulde am Fuß des Vulkanberges bei der Anton-Dohrn-Kuppe erstmalig nachgewiesen.

Literatur

BELOUSSOV, V. V., MURAOUR, P. u. VANNEY, J. R.: Structure et géomorphologie dynamique des fonds marins. Paris 1973

BURK, C. A. u. DRAKE, C. L. (Hrsg.): The geology of continental margins. Berlin, Heidelberg, New York 1974

DIETRICH, G.: Zur Topographie und Morphologie des Meeresbodens im nördlichen Nordatlantischen Ozean. Dt. Hydrogr. Z., Erg.-H. B, Nr. 3, 1959

– u. ULRICH, J. (Hrsg.): Atlas zur Ozeanographie. BI-Hochschulatlanten 7, Bibliogr. Inst. Mannheim, 1968

DILL, R. F., DIETZ, R. S. u. STEWART, H.: Deep-sea channels and delta of the Monterey submarine canyon. Bull. Geol. Soc. Amer. 65, 1954, S. 191–194

ERICSON, D. B., EWING, M. u. HEEZEN, B. C.: Deep-sea sands and submarine canyons. Bull. Geol. Soc. Amer. 62, 1951, S. 961–965

–––: Turbidity currents and sediments in North Atlantic. Bull. Amer. Assoc. Petrol. Geol. 36, 1952, S. 489–512

GIERLOFF-EMDEN, H. G.: Geographie der Meere, Ozeane und Küsten. Lehrbuch der Allgemeinen Geographie 5, Teil 1. Berlin, New York 1980

HEEZEN, B. C., THARP, M. u. EWING, M.: The floors of the oceans The North Atlantic. Geol. Soc. Amer. Spec. Publ. 65, 1959

HEEZEN, B. C. u. HOLLISTER, CH.: The face of the deep. 2. Aufl. London, New York 1971

HILL, M. N. (Hrsg.): The Sea. New York, London 1963

KELLETAT, D.: Physische Geographie der Meere und Küsten (Teubner) Stuttgart 1989

KRAUS, C.: Die Bodenstruktur des Indischen Ozeans und dessen Geschichte. Geol. Rdsch. 56, 1967, S. 373–393

KUENEN, PH. H.: Marine Geology. New York 1950

–: The formation of the continental terrace. Brit. Assoc. Adv. Sci. 7, 1950

–: Origin and classification of submarine canyons. Bull. Geol. Soc. Amer. 64, 1953, S. 1295–1314

MENZEL, H.: Tiefseekuppen, Seamounts, Z. Geophys. 37, 1971, S. 595–626

RUST, U. u. WIENEKE, F.: Bathymetrische und geomorphologische Bearbeitung von submarinen ›Einschnitten‹ im Seegebiet vor Westafrika. Münchener Geogr. Abh. 9, 1973, S. 53–68

SHEPARD, F. P.: Submarine Canyons and Other Sea Valleys. Chicago 1966

– u. DILL, R. F.: Submarine Canyons and Other Sea Valleys. Chicago 1966

SEIBOLD, E.: Der Meeresboden. Ergebnisse und Probleme der Meeresgeologie. (Hochschultexte). Berlin, Heidelberg, New York 1974

– u. BERGER, W. H.: The Sea Floor. An Introduction to Marine Geology. Berlin, Heidelberg, New York 1982

SOMMERHOFF, G.: Formenschatz und morphologische Gliederung des südostgrönländischen Schelfgebietes und Kontinentalabhanges. ›Meteor‹ – Forsch. – Ergebn. Reihe C, Nr. 15, Berlin, Stuttgart 1973

STRAATEN, L. M. VAN: Littoral and submarine morphology of the Rhône delta. 2nd Coastal Geogr. Conf., Louisiana State Univ., Washington 1959, S. 233–264

ULRICH, J.: Geomorphologische Untersuchungen an Tiefseekuppen im nordatlantischen Ozean. Tagungsber. u. wiss. Abh., Dt. Geographentag Kiel 1969, Wiesbaden 1970, S. 367–378

–: Der deutsche Beitrag zur morphologischen Erforschung des Meeresbodens. Berliner geogr. Stud. 7, 1980, S. 9–25

–: Grundlagen der Meereskunde. Textband zum ›Atlas der Ozeanographie‹. Schriften d. naturwiss. Ver. f. Schleswig–Holstein, Sonderbd. 2, Kiel 1986

VANNEY, J. R.: Géomorphologie des plates–formes continental. Paris 1976

WHITAKER, J. H. McD. (Hrsg.): Submarine canyons and deep-sea fans: modern and ancient. Stroudsburg, Pa., 1976

5 Rhythmische Phänomene

Unter „rhythmischen Phänomenen" solche Kleinformen der Erdoberfläche zu verstehen, die durch stetige, d. h. regelmäßige Wiederholung in Raum und Zeit gekennzeichnet sind (H. KAUFMANN, 1929). Stellen Ergebnis physikalisch erklärbarer selektiver Grenzflächen-Differenzierung dar. In moderner Terminologie als *geomorphologische Strukturen* zu bezeichnen (H. PRECHTL).

Rhythmus ist ein sich in bestimmten Intervallen wiederholender Vorgang. Übertragung des Rhythmus-Begriffes auf Oberflächenformen setzt Annahme voraus, daß bestimmte ruhende Formengruppen Abbild rhythmisch verlaufender Bewegungsvorgänge oder eines von solchen rhythmischen Bewegungsverläufen abhängigen Massentransportes sind. Beobachtungen in der Natur und Experimente liefern dafür vielfältige Beweise.

Sechseck und *Welle* sind die beiden sehr einfachen mathematischen bzw. physikalischen Grundformen, die sich in den meisten rhythmischen Phänomenen widerspiegeln.

Klassisches *Beispiel* für Sechseckform *in organischer Welt*: Bienenwabe. – Facettenaugen der Insekten zeigen Hexagonalstruktur, ebenso Zellen pflanzlicher Gewebe und Skelette mancher Kieselalgen.

Sechseckform in *anorganischer Welt* ebenfalls weit verbreitet: Benzolring, Kristallsysteme, Atombau. Aufschlüsse in Basaltsteinbrüchen zeigen, daß in dünnflüssigem Zustand aufgestiegenes basisches Magma nicht als kompakte Masse erstarrt ist, sondern daß sich sechseckige Säulen, häufig in fächerförmiger Anordnung, abgeschieden haben. Wo kräftig durchfeuchtete Böden im Verlauf längerer Trockenperioden aufreißen, bildet sich polygonales Netz von Schrumpfungsrissen mit Sechseck als beherrschender Form.

Beispiele: Unbefestigte Rotlehmstraßen der wechselfeuchten Tropen oft von Sechseck-Mustern überzogen, die an mathematischer Vollkommenheit kaum zu übertreffen sind. Da die mehrere Dezimeter tiefen Trockenrisse mit Straßenstaub angefüllt sind, treten Umrisse der Hexagone bes. deutlich hervor. In ähnlicher Weise reißen Salztone der Schotts in Nordafrika, der Großen Kawir in Iran, der Salares in argentinischer Puna oder der riesigen Salzpfanne am Grunde des 85 m unter den Meeresspiegel reichenden Death Valley in Kalifornien auf.

Gleiche Beobachtung in flachen Bodenmulden, in die sehr feiner Lehm eingeschwemmt worden ist, der sich beim Austrocknen als dünne Schicht von etwas grobkörnigerem Untergrund ablöst. Da Trockenrisse in diesem Fall auf Oberflächenschicht beschränkt bleiben, keine Ausbildung ideal geformter Sechsecke, sondern dünne polygonale Lehmschollen ungleicher Seitenlänge beginnen sich vom Rande her einzurollen, so daß sich wulstige Oberfläche bildet, die an „Gekröselava" erinnert.

Hexagonalsystem setzt sich als „chaotischen Urzustand" überwindendes Ordnungsmuster um so klarer durch, je einheitlicher die der Kontraktion unterworfene Masse strukturiert ist.

Enstehung derartiger sechskantiger Säulen: Körper, die unter Einwirkung innerer Spannung stehen und sich ungehindert verformen können, sind bestrebt, Kugelgestalt anzunehmen. Kugel ist Körper größten Inhalts bei kleinster Oberfläche, d. h. durch Oberflächenspannung wird in Kugel Verhältnis Oberfläche/Rauminhalt möglichst klein gehalten. Daher nehmen Wasser- oder Quecksilbertropfen Kugelgestalt an. Dies jedoch nur möglich, wenn sich Körper frei verformen können, nicht aber z. B. in erstarrender Lavamasse, deren Abkühlung von außen nach innen fortschreitet. Dabei bilden sich Kontraktionsklüfte, durch die hexagonale Basaltsäulen voneinander abgegliedert werden.

Sechskantige Säulen, die gegebenen Raum zwischenraumlos erfüllen, haben vor allen anderen Körpern den Vorzug, mit Möglichkeit des lückenlosen Zusammenschlusses zugleich Eigenschaft des größten Inhalts bei geringster Oberfläche zu verbinden.

Beispiel: Wenn Bienen sechseckige Waben bauen, schaffen sie sich größten Honigspeicherraum bei geringstem Wachsverbrauch. Noch ökonomischer wären kugelige Waben, Kugeln fügen sich aber nicht zwischenraumlos zusammen; erst durch hexagonale Verformung wird dies möglich.

Sechskantige Basaltsäulen und Trockenrißpolygone erklären sich also aus dem Bestreben der Massen, durch dicht gelagertes System achsensymmetrischer Kontraktionskörper erforderlichen Spannungsausgleich zu schaffen.

Diese Erklärung im Prinzip auch auf subpolare Struktur- oder Frostmusterböden übertragbar. Gut ausgebildete Steinkreise nur dort, wo für jeden Ring genügend Platz zur ungehemmten Entwicklung vorhanden ist; bei gegenseitiger Behinderung Verformung zu Sechsecken.

Polygonaler Kleinformenschatz der Erdoberfläche mit diesen Beispielen keineswegs erschöpft. Fossile Eiskeilnetze im pleistozänen Periglazialbereich Mitteleuropas und rezente Strangmoore in sibirischer Tundra gehören zum gleichen Erscheinungskomplex.

Wellenförmige Gebilde sind zweite große Gruppe rhythmischer Phänomene; bekannt als „Rippelmarken" im Sand der Wüsten und Küstengebiete (→ II, 78), auch als Bildungen unter Wasser.

Vorkommen in den mannigfaltig gestalteten Küsten- und Binnendünen und in der berüchtigten Waschbrett- oder Wellblechtopographie unbefestigter Straßen wechselfeuchter Tropen.

Erklärung durch das von H. v. HELMHOLTZ (1821–1894) gefundene Gesetz: Bewegen sich 2 Medien verschiedener Dichte aneinander vorbei, wird Berührungsfläche wellenförmig umgestaltet, z. B. Fläche zwischen Wasser und Luft, Sand und Wasser, Sand und Luft, Oberfläche viel befahrener zähplastischer Lehmstraßen.

Großteil des Straßennetzes in tropischen und subtropischen Ländern entfällt auf solche unbefestigten Erdstraßen. Wo tiefgründige Verwitterungsböden, Löß, Lehm oder Tone anstehen, bereitet Straßenbau keine technischen Schwierigkeiten. Mit Straßenhobel wird in steinfreiem Boden Trasse geschaffen; diese, von Autos glattgefahren, läßt sich in trockener Jahreszeit fast wie Asphaltstraße benutzen. Bei stärkerem Verkehr jedoch, bes. von Lastkraftwagen, bildet sich bald dichte Folge von Querwellen. Derartige „Wellblechpisten" zwar mit schwerem Straßenhobel leicht wieder zu glätten, aber gleiches Phänomen stellt sich nach kurzer Zeit erneut ein. Beruht auf Radschwingungen, die durch kaum feststellbare Unebenheiten in befahrener Fläche ausgelöst werden, sich von diesen Ausgangsstellen fortpflanzen und wellenförmiges System von Riffeln aus ursprünglich glatter Fahrbahn herausdifferenzieren. Riffeln vertiefen sich allmählich nach Prinzip der Selbstverstärkung (W. BEHRMANN), denn je ausgeprägter Wellentäler zwischen den Querrippen werden, um so kräftiger werden die sie weiterausarbeitenden Stöße.

Rippelmarken: auf windexponierten Sandflächen streifig oder netzförmig entwikkelte Systeme kleiner Sandwälle, die mehr oder weniger parallel zueinander verlaufen, sich aber auch miteinander verschneiden oder überkreuzen können. Wird Teil solchen Rippelmarkenfeldes eingeebnet, bilden sich wellenartige Unebenheiten schnell von neuem.

Sandwellen (Rippeln) ordnen sich in bestimmten Abständen und verlagern sich in diesen konstant im Sinne der Windrichtung. Wind ist Motor des Sandtransports, seine Energie verbraucht sich durch Verfrachtung der einzelnen Massenteilchen.

Wasserwellen unterscheiden sich dadurch von Kinematik der Sandwellen, daß sie sich über Wasseroberfläche fortpflanzen, ohne daß Wasser selbst mit gleicher Geschwindigkeit in gleicher Richtung strömt. Die von der Welle erfaßten Flüssigkeitsteilchen führen in Nähe der Wasseroberfläche nur kreisförmige bis lineare Vertikalbewegungen aus; eigentliche Horizontalversetzung des Wassers tritt nur durch Windschub ein.

Bildung subaerischer Rippelmarken: Auch völlig glatte Sandfläche besitzt rauhes Mikrorelief. Aus ihm werden Sandkörner vom Wind einzeln herausgerissen und in flachem Bogen fortgeschleudert. Beim Wiederaufprall übertragen sie Impuls gewöhnlich auf mehrere andere Sandkörner und Vorgang wiederholt sich. Durch Aufprall entstehen kleine Krater auf der Strömungssohle, wodurch diese weiter aufgerauht wird. Sich allmählich verstärkende Unebenheiten wandern in Richtung des Windes. Der Auskolkung am Fuß zunächst nur schwach ausgebildeter Luvhänge entsprechen Vorschüttungen, an denen sich dann Luv- und Leewirkungen und Differenzierung des Sandes in feinere und gröbere Korngrößen zunehmend bemerkbar machen.

Bildung subaquatischer Rippelmarken unter anderen Bedingungen: Da Wasser eine etwa 775mal größere Dichte als Luft hat, ist Auftrieb der Sandkörner im Wasser 775mal größer als in der Luft. Während Quarzkörner von $\frac{1}{4}$ mm Durchmesser im Wasser bereits bei Strömungsgeschwindigkeit von 15 cm/sec. fortbewegt werden, ist für gleiche Leistung an Land Windstärke von 4 m/sec. erforderlich. Daher Bildung subaquatischer Sand- und Schlickrippeln bereits unter ganz schwach bewegtem Wasser.

Große vom Wind erzeugte Sandanhäufungen entstehen an Hindernissen, z. B. Anpflanzungen von Strandhafer oder Buschwerk, das sie in Stromlinienform umkleiden. Gehören nicht zu rhythmischen Phänomenen im Gegensatz zu *freien* Dünen, die als Wall-, Strich- oder Sicheldünen ausgebildet sein können (→ II, 80).

Dünen sind nicht einfach Vergrößerung subaerischer Strömungsrippel; Rippelmarken können daher auch nicht als Embryonaldünen bezeichnet werden. Ebenso ist Größe der Dünen nicht nur Ergebnis der Bildungsdauer. Dies daraus ersichtlich, daß Übergangsformen zwischen den im cm-Bereich liegenden Abständen der Rippelmarken und meist mehrere Dekameter messenden Wellenlängen freier Dünen völlig fehlen (→ II, 79 f.).

Anderes wichtiges *Unterscheidungsmerkmal*: Fortbewegung der Rippelmarken unter ständiger Materialumschichtung und Neubildung; Sicheldünen (Barchane) und anders geformte Dünen erhalten sich dagegen trotz aller An- und Abwehung von Sand lange als Individuen.

Ursache der Dünenbildung zwar – ebenso wie bei der von Rippelmarken – *Wind*; es müssen aber bei rhythmischer Differenzierung noch andere Momente im Spiel sein, über die bisher wenig bekannt ist, wie z. B. über Einfluß reibungselektrischer Erscheinungen auf Transport und Ablagerung des Sandes. Annahme, daß größere Dünenkomplexe an Vorhandensein ausgedehnter Lockersandfelder gebunden seien, d. h. bei geringer Materialreserve Rippelmarken, bei größerer Dünen entstünden, sicherlich falsch. Für Dünenbildung genügt sukzessive Bereitstellung des Sandes durch Meer und Flüsse und durch die am Ort wirkende Verwitterung vollkommen. In neuentstehende Dünen geht überdies immer wieder beträchtlicher Teil abgetragenen und umgelagerten Materials älterer Dünen ein.

Großformen der Dünen werden gleichzeitig mit eigener Entwicklung von feineren Systemen der Rippelmarken überlagert. Quer zur Windrichtung bedecken schwach gewundene Rippel sanft ansteigende Luvseiten der Dünen; fehlen an steilen, dem Einfluß kräftiger Windwirbel ausgesetzten Leehängen, setzen erst am sanfteren Böschungsfuß wieder ein. Sind Luv- und Leeseite gleichermaßen relativ flach geböscht, bedecken Rippeln beide Hänge: Ausbildung eigenartig gezackter Kammlinie.

Auch *Flußmäander* gehören zur Gruppe natürlicher rhythmischer Wellen-Phänomene. Regelmäßigkeit in Aufeinanderfolge weit ausgezogener bis fast kreisförmiger Windungen mancher Flüsse hat schon LEONARDO DA VINCI, GOETHE, KANT u. a. zur Suche nach Erklärung angeregt. Prototyp eines derartig gewundenen Flußlaufes ist Menderes im westlichen Kleinasien (Mäander der Antike; → II, 115).

Kenntnisse über die in einem Wasserlauf vor sich gehenden hydromechanischen Vorgänge durch Versuche in Flußbaulaboratorien und praktische Erfahrungen der Wasserbautechniker wesentlich bereichert.

Beispiel: In künstlich begradigten Flußabschnitten geringen Gefälles hält sich Stromstrich keineswegs in Mitte des Gerinnes, sondern beginnt infolge ungleichmäßiger Aufschotterung oder anderer, kaum wahrnehmbarer Störungen bereits nach kurzer Zeit, seitliche Schwingungen auszuführen, wodurch Ufer ungleich angegriffen werden. Tendenz zur erneuten Mäanderbildung durch Schaffung von Prall- und Gleithängen unverkennbar.

Mäandrierende Tieflandflüsse verlagern sich häufig. Bereich des Mäandergürtels durchsetzt von Altwässern, Talränder bogenförmig unterschnitten (→ II, Abb. 21). Mäanderbögen wandern stets im Laufe ihrer Entwicklung talabwärts. Häufig kommen Schlingen idealer Form eines Kreisbogenmäanders nahe. Wenn Fluß schließlich Mäanderhals durchbricht und durch eingeschlagenen neuen Weg seinen Lauf verkürzt, bleiben im Tiefland charakteristische „Ochsenjoch-Seen", im Gebirge Umlaufberge eingesenkter Mäander, im Gebiet tropischer Tieflandflüsse von Uferdämmen gesäumte Umlaufseen zurück (→ II, 116).

Bei vielen anderen geomorphologischen Erscheinungen, etwa Ausbildung der *Flußsysteme*, Anteil rhythmischer Anlageprinzipien nicht ohne weiteres erkennbar. Aus gleichartigem Gestein aufgebaute Landschaften niemals in der Weise zertalt, daß auf Gebiete großer Taldichte solche völlig fehlender Zerschneidung folgen. Bezeichnung Gewässer*netz* drückt bereits normalerweise anzutreffende regelhafte Ordnung aus, nämlich gleichmäßige Überdeckung eines größeren Gebietes mit Wasserläufen verschiedener Größenordnung, die in sich harmonische Gliederung erkennen lassen: alle Hauptflüse jeweils etwa gleich weit voneinander entfernt; Zuflüsse 1., 2. und niederer Ordnung weisen untereinander ungefähr gleich große Abstände auf. Vollständig entwickeltes Flußsystem gleicht daher im Kartenbild einem Baum mit sich harmonisch um den Stamm ordnenden Ästen und Zweigen. Für Lage und Höhe der Zwischenwasserscheiden ergibt sich daraus gleiche regelhafte Ordnung.

Rhythmische Ordnung erklärt sich aus Verlauf der Abtragungsprozesse, ist Ergebnis erosiver Oberflächendifferenzierung. Auf geneigter, noch unzertalter Landoberfläche fließt Wasser in zahllosen willkürlich verteilten Gerinnen ab. Mit zunehmender Eintiefung gegenseitige Berührung und Verschneidung. Damit strömt einzelnen Gerinnen durch angegliederte Nebengerinne in verstärktem Maße Wasser zu; einige kerben sich beschleunigt ein, andere bleiben in ihrer Entwicklung zurück, verlieren Selbständigkeit. Einzelformen werden damit zu Gliedern innerhalb größeren Ordnungssystems. Dieses gewinnt solange an Raum, bis es in Berührung mit Abflußsystem gleicher Größenordnung, d. h. gleicher Formungsintensität gerät. Damit Grenze der Entwicklung erreicht: Stabilitätszustand der Flußeinzugsbereiche und annähernde Übereinstimmung der Abstände zwischen gleichrangigen Bahnen der Entwässerung.

Ablauf geschilderter Entwicklung bes. gut in jungen badland-Landschaften zu studieren (→ II, 48). In uneinheitlichem, von Steinen durchsetztem Material Entstehung von Erdpyramiden (→ II, Abb. 9). Auch Regemäßigkeit in Anordnung der Spülrinnen an frischen Bruchrändern, vor allem Entstehung von Rillenkarren in Karstgebieten (→ III, 19), beruhen auf gleicher rhythmischer Ordnung der Abflußbahnen. Kegel- und Turmkarst der Tropen (→ III, 53) oder „Büßerschnee" (→ III, 82) gehören ebenso zu rhythmischen Phänomenen wie Strandhörner (→ III, 123 f.)

oder andere sich in regelmäßiger Aufeinanderfolge wiederholende geomorphologische Erscheinungen.

Literatur

BASCHIN, O.: Die Entstehung wellenähnlicher Oberflächenformen. Z. Ges. f. Erdkde. Berlin 1899, S. 408–424

–: Die Enstehung der Flußmäander. Peterm. Geogr. Mitt. 62, 1915, S. 16

BECKER, H.: Vergleichende Betrachtung der Entstehung von Erdpyramiden in verschiedenen Klimagebieten der Erde. Kölner Geogr. Arb 17, 1966

BEHRMANN, W.: Der Vorgang der ›Selbstverstärkung‹. Z. Ges. f. Erdkde. Berlin 1919, S. 153–157

DÖRRENHAUS, F.: Der Ritten und seine Erdpyramiden. Kölner Geogr. Arb. 17, 1966

EINSTEIN, A.: Die Ursache der Mäanderbildung der Flußläufe und des sogenannten Baerschen Gesetzes. Naturwissenschaften 14, 1926, S. 223

EXNER, F. M.: Zur Theorie der Flußmäander. Sitzungsber. Akad. Wiss, Wien, Math.-nat. Kl. IIa, 128, 1919, S. 1453

–: Dünen und Mäander. Wellenformen der festen Erdoberfläche, deren Wachstum und Bewegung. Geogr. Ann. 3, 1921, S. 327–335

–: Über Dünen und Sandwellen. Geogr. Ann. 9, 1927, S. 81–99

HJULSTRÖM, F.: Studien über das Mäanderproblem. Geogr. Ann. 24, 1942, S. 233–269

JESSEN, O.: W. Behrmanns ›Prinzip der Selbstverstärkung‹. Peterm. Geogr. Mitt. 68, 1922, S. 84

KAUFMANN, H.: Rhythmische Phänomene der Erdoberfläche. Braunschweig 1929

KOCH, R. A., SCHICK, M. u. FLEMMING, J.: Zum Problem der Wellenrippeln. Wiss. Z. Univ. Halle-Wittenberg 2, 1952/53, S. 19–28

LACHENBRUCH, A. H.: Contraction-crack polygons. US Geol. Survey Prof. Paper 400, 1960, S. 406–409

LEHMANN, O.: Die Bewegungsenergie des Regenwassers. Z. Geomorph. 6, 1931, S. 233–254

MAGIRIUS, W.: Das Sechseck in der Natur. Kosmos, 1957, S. 506

MORAWETZ, S.: Das Problem der Taldichte und Hangzerschneidung. Peterm. Geogr. Mitt. 83, 1937, S. 346–350

PRECHTL, H.: Geomorphologische Strukturen. Tübingen Geogr. Stud. 17, 1965

STRAATEN, L. M. VAN: Longitudinal ripple-marks in mud and sand. J. Sedim. Petrol. 21, 1951, S. 47–54

TRIKALINOS, J.: Windrippeln. Peterm. Geogr. Mitt. 74, 1928, S. 266–271

TROLL, C.: Strukturböden, Solifluktion und Frostklimate der Erde. Geol. Rdsch. 34, 1944, S. 545–694

WILHELMY, H.: Umlaufseen und Dammuferseen tropischer Tieflandflüsse. Z. Geomorph., N. F. 2, 1958, S. 27–54

WUNDT, W.: Die Flußmäander als Gleichgewichtsform der Erosion. Experientia 5, Basel 1949, S. 301–307

–: Rhythmische Erscheinungen und Gleichgewichtszustände an der Erdoberfläche. Tagungsber. Dt. Geographentag Essen 1953, Wiesbaden 1955, S. 154–163

6 Anthropogene[1] Formen

Durch beabsichtigte und unbeabsichtigte, bewußte und unbewußte Eingriffe ist der Mensch seit frühesten geschichtlichen Zeiten an Veränderung der Erdoberflächenformen beteiligt.

Umfassende Übersichten von E. FELS, C. RATHJENS und D. NIR. Zahlreiche spezielle Untersuchungen, bes. zum Problem der durch falsche Bodennutzung verursachten *soil erosion*, von J.H. SCHULTZE, L. HEMPEL, G. RICHTER u.a. Durch anthropogene Eingriffe ausgelöste, dann jedoch nach natürlichen Gesetzmäßigkeiten verlaufende Abtragungsvorgänge von H. MORTENSEN als „quasi-natürliche" Oberflächenformung bezeichnet.

Durch *Massenbewegungen* unter Einsatz modernster technischer Mittel, z. B. von Großbaggern, Förderbändern und Planierraupen, auffallendste Veränderungen im topographischen Bild. Künstlich geschaffene riesige Hohlformen der Braunkohlengebiete (Ville, Senftenberger Revier) oder im Tagebau ausgebeuteter Kupfererzlager (Bingham in Utah, USA) stehen zu Kippen und Halden aufgehäufte Abraummassen als Vollformen gegenüber. Steinbrüche, z. B. in Basaltkuppen des Hessischen Berglandes oder des Siebengebirges, brachten umgekehrt Berge zum Verschwinden.

Städte wachsen auf eigenem Kulturschutt in die Höhe. Alle Kirchen in mittelalterlichen Stadtzentren liegen tiefer als benachbarte, immer wieder erneuerte Bürgerhäuser. Fundamente römischer Siedlungen in Mittelmeerländern häufig unter mächtigen Decken abgespülten Hangschutts begraben. Verlassene Wohnstätten im Orient als Bauschutthügel (Tells) leicht erkennbar. Wurten (Warften) der Halligen, Mounds im südöstlichen Nordamerika, Hügelgräber (Tumuli), Ringwälle, nach 2. Weltkrieg entstandene Trümmerberge am Rande der durch Luftangriffe zerstörten deutschen Großstädte (Berlin, München, Stuttgart) sind ebenfalls von Menschen geschaffene Aufschüttungen. Straßen- und Eisenbahntrassen, Flugplätze, Häfen und Kanäle, Speicherbecken für Trink- und Brauchwasser ließen sich nur durch umfangreiche Bodenbewegungen schaffen.

Im Gewässerschutz folgenreiche menschliche Eingriffe: Flußbegradigungen führen zu verstärkter Tiefenerosion und erwünschter oder unerwünschter Absenkung des Grundwasserspiegels (Rhein-Regulierung Anfang des 19. Jhs.); Wehre und Staudämme bilden örtliche Erosionsbasen, bewirken dort Sedimentation, wo zuvor Abtragung herrschte; künstliche Uferdämme behindern freie Ausbreitung der Hochwässer und großflächige Verteilung der Hochwassersedimente, führen dagegen zu Niederschlag allen Schwebeguts im eigentlichen Strombereich, dadurch Erhöhung der Flußbetten, verstärkte Gefahr von Dammbrüchen (Po).

---

1 griech. anthropos = Mensch

Seedeiche in Verbindung mit Landgewinnungsarbeiten führten einerseits zur Vergrößerung der landwirtschaftlichen Nutzfläche an der Wattenmeerküste, andererseits hat mittelalterlicher Torfstich zur Salzgewinnung aus Asche im Außendeichland deutscher Nordseeküste Niveau des Vorlandes stark abgesenkt, dadurch frühere Landverluste begünstigt. Im Abbruch liegende Kliffküsten durch Buhnenbau dem Angriff der Brandung entzogen; durch ähnliche wasserbautechnische Maßnahmen Entstehung von Sandstränden, wo zuvor Felsen Küstenlinie bildeten (Teneriffa).

Verschiedenartige *Formen der Bodennutzung* von weitaus bedeutsamerer Auswirkung auf Oberflächengestaltung. Auffälligen Erscheinungen, wie Ackerbauterrassen, durch die Steilhänge geradezu getreppt erscheinen (Weinbauterrassen an Rhein und Mosel, Reisterrassen in Südostasien), stehen weniger auffällige, in der Summierung der Effekte jedoch außerordentlich wirksame morphologische Erscheinungen gegenüber, die Folgen des (in der Alten Welt) seit Neolithikum großflächig betriebenen *Pflugbaus* sind. Auelehmdecken der in deutschen Mittelgebirgen entspringenden Flüsse sind im wesentlichen erst durch gesteigerte Abspülung infolge Entwaldung und Beackerung der Lößhänge in mittelalterlicher Rodungsperiode entstanden (H. Mensching, J. Hövermann, H. Nietsch). Auch in allen anderen Ackerbaugebieten der Berg- und Hügelländer mit bedeutenden Abtragbeträgen seit Beginn der Landnutzung zu rechnen.

> *Beispiel:* Basisflächen von Lesesteinwällen in süddeutschen Weinbaugebieten liegen z. T. mehr als 1 m über Niveau dazwischen gelegenen Reblandes, d. h. seit Beginn der Absammlung von Lesesteinen ist Kulturfläche zwischen den Steinriegeln durch Abtragung um mindestens 1 m erniedrigt worden.

Als **Bodenerosion**[2] wird – im Unterschied zu normaler Bodenabtragung durch Erosion, Denudation und Deflation – beschleunigte Bodenabtragung mit meist katastrophalen Begleiterscheinungen infolge *falscher Landnutzung* bezeichnet.

Häufigste *Ursachen*: Kahlschlag und Brandrodung auf zu großen Flächen; Überbestockung mit Vieh, das natürliche Grasnarbe zerstört, Steilhänge mit Trittspuren („Viehgangeln") netzförmig überzieht und dadurch zerstörenden Wasserabfluß begünstigt; Eingriffe in natürlichen Bodenwasserhaushalt, z. B. durch Absenkung des Grundwasserspiegels; Belassung großer Flächen in schwarzer Brache in Gebieten des Trockenfarmens (*dry farming*), z. B. in nordamerikanischen Prärien und Plains westlich klimatischer Trockengrenze.

Ergebnis: flächenhafte Abspülung durch Schichtfluten in den aus Lockergesteinen (Löß, Mergel) bestehenden Hügelländern, intensive Zerrachelung und Bildung von *badlands*[3]. Derartiger Gully-Erosion, die unübersichtliche Systeme tiefer, sich weit

---

2 auch: Bodenzerstörung, Bodenverheerung; engl.: *soil erosion*
3 amer. = schlechtes, wirtschaftlich wertloses Land

verzweigender Schluchten entstehen läßt (Owragi Südrußlands), folgt in Trockenzeiten kräftige Windausblasung und Verlust der Bodenkrume durch Staubstürme
(„schwarze" Tage Nordamerikas am 6. und 11. Mai 1934). In den USA insges.
Einbuße von 1 Mill. km² Land durch Bodenerosion. In Trockensteppen durch
Vegetationszerstörung Entstehung von „man made deserts", z. B. in Nordwestin-
dien (C. RATHJENS).

Soil erosion auch in wechselfeuchten Tropen, bes. stark in tiefgründigen Verwitterungsböden der Randtropen, z. B. alten Kaffeeböden im Paraiba-Tal (Brasilien).
Klassische Gebiete intensiver soil erosion: Lößgebiete Chinas, Westpakistans, Südrußlands, Uruguays und Viehzuchtgebiete Südafrikas und Nordamerikas.

Gefahren der Bodenerosion am stärksten in periodisch trockenen Gebieten, in denen ganzjähriger Schutz durch Vegetationsdecke fehlt. Im humiden Klimabereich
Ausmaß der Gefahren zwar geringer, jedoch „schleichende" und akute Auswirkungen auch dort nicht zu unterschätzen.

Beispiel: in Thüringen 71 % des Landes erosionsgefährdet, 26 % der Ackerflächen tatsäch-
lich geschädigt (J. H. SCHULTZE).

Tiefe *Kerbtälchen* (Tobel) im mitteldeutschen Waldland verwandelten sich nach
Rodung durch Einschwemmung von feinem Ackerboden in *Tilken*, d. h. steilwandige Kastentälchen mit flachem Boden, die bei weiterer Auffüllung und Verschwinden der Steilhänge andersartig entstandenen Dellen (→ II, 165) ähnlich werden.
Talform der Tilke somit *Rodungsleitform*, entstanden infolge Bodenabtragung auf
ehemaligem Waldland.

Schutzmaßnahmen zur Bodenerhaltung und Aufklärung der Bevölkerung mit Hilfe
staatlicher Einrichtungen (z. B. Soil Conservation Service in den USA): Wind-
schutzstreifen zur Reduzierung der Windausblasung, Regulierung des Wasserab-
flusses durch Bau von Talsperren (z. B. Tennessee-Valley-Authority), Verhinderung
der Bildung neuer Erosionsrinnen durch Bachbett- und Hangverbauungen.

Vorbeugende Maßnahmen: Anwendung sinnvoller Methoden der Bodenbearbei-
tung und Bodennutzung, z. B. streifenförmige Anordnung der Felder quer zur
Hangneigung, Pflügen parallel zu Höhenlinien (Konturpflügen), Anpflanzung von
Baumreihen und Feldhecken, Ersatz einjähriger Monokulturen durch Dauerkultu-
ren oder Mischkulturen mit geregelter Fruchtwechselwirtschaft.

Literatur

AUERSWALD, K.: Einfluß der Bewirtschaftung auf das Ausmaß der Bodenerosion in Bayern. Ber. zur dt. Landeskunde 61(2), 1987, S. 349–363

BARGON, E.: Bodenerosion, ihr Auftreten, ihre Erkennung und Darstellung. Geol. Jb. 79, 1962, S. 479–492

BEAUMONT, P.: Man's impact on river systems, a world-wide view. Area 10, 1978, S. 38–42

BREBURDA, J.: Bedeutung der Bodenerosion für die Auswirkung der landwirtschaftlichen Nutzung von Böden im osteuropäischen und zentralasiatischen Raum der UdSSR. Osteuropastudien, Wiesbaden 1966

BREMER, H.: Quasinatürliche Oberflächenformen. Method. Handb. f. Heimat Forsch. Niedersachsen 1, 1965, S. 196–204

BUTZER, K. W.: Accelerated Soil Erosion: a Problem of Man-Land Relationships. In: I. R. Manners u. M. W. Mikesell (Hrsg.), Perspektives on Environment. Washington, D. C., 1974, S. 57–78

COOKE, R. U. u. DOORNKAMP, J. C.: Geomorphology in environmental management. Oxford 1974

DEMEK, J.: Quaternary Relief Development and Man. Geoforum 15, 1973, S. 68–71

FELS, E.: Der wirtschaftende Mensch als Gestalter der Erde. Stuttgart 1967

FETZER, K. D.: Auswirkungen der Bodenerosion auf Böden der Gebirgsumrandung des Kathmandutals, Nepal. Agrarwiss. Forschung in den humiden Tropen, Gießen 1977, S. 111–118

FLOHR, E. F.: Beobachtungen und Gedanken über Bodenzerstörung im südlichen Afrika. Z. Geomorph. 11, 1939–43, S. 267–317

–: Bodenzerstörungen durch Frühjahrsstarkregen im nordöstlichen Niedersachsen. Göttinger Geogr. Abh. 28, 1962

FLÜCHTER, W.: Neulandgewinnung und Industrieansiedlung vor den japanischen Küsten, Funktionen, Strukturen und Auswirkungen der Aufschüttungsgebiete (umetate-chi). Bochumer Geogr. Arb. 21, 1975

FRÄNZLE, O.: Die Landschaftsgestaltung der Ville unter dem Einfluß des Braunkohlenbergbaus. Rhein. Heimatpflege, N. F. 3, 1968, S. 229–237

GEROLD, G.: Untersuchungen zur Badlandentwicklung in den Wechselfeuchten Waldgebieten Südboliviens. Geoökodynamik 6(1–2), 1985, S. 35–69

HARD, G.: Exzessive Bodenerosion um und nach 1800. Erdkunde 24, 1970. S. 290–308

HASERODT, K.: Reliefänderungen durch Großterrassen in den Lößlandschaften des südlichen Oberrheingebietes – ein Beitrag zur anthropogenen Geomorphologie. Regio Basiliensis 12, 1971, S. 330–354

HASSENPFLUG, W.: Das Wirkungsgefüge der Bodenverwehung im Luftbild. Dt. Geographentag Kassel 1973, Wiesbaden 1974, S. 550–556

HEINE, K.: Schneegrenzdepressionen, Klimaentwicklung, Bodenerosion und Mensch im zentralmexikanischen Hochland im jüngeren Pleistozän und Holozän. Z. Geomorph., Suppl.-Bd. 24, 1976, S. 160–176

HEMPEL, LENA: Tilken und Sieke – ein Vergleich. Erdkunde 8, 1954, S. 198–202

HEMPEL, LUDW.: Naturrelief und Kulturrelief in der westlichen und südlichen Sowjetunion. Tijdschr. Kon. Nederl. Aardr. Genootschap 81, 1964, S. 63–74

–: Bodenerosion in Süddeutschland. Forsch. z. dt. Landeskde 179, Bad Godesberg 1968

–: Die Tendenzen anthropogen bedingter Reliefformung in den Ackerländereien Europas. Z. Geomorph., N. F. 15, 1971, S. 312–329

HÖVERMANN, J.: Studien über die Genesis der Formen im Talgrund südhannoverscher Flüsse. Nachr. Akad. Wiss. Göttingen, Math.-phys. Kl., 1953, Nr. 1, S. 1–14

KADOMURA, H.: Studies of anthropogenic landform transformation in Japan: a perspective. Geographical Reports – Tokyo Metropolitan Univ. 19, 1984, S. 1–12

KARL, J. u. DANZ, W.: Der Einfluß des Menschen auf die Erosion im Bergland. Schriftenreihe Bayer. Landest. f. Gewässerkunde 1, 1969

KLAER, W. u. LÖFFLER, E.: Der Einfluß des traditionellen Feldbaues auf die natürlichen Abtragungsprozesse im tropischen Wald- und Grasland von Papua Neuguinea. Die Erde 111, 1980, S. 73–83

MENSCHING, H.: Die kulturgeographische Bedeutung der Auelehmbildung. Tagungsber. u. wiss. Abh., Geographentag Frankfurt 1951, Remagen 1952, S. 219–225

–: Anthropogene Einwirkungen auf das morphodynamische Prozeßgefüge in der Sahelzone Afrikas. Verhandl. 41. Dt. Geographentag Mainz 1977, Wiesbaden 1978, S. 407–416

– u. FOUAD, J.: Das Problem der Desertification, ein Beitrag zur Arbeit der IGU–Kommission ›Desertification in and around arid lands‹. Geogr. Z. 64, 1976, S. 81–93

MIN THIEH, T.: Soil Erosion in China. Geogr. Rev. 31, 1941, S. 570–590

MORGAN, R. P. C.: Soil Erosion. London 1979

MORTENSEN, H.: Die ›quasinatürliche‹ Oberflächenformung als Forschungsproblem. Wiss. Z. E.-M.-Arndt-Univ. Greifswald, Math.-nat. R. 4, Nr. 6/7, 1954/55, S. 625–628

NIETSCH, H.: Hochwasser, Auenlehm und vorgeschichtliche Siedlung. Erdkunde 9, 1955, S. 20–39

NIR, D.: Man, a geomorphological agent. An introduction to anthropic geomorphology. Jerusalem 1983

RATHJENS, C.: Die Formung der Erdoberfläche unter dem Einfluß des Menschen. Stuttgart 1979

–: Die Wüste Thar, Beispiel einer vom Menschen geschaffenen Wüste. Dt. Geogr. Forschg. in der Welt von heute. Kiel 1970, S. 61–67

–,: Die historische Dimension in der anthropogenen Formung der Erdoberfläche. Beiträge zur Quartär- und Landschaftsforsch. Wien 1978, S. 459–466

RICHTER, G.: Bodenerosion – Bodenschutz. Natur- u. Umweltschutz i. d. Bundesrepublik Deutschland, Hrsg. G. OLSCHOWY, Hamburg-Berlin 1978, S. 98–111

– u. SPERLING, W. (Hrsg.): Bodenerosion in Mitteleuropa. Darmstadt 1976

RUST, U.: Die Reaktion der fluvialen Morphodynamik auf anthropogene Entwaldung östl. Chalkis (Euböa). Z. Geomorph., Suppl.-Bd. 30, 1978, S. 183–203

SCHULTZE, J. H.: Bodenerosion im 18. und 19. Jahrhundert. Forsch.– u. Sitzungsber. Akad. Raumforsch. u. Landesplanung 30, Tl. I, 1965, S. 1–16

–: Bodenerosion in der Bundesrepublik Deutschland. Die Erde 100, 1969, S. 375–380

SCHWERTMANN, U.: Bodenerosion. Geol. Rdsch. 66, 1977, S. 770–781

SCHWIND, M.: Übersichtskarte zur Bodenerosion in den USA. Z. Raumforsch., 1950, S. 69–71

SIMMS, H.: The soil conservation service. New York 1970

SMITH, K. G.: Erosional processes and land forms in Badlands National Monument, South Dakota. Bull. Geol. Soc. Amer. 69, 1958, S. 975–1008

SPERLING, W.: Anthropogene Oberflächenformung: Bilanz und Perspektiven in Mitteleuropa. 41. Deutscher Geographentag Mainz 1977, Wiesbaden 1978, S. 363–370

STÜBNER, K.: Luftbild und Bodenerosion. Eine Interpretation von Erscheinungsformen und Intensität der Bodenerosion im Luftbild und Gelände. Berlin 1955

SULLIVAN, M. u. HUGHES, P.: The geomorphic setting of prehistoric garden terraces in the Eastern Highlands of Papua New Guinea. In: International geomorphology 1986. Proc. 1st conference Bd. 2, 1987, S. 569–582

7 Angewandte Geomorphologie

Angewandte Geomorphologie[1] zielt auf praktischen Einsatz geomorphologischer Analyse, geomorphologischer Techniken und geomorphologischer Lehrsätze zur Planung und Lösung technischer oder wirtschaftlicher Aufgaben. Arbeit erfolgt daher nicht isoliert, sondern immer zusammen mit Technikern und Vertretern der verschiedensten Erdwissenschaften. Arbeitsmethoden gleich wie bei allgemeiner Geomorphologie: vor allem Feldbeobachtung, Messung, Kartierung, Luftbildauswertung und Laboruntersuchung. Fast alle Teilgebiete der Geomorphologie bieten Möglichkeit der praktischen Anwendung; Entwicklung dieses Forschungszweiges aber insbesondere in 4 Bereichen:

1. Ausweisung und Kontrolle geomorphologischer Gefahrenpotentiale,
2. Erschließung und Nutzung von Rohstoffreserven im weitesten Sinne,
3. Planung von Bauprojekten,
4. Umweltschutz.

Identifizierung und Kontrolle geomorphologischer Gefahrenpotentiale: Für „geomorphologische Gefahrenpotentiale" heute vielfach auch eingedeutschter Ausdruck „*geomorphologische Hazards*[2]" verwendet. Inhalt dieses Begriffes: Formverändernde Ereignisse sind im Prinzip natürliche Vorgänge auf der Erdoberfläche, selbst bei künstlichem Auslösemechanismus folgt ihr Ablauf den Gesetzten der Natur. Dabei kann jedoch Risikosituation für Leben und Wirtschaft des Menschen entstehen, in diesem Fall werden geomorphologische Vorgänge zu geomorphologischen Hazards. Sie sind angesiedelt im Wirkungsfeld von: Erdbeben, Vulkanausbrüchen, Massenbewegungen, Landsenkung, Thermokarst, Überschwemmung von Küsten und Flußebenen, beschleunigter Bodenerosion, Wildbächen und Muren, Lawinen, Gletschervorstößen, zerstörerischen Verwitterungsprozessen, Küstenerosion, Akkumulation in Staubecken und Schiffahrtsrinnen, vordringenden Dünen.

Geomorphologie liefert Basiswissen zum Verständnis dieser Vorgänge, Empfehlungen zu ihrer Kontrolle bzw. zu einer Schadensminderung sowie Vorhersage erwünschter und unerwünschter Auswirkungen der Schutzmaßnahmen.

Erschließung und Nutzung von Rohstofferserven: Innerhalb *Lagerstätten-Erkundung* Einsatz geomorphologischer Arbeitsweisen, da Anreicherung bestimmter Stoffe mit Entstehung spezifischer Formen verbunden sein kann. Dadurch z. Bsp. Hinweise auf Position von Sand- und Kiesvorkommen durch Terrassen, auf Gold- und Zinnseifen durch Paläoflußläufe, auf Erze durch Bruchlinien. Für jegliche

---

1 engl.: applied geomorphology, franz.: géomorphologie appliquée
2 engl. = Gefahr, Risiko

Form der *Wassernutzung* an Flüssen Kenntnis der fluvialen Prozesse und der Morphometrie von Flußbett, Flußnetz und Flußeinzugsgebiet unerläßlich. Neue Grundwasservorkommen oft im Zuge von regionalmorphologischen Untersuchungen entdeckt, z. Bsp. durch Auffinden verfüllter Paläotäler. Erschließung und Nutzung von Karstwasser erfordert Einsatz der Karstmorphologie. Schnelles Mittel zur ersten Abgrenzung landwirtschaftlich wertvoller *Böden* ist Beurteilung der Einflüsse von Relief und Substrat auf Bodenbildung.

Planung von Bauprojekten: Standortwahl für neue Siedlungen, Industrieanlagen, Staudämme, usw. sowie Routenwahl für Verkehrslinien erfordert sorgfältige Abschätzung der natürlichen Gegebenheiten eines Gebietes. Dazu gehören Aufnahme von Relief und Bodenstabilität, Diagnose des herrschenden geomorphologischen Prozeßgefüges und Beurteilung, ob Bauarbeiten neue oder im Moment inaktive Prozesse auslösen werden (z. Bsp. Instabilisierung eines Hanges durch Unterschneidung). Gewisse Bauprojekte, wie z. Bsp. Atomkraftwerke, Sondermülldeponien, usw. verlangen nicht nur höchste, sondern auch langfristige Stabilität; jegliche Möglichkeit seismischer oder anderer reliefverändernder Ereignisse muß ausgeschlossen sein.

Umweltschutz: Der Naturhaushalt ist ein hochkomplexes Wirkungsgefüge in empfindlichem Gleichgewicht. Genauso wie Relief Bestandteil und Einflußgröße in diesem Wirkungsgefüge ist, ist Geomorphologie für Fragen des Umweltschutzes von Bedeutung. Daher praxisorientierte Umsetzung geomorphologischer Forschungsergebnisse für bestimmte Behörden notwendig, z. Bsp. für jene, die mit den einzelnen Ebenen der Raumplanung oder mit den kommenden Umweltverträglichkeitsprüfungen betraut sind. Angewandte Geomorphologie arbeitete in diesem Sinne verstärkt an der Prognose von Reliefveränderungen mittels Computer-Simulation von geomorphologischen Prozeßabläufen.

Ständig wachsende Bedeutung der angewandten Geomorphologie seit den 50er Jahren, erste Ansätze jedoch so alt wie das Fach selbst. 1841 erschien z. Bsp. SURRELLS Studie über alpine Wildbäche. Entscheidend für Entwicklung war das Zusammentreten von Technikern mit ihrem praktischen Zugang und Geomorphologen mit ihrem theoretischen Zugang zu einer bestimmten Fragestellung.

In Europa Forschung von einzelnen geologischen und geographischen Universitätsinstituten getragen (z. B. in Straßburg am Centre de Géographie appliquée de l'Universitée). Auf internationaler Basis gab es im Rahmen der Internationalen Geographischen Union (IGU) von 1956 bis 1968 eine Kommission für Angewandte Geomorphologie; 1988 wurde eine Arbeitsgruppe für Geomorphologische Hazards eingesetzt. Als bedeutend erwies sich die Forschungsarbeit einzelner spezieller Organisationen (wie z. B. des „US Army Corps of Engineers" oder des „International Institute for Aerospace Survey and Earth Sciences" in den Niederlanden). In den letzten drei Jahrzehnten erschien auch eine Reihe von Lehr- und Handbüchern.

Literatur

BRUNSDEN, D. u. PRIOR, D. B. (Hrsg.): Slope instability. Chichester 1984

BRUNSDEN, D. u. a.: Large–scale geomorphological mapping and highway engineering design. Quarterly Journ. of Engineering Geology 8, 1975, S. 227–253

COATES, D. R. (Hrsg.): Environmental geomorphology. (The ›Binghamton‹ symposia series in geomorph., International Series Bd. 1), 1971

COOKE, R. U. u. DOORNKAMP, J. C.: Geomorphology in environmental management. Oxford 1974

COOKE, R. U. u. a.: Urban geomorphology in drylands. Oxford 1985

CRAIG, R. G. u. CRAFT, J. L. (Hrsg.): Applied geomorphology. (-The ›Binghamton‹ symposia series in geomorph., International Series Bd. 11), 1982

EMBLETON, C. (Hrsg.): Applied geomorphological mapping: methodology by example. Z. Geomorph., N. F., Suppl.-Bd. 68, 1988

GELLERT, J. F.: Vom Wesen der angewandten Geomorphologie. Peterm. Geogr. Mitt. 112, 1968, S. 256–264

HAILS, J. R. (Hrsg.): Applied geomorphology. Amsterdam 1977

KIENHOLZ, H.: Beurteilung und Kartierung von Naturgefahren: mögliche Beiträge der Geomorphologie und der geomorphologischen Karte 1 : 25000. Berliner Geogr. Abh. 31, 1980, S. 83–90

KLAMMER, G.: Geomorphologie und erdwissenschaftliche Praxis. Z. Geomorph., N. F. 9, 1965, S. 115–129

MEIJERINK, A. M. J. u. a.: Developments in applied geomorphological survey and mapping. Geol. Mijnbouw 83, 1983, S. 621–628

MENSCHING, H.: Angewandte Geomorphologie. Beispiele aus den Subtropen und Tropen. Abh. 42. Dt. Geogr. Tag in Göttingen 1979, S. 25–34

RATHJENS, C. J.: Die Formung der Erdoberfläche unter dem Einfluß des Menschen. Stuttgart 1979

SEMMEL, A.: Geomorphologie als geowissenschaftliche Disziplin – praktische Erfahrungen, theoretische Möglichkeiten. Stuttgarter Geogr. Stud. 93, 1979, S. 23–32

–: Angewandte konventionelle Geomorphologie. Beispiele aus Mitteleuropa und Afrika. Frankfurter Geowiss. Arb. Serie D. H. 6, 1986

SURRELL, A. L.: Etudes sur les torrents des Hautes Alpes. Paris 1841

TRICART, J.: L'épiderme de la terre, esquisses d'une géomorphologie appliquée. Coll. Evolution Sci., Paris 1962

–: Géomorphologie applicable. Paris: Masson et Cie. 1978

VERSTAPPEN, H. TH.; Remote sensing in geomorphology. Amsterdam 1977

–: Applied geomorphology. Amsterdam 1983

Sachregister